化学熱力学入門 第2版

由井 宏治 ── 著

Chemical
Thermodynami

はじめに

化学系や生命系の学科の学生諸氏にとって，最も難解な講義の1つとして挙げられる「化学熱力学」．高等学校で理想気体の状態方程式を学んでいるので，講義の最初の数回はなんとかなりそうだという気にさせられる．しかしそれもつかの間，抽象的な物理量や概念が次々と出てきて，いったいそれが何モノなのか，そしてまたいったい何に使えるのか，さっぱりわからなくなる．とりあえず，試験は突破しなくてはいけないので，試験直前に重要な式とその導き方だけをとりあえず暗記…….これが初めてこの難解かつ抽象的な学問体系に接するときのふつうの学生の感覚ではないだろうか？　かくいう筆者も学部学生時代，実はそのような学生の一人だった．

そのような筆者がその後大学で職を得て，まさか学部時代最も苦手だった化学熱力学を講義することになるとは…….大学に着任する直前に化学熱力学を担当することを伝えられ，物理化学や化学熱力学の教科書を買い込み，必死に勉強すること1～2週間．ふと，どれも化学熱力学の概念について，その全体的な枠組みやイメージ，そしてそれらを表す独特の表式方法，いわばコンセプトや使い方，といった観点が最初の段階であまり強調されていないことに気が付いた．これでは言葉がわからないまま字幕のない長大な海外の映画を延々と見せられていることになる．しかも映画であれば，まだ画面を見ていれば何となくストーリーがわかるが，化学熱力学では画面に相当するイメージはほとんどなく，式変形が延々と続く．これでは何が面白いのかまったくわからなくなるのも当然である．

このままでは，きっと理解不能に陥る学生諸氏を生産する歴史が繰り返される．そう思った筆者は，ちょっとした冒険をすることにした．それは，これまでの伝統的な教科書の流れと見せ方を変えてみることである．具体的には，物理系の科目の少ない化学系や生命系の学科に所属する学生にとって，まず必要かつ重要な化学熱力学独特の大きな概念の枠組みや，その表現形式を最初から「見える」よう，かつ「使える」よう図式化し，あとからその細部や式の導出を学ぶ，というものである．大学での講義開始まであまり時間がないにもかかわらず，市販の完成された教科書は思い切って参考書に回し，筆者のしてみたい講義の流れに忠実なオリジナルプリントを毎回つくって，講義に臨むことにした．本書はその講義プリントを基に，筆者の解説を付けてできあがっている．

このちょっとした冒険が成功しているか否かは，読者の皆様の判断を仰がなくてはいけないが，学部1年生の学生諸氏の定期試験での成績や講義の感想を見ていると，このちょっとした冒険は予想以上にうまくいっているようである．しかし，かくいう筆者自身が大学での講義や本書の作成を通じて，万物に宿るエネルギーとその変換を司るこの学問の奥深さと適用範囲の広さに接し，環境問題やエネルギー問題だけでなく，果ては生命の不思議や宇宙論などにもつながる，実は古くて新しいたいへん面白い学問であると感じるようになった．さらに大学での研究にも活かしていることを考えると，実は筆者自身が一番恩恵にあずかっているのかもしれない．

このちょっとした冒険に参加して，この学問に興味をもった学生諸氏が，より重厚な教科書や成書に取り組んでもらえるのならば，それは筆者にとっては望外の喜びである．

最後に，学生にとって本当にわかりやすい教科書の上梓を目指して，推敲・校正に辛抱強くお付き合いくださったオーム社出版部の方々，イメージ通りの素敵な挿絵を入れてくださった市村玲子氏，各章末の演習問題を準備くださった荒木光典氏，小山貴裕氏，登野健介氏，伴野元洋氏，そして毎週の冒険にお付き合いしてもらい，いつもさまざまな疑問や率直な感想をぶつけてくれた勉学熱心な学生諸氏に心より厚くお礼申し上げたい．

2013年7月

由井 宏治

本書の使い方

本書は序章と，12章の本編から構成されている．

序章は，本書のコンセプト，すなわち「見える」と「使える」という特徴を使って，化学熱力学の概念の大きな枠組みやその定式化について，読者に全体的なイメージをつかんでもらおうという試みである．いわば映画の予告編である．もしかすると，一度熱力学ないしは化学熱力学に触れたことのある読者は，この序章を見るだけで，得ることが多いかもしれない．引き続く12章が本編となる．12章のうち前半6章は，化学熱力学のベースとなる熱力学について，後半6章は熱力学の概念の化学への応用を解説している．

本編中には説明のための文章や図表の他に，「見える！Box」と「使える！Box」を適宜配置した．この「見える！Box」と「使える！Box」の2つが本書の特徴の1つであろう．「見える！Box」は，抽象的でわかりにくい（化学）熱力学の概念を図式化することで「見える化」した試みである．通常文章で1次元的に書かれている大枠の概念をあえて紙面を割いて2次元イメージとすることで，読者の理解と整理を助けるのが目的である．一方「使える！Box」は，化学熱力学で出てくるさまざまな数式を実際どのように使うのか，また使う際の適用限界や場合分けがないかどうかなど，使う立場からの注意点を前面に出して解説している．あとは，適宜コラムを設け化学熱力学の問題がいかに身近な生活に密接に関わっているか，実例を挙げながら筆者の普段感じていることや考えていることを書いている．ちょっとした息抜きにしてほしい．

各章の末尾には，演習問題を付けた．勉強熱心な学生は，教科書の章末問題をすべて解くのだが，解答や解説が簡略すぎる，という不満をよく耳にする．解答や解説をしっかり載せると紙面が足りなくなるのが大きな原因だと思うが，本書ではあえて出題数は控えめにして，その分自習の際，自力で解けるよう解答や解説をしっかり付けることにした．代表的かつ実力のつく問題を載せているので，ぜひすべての章末問題を解くことで，化学熱力学を実際に「使える！」ようになってほしい．

第２版の刊行にあたって

2013年の初版の出版より10年以上が経過し，おかげさまでこの間多くの読者より本当にわかりやすいとのお声掛けをいただいた．当初，大学初学年における学習を想定して内容を構成したが，予想外に高等学校の教論や，社会に出てから研究・開発現場で必要になった方からも多くのコメントやアドバイスをいただいた．この場を借りて厚く御礼を申し上げたい．

このような中，文部科学省の高等学校における学習指導要領が2022年に改訂され，化学において，定圧反応熱における熱量Qの表記がなくなり，ΔHの表記に切り替わった．初版の刊行より10年以上の月日が流れたこともあり，この改訂に伴い，出版社から本書の内容と構成を見直す機会をいただいた．しかし境界をまたいで移動する熱量Q（移動量）と，始状態と終状態さえ分かればその値が一意に定まる状態量変化ΔHをつなぐところが化学熱力学の本質であることは変わりなく，初版の内容・構成のままで問題ないことを改めて確認できた．一方で高大接続の観点からは，化学平衡の扱いの違いをもう少し丁寧につなげれば，という思いが新たに生まれた．高等学校では速度論的に平衡を扱ったが，大学では平衡状態にある各成分の化学ポテンシャルが重要な役目を果たす．その際，標準状態に対する理解や，各成分の分圧の取り扱いが重要になる．しかしこの両者とも高等学校ではあまり深く扱われない．そこで，標準状態に対する理解を深めるためのコラムを，化学平衡を扱う第9章に追加することで，初版の構成を変えることなく，より滑らかな高大接続を図った．また数式を展開する際，全圧と分圧のどちらを扱っているかをより明確化すべく，前者は大文字のPで，後者は小文字のpで記載することで，展開の追いやすさ，式の見やすさを増した．

学習指導要領改訂後も，引き続き本書がより滑らかな高大接続や，専門書への橋渡しに貢献できれば幸いである．

2024年10月

由井　宏治

目次

序章

Prologue

化学熱力学では，物質内部のエネルギー状態や物質をまたいだエネルギーの移動形態，そして物質やエネルギー形態の変換方法について学ぶ．本章は，初学者が化学熱力学を学ぶ上で，エネルギー状態や移動形態に対するこの学問独特の捉え方やその記述の仕方について，まず全体像がわかりやすいよう，ポイントを12点に絞って図式化している．

具体的な内容は本編で扱うので，ここでは細かな中身は気にせず，エネルギーの捉え方や記述の仕方の全体的な枠組み（フレームワーク）と学習の流れをつかんでほしい．

さらに化学や生物における物質変換やエネルギー変換を学ぶ上でとても大事になるギブズの自由エネルギー変化（ΔG）とエンタルピー変化（ΔH）の計算方法について，本書の見返しにまとめてある．本編の学習の進度に応じて適宜確認に使ってほしい．

Framework ①

まず宇宙全体から考察の対象とする「系」を切り出す

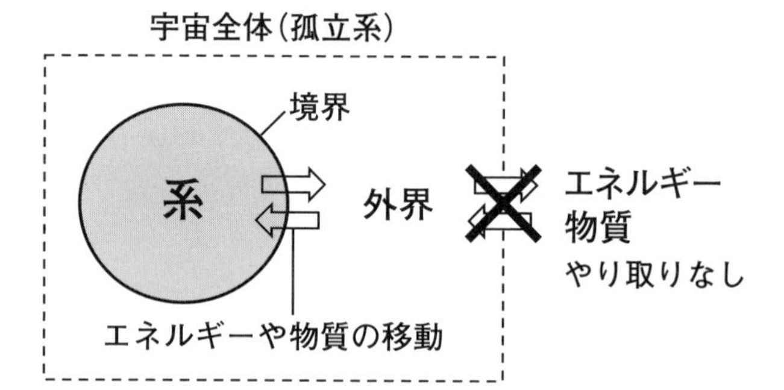

まず考察したい対象である「系」を宇宙全体から切り取る．すなわち系とその外側との間に「境界」を設定する．境界より外は「外界」と呼ばれる．

Framework ②

系と外界の境界をまたぐエネルギー移動の形態には主に「熱」と「仕事」の 2 通りがある

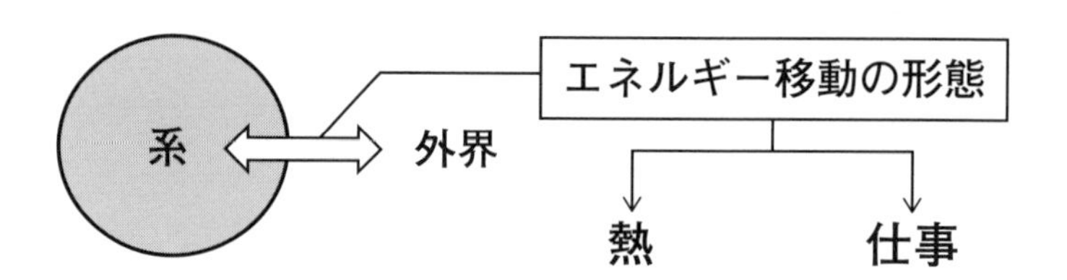

熱は分子や原子などの向きの乱雑な運動を介して，仕事は向きの揃った運動を介してエネルギーを伝える．熱や仕事は，エネルギー伝達の方法であって，実体のあるものではないことに注意しよう．

Framework ③

系の熱力学的な状態を記述するには，以下の8つの状態量をマスターすればよい

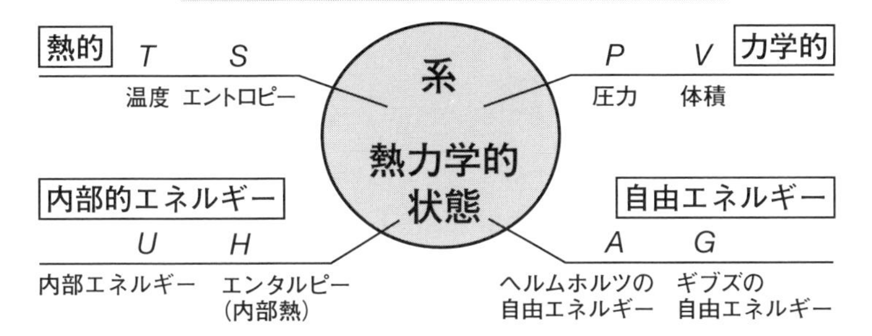

ほぼ無数ともいえる原子や分子の集まりである物質の熱力学的な状態は，たった8つの状態量で代表できる．1つひとつの原子や分子の状態を計測したり追跡せずとも，全体的な性質やふるまいを理解することができるのはとても驚異的なことである．

Framework ④

状態量の中でも特に本質的なのは，T, U, S の3つである

T	U	S
温度	内部エネルギー	エントロピー
熱力学第零法則 熱的平衡の概念	熱力学第一法則 エネルギー保存則	熱力学第二法則 自発変化の方向性

系の種類や変化の過程によって，物質変化や取り出せる仕事を考察するのに便利な状態量は変わってくるが，基本的にこの3つの状態量をおさえることで，他は計算によって導くことができる．

Framework ⑤

物質の状態変化や化学反応を扱う化学熱力学では，しばしばその始めと終わりの状態量が重要になる

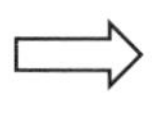

	始状態（initial state）		終状態（final state）	
熱的	T_{i}	S_{i}	T_{f}	S_{f}
力学的	P_{i}	V_{i}	P_{f}	V_{f}
内部的エネルギー	U_{i}	H_{i}	U_{f}	H_{f}
自由エネルギー	A_{i}	G_{i}	A_{f}	G_{f}

Framework ⑥

化学熱力学では系の状態変化の前後におけるエネルギーを表す状態量の変化（差分）をしばしば考える

$$\Delta U = U_{\text{終状態}} - U_{\text{始状態}}$$

変化前後の値の差を表すΔ（デルタ）記号に慣れよう．変化量を表す記号のルールとして，終状態を表す状態量から始状態を表す状態量を引くという計算の順番に注意しよう．

Framework ⑦

始状態から終状態に向かうにはさまざまな過程が存在する

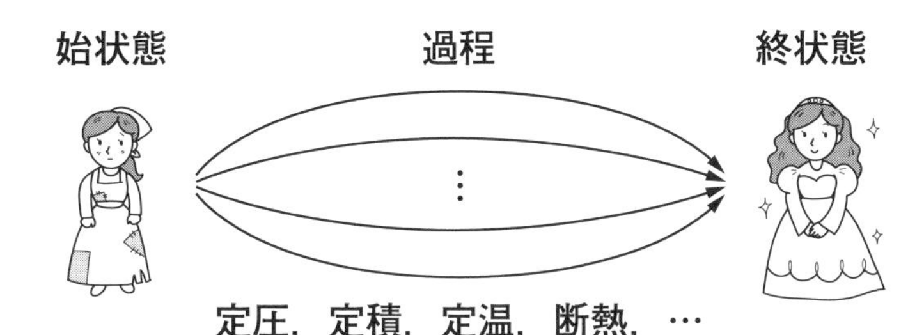

化学熱力学では, 始状態から, どのような過程を経て, 終状態を実現するかをおさえることがきわめて重要である. 過程が異なると, 物質やエネルギーの移動や変換を考える際, 便利かつ重要な指標となる熱力学量が異なってくる.

Framework ⑧

さらに過程を可逆的に進めるのか, 不可逆的に進めるのかで, 状態変化に伴い系から取り出せる仕事量が異なる

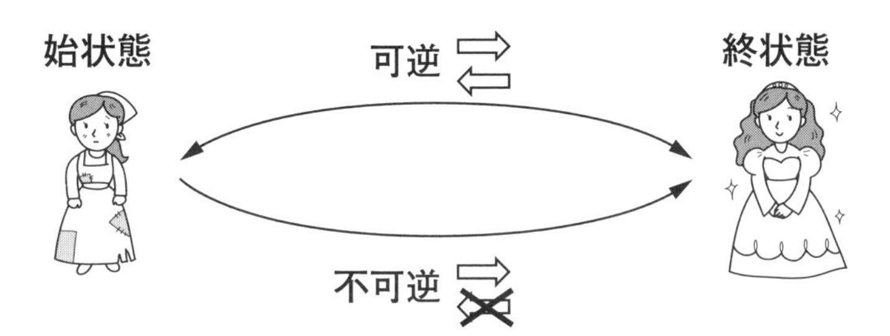

多くの化学熱力学的な計算は可逆で進むことを仮定して計算される. 実際の世の中の状態変化はほとんど不可逆過程で進行するが, 可逆過程を仮定して計算することにより, その状態変化によって取り出せる仕事量の理論上の最大値などが計算できる.

Framework ⑨

熱力学第一法則は系の状態量変化と，外界からのエネルギー移動の形態とその量とを関係づけている

$$\Delta U = U_{終状態} - U_{始状態} = Q + W$$

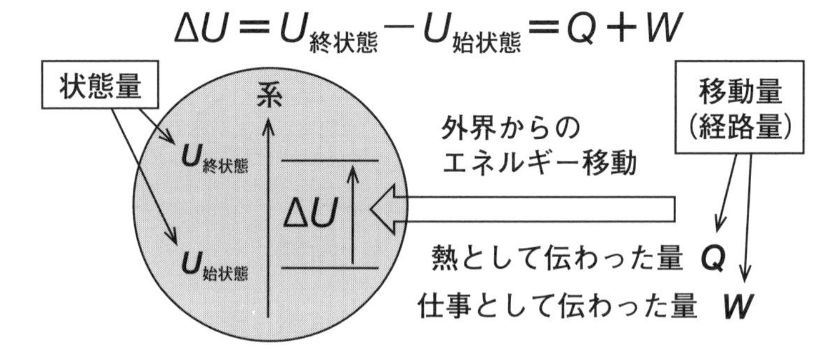

法則の左辺が状態量の絶対値$U_{終状態}$，$U_{始状態}$ではなく，その変化量ΔUであることに注意しよう．多くの学生がエネルギーの状態量と移動量を混同することで，こんがらがってしまっている．

Framework ⑩

考えている変化は自発的に起こり得るのか？　系をエネルギーや物質のやり取りの可否からまず分類する

系の種類	境界をまたぐ移動の可否		例
	エネルギー	物質	
孤立系	×	×	宇宙，魔法瓶
閉鎖系	○	×	気密性のあるピストン－シリンダー装置
開放系	○	○	ふたの開いた反応容器・生物

自分の考えようとしている系が，どのタイプなのかをまず考える．境界をまたいだ物質の移動を可能とすれば，その物質自体に内在しているエネルギーも同時に移動するため，分類は全部で4通りではなく，3通りになることに注意しよう．

Framework ⑪

物質の自発変化の方向性を判定する上で便利な熱力学量は，系の種類によって異なってくる

孤立系		閉鎖系		開放系
S	➡	G, A	➡	μ
エントロピー		自由エネルギー		化学ポテンシャル

エントロピーは孤立系の自発変化の方向性を判定する際に直接用いられる．一方，化学・生物系の諸氏は，物質の出入りや，組成の変化のある開放系を扱うことのほうが断然に多い．このとき自発変化の方向性の指標になるものが，「化学ポテンシャル」だ．

Framework ⑫

その変化は自発的に起こり得るのか？　判定は系の種類と変化の過程に応じた状態量の変化量の符号で行われる

系の種類		自発変化の判定条件	
孤立系		$\Delta S_{孤立系} > 0$	すべてはここから計算可能
閉鎖系	定圧	$\Delta G_{閉鎖系} < 0$	
	定積	$\Delta A_{閉鎖系} < 0$	
開放系		$\Delta \mu_{開放系} < 0$	

想定した物質変化やエネルギーのやり取りが自発的に起こり得るか否かを判定するのに，系の種類によって便利な熱力学量が異なる．判定する符号が，孤立系のエントロピー変化とそれ以外で異なるので注意してほしい．

第1章

最大の目標は自由エネルギーの概念を理解し計算できるようになること

化学を学ぶ学生諸氏が，近い将来，人類にとって有用な分子を合成したり，効率的かつ安全なエネルギーデバイスを開発したりする場面を考える．また生物を学ぶ学生諸氏が生命の緻密で巧みな物質産生のメカニズムを分子レベルから明らかにする場面を考える．このような場面では効率的な物質変換方法やエネルギー変換方法の設計や理解が成功の鍵をにぎる．

もしこれらの物質やエネルギーの変換が，実際に試さなくても自発的に起こり得るものなのかどうか事前に知ることができれば，研究・開発を効率的に進める上で大きな力になる．また想定した物質やエネルギーの変換が実際に起こり得ると判断された場合，そこから我々人類が有用な形で使えるエネルギーをどれだけ取り出すことができるかを事前に見積もることができれば，効率的な電池の開発をはじめとし，エネルギー問題に大きく貢献する力になる．さらに生体内も含めて世の中のほとんどの化学反応が平衡反応であるが，生成系（目的物質）のほうに目的の分量だけ平衡反応を偏らせるために，反応条件をどのような温度・圧力に設定すればいいかが事前にわかれば，無駄のない反応プロセスの開発に貢献でき，結果としてそれは環境に低負荷な技術へ発展する．

実は，このような化学や生物の諸問題に関わるさまざまな要望に応えてくれる魔法の熱力学量がある．それが**自由エネルギー（Free Energy）**である．自由エネルギーの概念を化学や生物の諸問題に応用すると，上述のようなさまざまな恩恵にあずかれる．このように実用上たいへん強力な熱力学量，自由エネルギーとはいったい何であろうか？　そしてそれはどのようにすれば求めることができるのであろうか．

1-1 さまざまな移動形態をとるエネルギー

あなたはエネルギーを，移動させる形態の観点から分類したことがあるだろうか？

エネルギーという言葉は，理系の学生だけでなく文系の学生にとってもなじみ深い，日常的な用語である．直感的には，何か物質内部に蓄えられていて，その物質を温めたり，望みの運動をさせたり，はたまた望みの別の物質に変換するときに必要な何かを表す「量」である，と漠然と捉えられている．しかし，本書の最大の目標である自由エネルギーの概念を理解するためには，エネルギーを物質内部に蓄えられている量という観点だけでなく，他の物質に移動させる際にその取り得るさまざまな形態といった観点から分類・考察していくことが大切になる．

まず思い付くままに，エネルギーの取り得るさまざまな移動形態を列挙してみよう．**図1-1**を見てほしい．太陽から降り注ぐ光，火力発電所や原子力発電所で発生する熱，電気自動車を走らせる電気……我々は実にさまざまな形態をとっているエネルギーに囲まれて生きている．

我々はこのような絵を見ていると，2つの大切なことに気が付く．1つは，たとえば充電池のようにエネルギーをいったん物質内部に蓄えたり，逆に，物質内部に蓄えられたエネルギーをまた物質外部に移動したりできることである．もう1つはエネルギーの形態をさまざまに変換できることである．さて，このようなエネルギーの移動や形態の変換は何の制限もなく，自由に行うことができるのだろうか？　もしくはそこに法則が存在し，何らかの制限を受けるのだろうか？

化学熱力学はこのようなことに精密かつ定量的に答えてくれる．たとえば，自然界における植物の光合成，人工物では高効率・大容量の電池を例にとり考えてみよう．前者は光として太陽から伝えられたエネルギーを化学的なエネルギーとして蓄えることができる．後者は内部の化学組成を巧みに変化させて，ひとたび蓄えられた化学的なエネルギーを電気という別のエネルギーの形態で取り出すことができる．実は自然界・人工物を問わず，身の回

図1-1 我々の身近なエネルギーの形態とその変換の様子

りのものはすべてその内部にエネルギーを蓄えたり，他の物質に変換して伝えたりしてその活動や機能を維持しており，本学問が役立ちそうな事柄は枚挙にいとまがない．

さてエネルギーの変換，という観点で，**図1-1**に描かれたさまざまな場面を考えてみると，あることに気が付く．たとえば火力発電や原子力発電では，熱で水を沸騰させて水蒸気を発生し，それでタービンを回すという仕事をし，モーターで電気に変換している．水力発電や風力発電はどうであろうか？　前者は高低差のあるところを落ちる水の位置エネルギーを利用して，後者は風の力でモーターを回して電気を得ているので，両者とも一見，熱は関係なさそうである．しかし水が高いところに存在しているのは，海水が太陽熱で温められて蒸発してできた雲が運ばれて雨として降ったからである．また風が吹くのは，太陽熱による海と陸の温まり方の差からできた空気の密度差や圧力差の発生に起因している．このように，実は物事を駆動する際に大元となるエネルギー移動の形態としては熱が圧倒的に多く，人間はそれを巧みにタービンやモーターを回すという力学的な仕事，そして最終的には電気的な仕事に変換して利用しているケースが一般に多いようだ．

一方，身の回りを見てみると，冷蔵庫やクーラーのように逆に電気的な仕事を利用して，庫内や室内にこもったエネルギーを熱として外に捨てることで，庫内や室内の冷たさを保つような装置もある．このような装置の動作原理はどのように理解できるのだろうか？

これから学ぶ化学熱力学のベースとなる熱力学は，「熱」という形態で物質に伝えたエネルギーを，いかに効率的に「仕事」という形態に変換して取り出すか，ということを考えるところから発展してきた．しかし当時は，物質が原子や分子から成り立っているということがまだ明らかにされていない時代であったため，最初は化学的な応用はあまり展開されなかった．その後，物質の状態変化や化学反応に伴って熱という形態でエネルギーの出入りが一般的に起こることがわかり，熱力学の概念を化学反応の諸問題へ応用した結果，これが化学反応の理解にきわめて役に立ち，我々にさまざまな恩恵を与えてくれることがわかった．具体的にどのような恩恵にあずかれるかをまず列挙すると……

(1) 頭の中で考案した化学反応や物質の状態変化が，実際に自発的に起こり得るか否か，事前に判定することができる．
(2) もし考えている反応条件（たとえば温度や圧力など）では自発的には起こらないという判定結果が出たとしても，どのような反応条件にすれば，考えている化学反応が自発的に起こり得るのか，事前に定量的に見積もることができる．
(3) 自発的に起こり得る反応条件を設定し，実際にその化学反応を起こした場合，その化学反応から理論上どれだけのエネルギーが仕事として取り出せるか，その最大値を事前に見積もることができる．
(4) 平衡反応系において，考えている温度・圧力の条件で，ほしい生成物にどれだけ平衡が傾くか，事前かつ定量的に予測することができる．

すなわち化学における物質変換とエネルギー移動に関わる重要な項目をほぼすべて網羅しているといってよい．さらに「事前」かつ「定量的」に予測できることがたいへん強力である．もちろん，現実的には多少の誤差などが生じる．しかし事前に相当な精度でこれらの項目を予測できれば，永久に起こり得ない化学反応の開発に無駄な時間や労力・お金を投入することがなくなる．さらに目的の化学物質やほしい形態のエネルギーを効率的に取り出すための反応容器や反応条件を設計したり，効率の高い電池やエネルギー変換プロセスを効率的に開発できるようになることを意味している．また生物は光合成や酵素反応などを通じてきわめて高効率なエネルギーの形態変換や物質の産生を行っているが，その驚異的な機構を分子とエネルギーの観点から理解することは，将来，より効率的な物質生産やエネルギーの形態変換を実現するための大きな指針となる．

前置きはこれくらいにして，さっそく豊穣な熱力学，そして化学熱力学の世界へ第一歩を踏み出そう．

1-2 物質内部に蓄えられたエネルギーを取り出そう

さっそく物質内部に蓄えられているエネルギーを取り出そう．でもどうやって？

今，あなたの目の前にあるありとあらゆるものを眺めてみよう．先にも例を出したが，植物は光合成で太陽から光という形態で得たエネルギーを化学的なエネルギーに変換して，自身の内部に蓄えている．携帯電話や電気自動車は，エネルギーを蓄えた電池から電気という形態でエネルギーを取り出して駆動している．しかしどうすれば，物質内部にエネルギーを蓄えたり，逆に蓄えられたエネルギーをその外にほしい形態で取り出したりすることができるだろうか？

ある物質が周囲の環境や物質とエネルギーをやり取りするには，一般に，その物質に何らかの状態変化が起こらないといけない．たとえば果実から甘

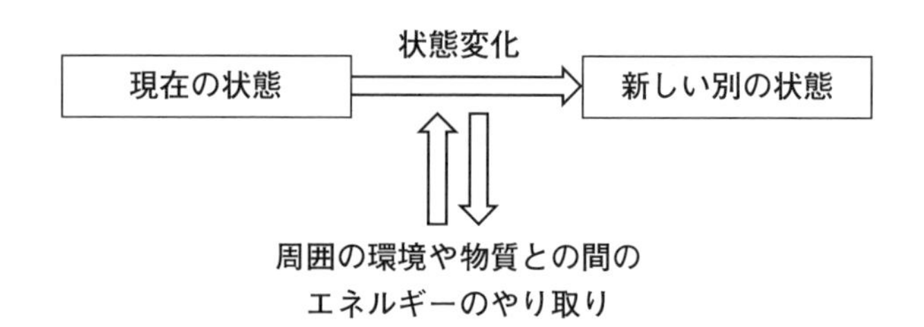

図1-2 物質の状態変化とエネルギーのやり取り
物質内部にエネルギーを蓄えたり，逆にエネルギーを取り出したりするためには，物質の現在の状態を，新しい別の状態に変化させる必要がある．その変化の過程でエネルギーが周囲の環境や物質とやり取りされる．

い果汁（エネルギーに相当）を取り出すには，果実を絞る（体積を圧縮する）という変化を起こさなくてはいけないように．この様子を**図1–2**に示す．

ある状態にある物質が，外部から何か操作をされて，もしくは自発的に別の新しい状態へ変化したとする．前者の状態を一般に**始状態**（initial state），後者の状態を**終状態**（final state）という．そして，物質の状態が始状態から終状態に向かう際，物質はどのような状態変化を経たのか，その経路を**過程**（process）という．仮に始状態と終状態が同じでも，通る過程は何通りかあり，どの過程を通るかによって，物質の状態変化から取り出せるエネルギーの移動形態やその量に変化が起こりそうである．この様子を見える！Box 1–1に図式化してみた．

実際，これから考察の対象となるエネルギーの移動形態である熱と仕事は，始状態と終状態が同じでも，通る過程によってその量に差が生じることがわかっている．したがって，物質の状態変化に伴うエネルギーのやり取りを考察する際，まず次の3点をもれなくおさえることが重要になる．

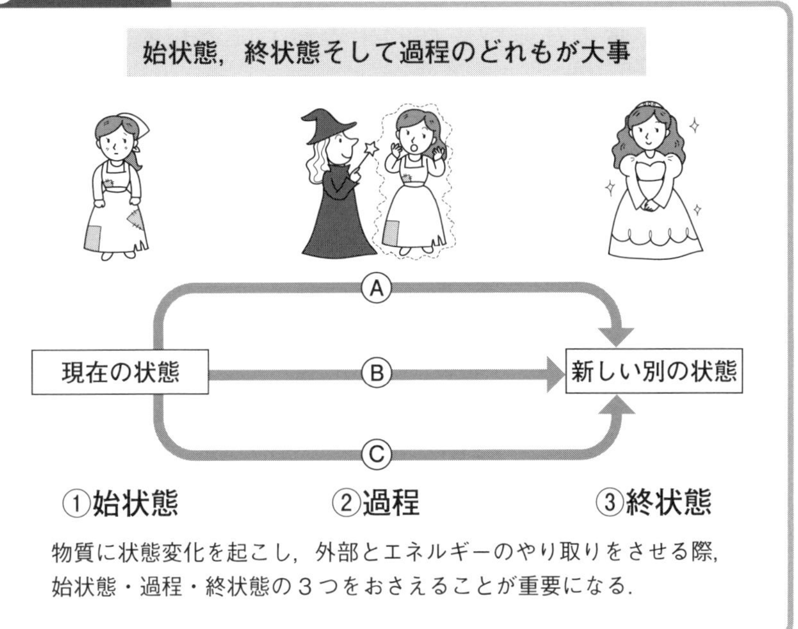

① 始状態
② 過程
③ 終状態

では物質の状態はどのように表すことができるのだろうか？　我々は身の回りにあるあらゆる物質が，実はきわめて多数の原子や分子から成り立っていることを知っている．目の前に12 gのダイヤモンドがあるとしよう．ダイヤモンドは炭素原子が共有結合でかたく結び付いた，炭素原子のとり得る1つの集合状態である．しかし，この12 gのダイヤモンドには，炭素原子が約6×10^{23}個も含まれている．仮に地球の人口を60億人程度(6×10^{9})としても，6×10^{23}という数値は地球100兆個分の人口に相当する．このようなきわめて多数の原子・分子からなる物質の①や③の状態は，どのように定量的に表すことができるのだろうか？　次の節で詳しく見ていこう．

1-3 マクロな物質の熱力学的な状態をできるだけ数少ない物理量で記述しよう

きわめて多数の原子・分子からなる物質の熱力学的な状態を，どうすれば記述することができるだろうか？

先の節で例として出した12 gのダイヤモンドの置かれた熱力学的な状態を表すのに，1つひとつの炭素原子の状態を規定しないといけないのだろうか？　これだけ科学の進んだ現代でさえ，このような多数の原子の状態を一度に扱うことは現実的かつ実用的ではない．ではどのようにすれば，物質の置かれた熱力学的な状態を記述することができるのだろうか？

本章の最初で述べた通り，自然界や人工物を見てみると，どうやらエネルギーのやり取りを考えるとき，熱的なものや力学的なものが目に付く．ということは，マクロな物質の熱的状態と力学的状態をできるだけ少ない変数で記述できれば，実用に耐え得る有用な学問体系を構築することができるのではないか？

熱力学とは，その名の通り，エネルギーに関わる熱的現象と力学的現象を結び付け，統一的に相互の関係を論じる学問体系である．そこでまず原子や分子の集合体である物質の熱的な状態を代表して表す便利な量はないだろうか？　と考えてみる．皆さんが経験的にまず思い付くものは**温度（temperature, 記号*T*）**ではないだろうか？　実際皆さんも風邪をひいたとき，体温計をさして，身体の熱的状態を温度（体温）として計ったのではないだろうか．また日々よく見る天気予報では，地表付近の大気の温度を伝えることで，今日が暖かい日か寒い日かを教えてくれる．

一方，力学的状態はどうであろうか？　天気予報では必ず「高気圧」や「低気圧」など，気体の**圧力（pressure, 記号*P*）**を通じて大気の流れを予測している．さらに気体の量は**体積（volume, 記号*V*）**で表されている．気体は圧力をかければその体積は縮むし，逆に，高い圧力の気体を，低い圧力のほうに向かって体積を膨張させれば，物体を動かすなどの仕事をさせることもできる．

まずこれらの3つの熱的ないしは力学的な状態を表す量を使って，マクロ

見える！Box 1-2

熱力学の基本となる式の表し方

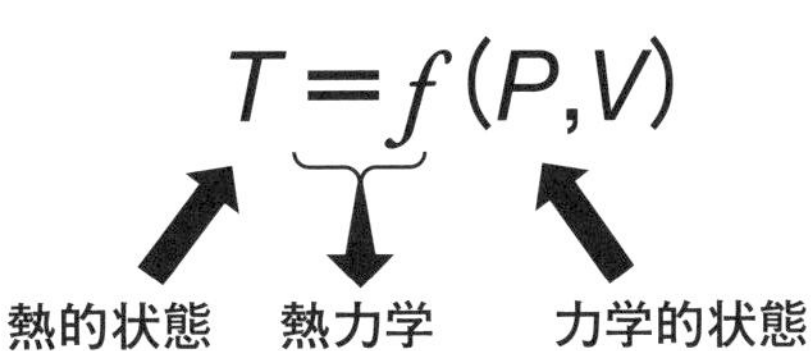

熱力学ではマクロな物質の熱的状態を代表する量と，力学的な状態を代表する量とを結び付け，その間に成り立つ関係（関数）を統一的に議論する（理想気体の状態方程式「$T=\frac{PV}{nR}$」など）.

な物質の状態を記述できないだろうか？　と考えてみる．これらの熱的ないしは力学的な物質の状態を表す量を**状態量**（**quantity of state，または state property，もしくは単に property**）という．見える！Box 1-2を見てほしい．化学熱力学のベースとなる熱力学における便利な式は，熱的な状態量と，力学的な状態量を，関数fでつなぐような形で記述されることが多い．たとえば，分子の体積や分子間相互作用が無視できる**理想気体**（**ideal gas**）については，力学的な状態量である圧力や体積と熱的な状態量である温度との間に次の関係式が成り立つことが知られている.

$$PV = nRT \qquad 1\text{–}(1)$$

ここで，nはその気体を構成する物質量，Rは気体定数と呼ばれる定数である．1–(1) 式を**理想気体の状態方程式**（**ideal-gas equation of state**）という．一方，分子間力や分子の体積の影響を考慮に入れた以下の1–(2) 式は，**ファン・デル・ワールスの状態方程式**（**van der Waals equation of state**）という.

$$\left\{P + a\left(\frac{n}{V}\right)^2\right\}(V - nb) = nRT \qquad 1\text{–}(2)$$

ここで式中のaは分子間力を，bは分子の大きさを反映した定数で，それぞれ気体分子の種類により異なる値をとる．

いずれにしてもここで出てきた温度・圧力・体積は直接計測でき，かつ制御できるので，今後常に出てくる基本的な状態量となる．これらの状態量と，物質内部のエネルギー状態を関係づける式は次章以降で論じることとなる．次節で，最後におさえておくべき始状態と終状態をつなぐ過程にはどのようなものがあるか，見ていくことにしよう[※1]．

1-4 始状態と終状態をつなぐ経路 — 過程 — について

始状態と終状態をつなぐ過程にはどのようなものがあるのだろうか？

ありとあらゆる人は，生まれて死ぬという観点だけ見れば，始状態と終状態は同じといえる．しかしその途中過程，すなわち人生をどのように過ごすかで，生きている間に成し遂げる仕事の質や量が変わってくる．熱力学も同じように，物質が状態変化したり，その過程で外部とエネルギーをやり取りしたりする際，どのような過程を経るかが重要になる．

熱力学の過程にはさまざまな種類が存在するが，①どのような状態量を一定に保ちつつ変化を起こさせるのか，②全宇宙に影響を残すことなく，まったく元通りに戻せるような経路で行われるか否か，③熱力学的に安定な状態すなわち**平衡状態**（equilibrium）を常に保ちつつ変化を行うのか，により大きく3つの区分に分類される．この様子を見える！Box 1-3にまとめた．多くの過程があり，驚かれた諸氏もいるかもしれないが，個々の過程については後の章で説明するので，心配しないでほしい．ここでは，過程にはさまざまな区分と種類が存在すること，また熱力学ひいては化学熱力学の問題を考

※1 注意深い方は，P，V，Tなどが斜体（イタリック体）で表記されていることに気が付かれたかと思うが，これは物理量を表す際の国際的なルールである．以後P，V，Tに限らず，物理量はすべて斜体（イタリック体）で表されることに注意しよう．

見える！Box 1-3

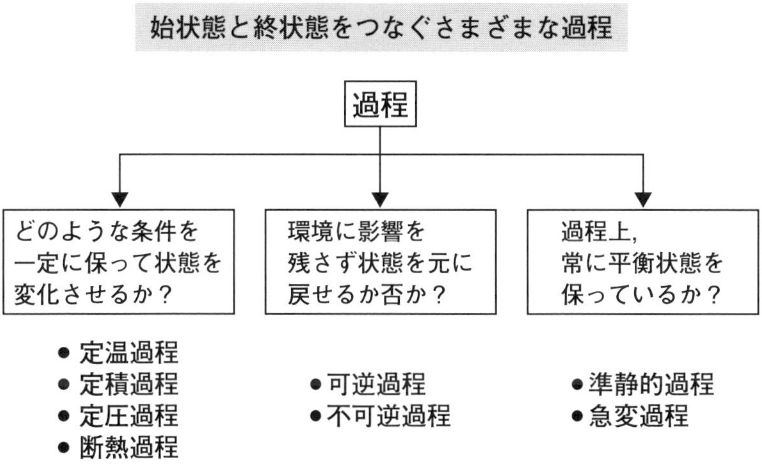

始状態と終状態をつなぐさまざまな過程

過程

どのような条件を一定に保って状態を変化させるか？	環境に影響を残さず状態を元に戻せるか否か？	過程上，常に平衡状態を保っているか？
● 定温過程 ● 定積過程 ● 定圧過程 ● 断熱過程	● 可逆過程 ● 不可逆過程	● 準静的過程 ● 急変過程

化学熱力学では始めと終わりの状態だけでなく，その途中，どのような過程を経るのかおさえることも重要である．

えるとき，どのような過程を経て始状態から終状態に至るのかが重要になることがあるので，常に過程を確認することが欠かせない点を念頭に置いてもらえればよい．ここに書かれた過程をそのまま利用，もしくはうまく組み合わせると，目的に合った物質やエネルギーの効率的な変換が可能になる．

1-5 自由エネルギーと束縛エネルギー

ひとたび物質内部に蓄えられたエネルギーは，自由な方法で，かつすべてを取り出すことができるのだろうか？

まず物質の始状態と終状態をおさえ，さらにそれらをつなぐ途中の過程を規定することができたら，いよいよ，物質の状態変化に伴いその外部に取り出す仕事の形態と量を議論できるようになる．先に物質内部にひとまずエネルギーをためて，必要なときに取り出して使うことができると述べた．これは銀行にお金をいったん預けておいて，必要なときにお金をおろすことに似ている．このとき量は金額で，形態は円にするかドルにするか……などと考えてもらえばよい．ひとまず物質内部に蓄えられているエネルギーの量を表す状態量を**内部エネルギー（internal energy）**と定義し，それを記号Uで表すことにしよう．

さて，物質の状態変化に伴って取り出せる仕事の総量について考えよう．いきなり理不尽な結果を突きつけるようであるが，実はひとたび物質内部に蓄えられたエネルギーは，ある有限の温度T（>0[K]）のもとではすべてを仕事として取り出すことができないことが，これまでのさまざまな実験とそれらに基づく考察からわかっている．この様子を式で表すと

[物質内部に蓄えられている全エネルギー]
= [物質の外に仕事として取り出せるエネルギー分]
+ [仕事として取り出せないエネルギー分]　　　1-(3)

となる．すなわち物質を状態変化させた場合，ある温度T[K]のもとでは仕事として取り出せる分のエネルギーと，仕事として取り出せない分のエネルギーに分配されることになる．後者の取り出すことができないエネルギーを**束縛エネルギー（bound energy）**と呼ぶ．

効率的にエネルギーを取り出すことを考えると，実際どのくらいのエネルギーが束縛されてしまうのか，その量が気になるところであるが，これは**エントロピー（entropy，記号S）**という物質の熱的な状態を規定する量を扱ったのちに計算できるようになる．具体的にはそのときの温度（T）と状態変化に伴うエントロピー変化（ΔS）の積$T\Delta S$で表されるが，その理由は後の章で扱う．現時点では，物質内部に蓄えられたエネルギーはある有限の温度のもとではすべてを仕事として取り出すことはできないことを念頭に置いてほしい．見える！Box 1-4にこの様子を模式的に示す．

見える！Box 1-4

ある温度一定のもと…物質から仕事として取り出せるエネルギーと仕事として取り出せないエネルギー

物質の状態変化に伴う内部エネルギー変化ΔUの内訳

物質内部に蓄えられた内部エネルギー(U)の変化分ΔUを仕事として取り出すという観点からながめると，ある温度(T)一定のもと，仕事として取り出せるものと，取り出せないものに分けられる.

1-6 取り出すことのできるエネルギーの形態について

取り出すことのできるエネルギーの形態にはどのようなものがあるだろうか？　またその形態は自由に選べるのであろうか？

前節で物質内部から取り出すエネルギーの形態の内訳について紹介した. 1-1節で触れた通り，エネルギーは熱，力学仕事，電気仕事などさまざまな形態で取り出すことができる. したがってひとたび取り出せることがわかったら，次にどのような形態でどれだけ取り出せるかが重要になる. さっそく，物質を化学反応などを通じて状態変化させて，その内部に蓄えられていたエネルギーを我々が望む形態で物質の外に取り出すことを考えよう. もちろん，エネルギーを取り出すからには，できればその形態に制限などなく，できるだけ自由であるほうがいい．

さて我々は生まれたときから同じ環境にいるので，普段気が付かないでいるが，実はたいへん重たい大気の底で暮らしている．どのくらい重たいかというと，高さ約10 mの水の重さに相当する．すなわち，我々は，深さ10 mのプールの底で感じるような水の重みで，四方八方から，いつもぎゅうぎゅうに押されているのである．このような重たい大気の底，すなわち我々の日常の環境で温度一定のもと物質の状態変化を起こすことを考えよう．もし物質の状態変化が体積膨張を伴う場合，周りから押されている力に逆らってその体積を膨らませなくてはいけない．そのためには内部に蓄えていたエネルギーを周囲の圧力に逆らって自分の体積を膨張させる仕事としてどうしても割り振らなくてはいけない．この仕事を**膨張仕事**（expansion work）という．膨張仕事にもピストンを押すなどの力学仕事をさせられるのでエネルギー移動の形態の一種であるが，その形態は，体積膨張に限られる．したがって内部エネルギーのうちで，状態変化に伴い取り出せる仕事量のうち，取り出す形態に制限のない仕事量は，内部エネルギーから束縛エネルギーを除き，さらにそこから膨張仕事に割り振られる分を引いた残り，といえる．この残り分のエネルギーを**自由エネルギー**（free energy）という．この様子を見える！Box 1-5にまとめた．実は，物質の状態変化を考える化学においては，状態変化前後での物質の自由エネルギーの変化量が，きわめて重要な意味をもつことを後の章で学ぶ．

さて，物質の状態変化を考える際，その過程も重要であるということを先の節で述べた．我々の日常生活を考えると，化学反応など物質の変化からエネルギーを何らかの形態で取り出して使う行為は，一定の圧力（その多くは大気圧）のもと，物質の体積変化を許して行われることが多い．このような変化の過程を**定圧過程**という．一方，物質の体積変化を許容しないで状態変化させることもできる．このような過程を**定積過程**という．この場合は，大気圧に逆らって膨張するための仕事にエネルギーを割りふらなくてよいので，自由な方法で取り出せるエネルギーの量は，定圧過程のときに比べて多くなることが予想できる．すなわち物質の圧力を一定にしてエネルギーを取

見える！Box 1-5

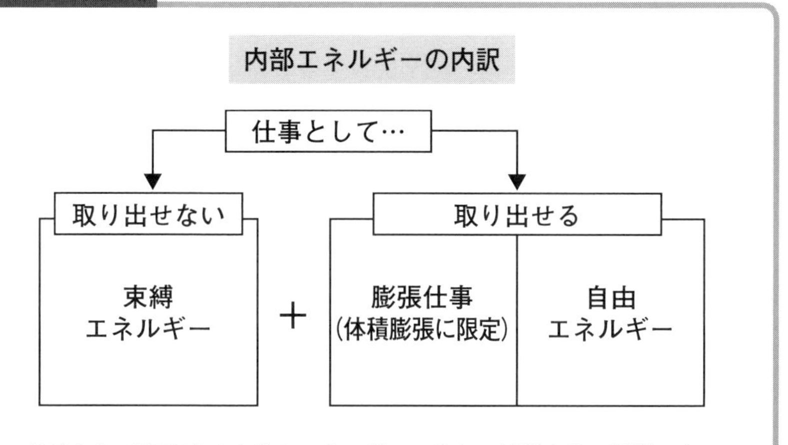

仕事として取り出せる分のエネルギーのうち，状態変化の過程によっては必ずしもすべてが自由な形態で取り出せるわけではないことに注意しよう．

り出すか，体積を変えずにエネルギーを取り出すかで，自由な方法で取り出せるエネルギーの量が変わってしまう．したがって，状態変化の過程の違いによって考えなくてはいけない自由エネルギーは，大きく2つに場合分けされる．前者，すなわち定圧変化を考える際に便利な自由エネルギーは**ギブズ（ギブス）**[※2]**の自由エネルギー（Gibbs free energy，記号 *G*）**，または単にギブズエネルギーと呼ばれる．一方，定積変化を考える際に便利な自由エネルギーは**ヘルムホルツ**[※3]**の自由エネルギー（Helmholtz free energy，記号 *A* もしくは *F*）**，または単にヘルムホルツエネルギーと呼ばれる．この場合分けの様子を使える！Box 1-1にまとめている．

※2　Josiah Willard Gibbs（1839-1903），米国の数学者・物理学者・物理化学者．米国における科学分野では2人目の博士号，初の工学博士を1863年イエール大学より得る．以後イエール大学に留まり無給で研究を続け，不均一な物質の平衡に関する論文を1878年に発表，これがヨーロッパの科学者に認められ，1880年にイエール大学で職を得る．熱力学における相律の発見など理論研究に多大な貢献をした．

※3　Hermann Ludwig Ferdinand von Helmholtz（1821-1894），ドイツの生理学者・物理学者．家庭の経済事情で大学に進めず，州の奨学金で医学を学び，返済免除のため軍医を務めた後，大学教授・研究所所長を歴任する．19世紀最大の科学者の1人であり，熱力学第一法則（エネルギー保存側）の確立など熱力学の分野のみならず，生理学・音響学・光学・電磁気理論などの分野においても業績多数．

使える！Box 1-1

温度一定のもと過程による自由エネルギーの場合分け

温度一定のもと
仕事として取り出せるエネルギーのうち
膨張仕事以外の形態で取り出せる分

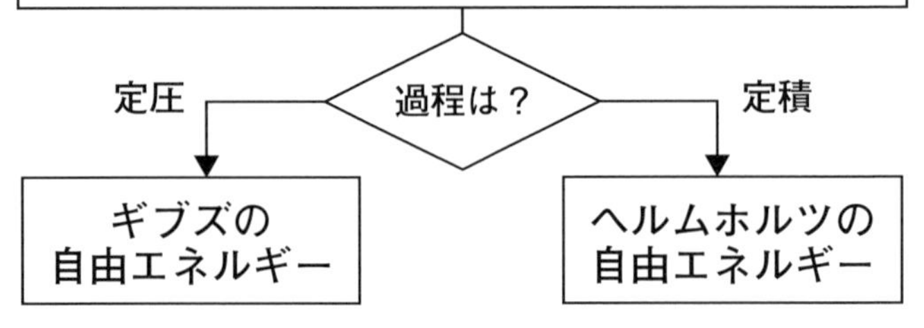

温度一定のもと，物質内部に蓄えられたエネルギーを仕事として取り出すとき，圧力一定か，体積一定の過程を通るかで，膨張仕事以外の形態（電気仕事など）で取り出せる仕事量が変わる．

物質の内部エネルギーUのうち，その一部分を占めるGとAの中身や，それらとUとの関係，さらにこれらが具体的にどのように計算されるか，そしてそれらが化学の諸問題にどのように応用されるかについては，次章以降で詳しく扱う．実は，この自由エネルギーの計算，具体的には化学反応・状態変化に伴う自由エネルギーの変化量が計算できるようになることで，初めて**1-1節**で述べたさまざまな恩恵にあずかることができる．現時点では，自由エネルギーの計算が目標となること，そのときどのような過程を経て物質を変化させるかで，考察すべき自由エネルギーが大きく2つに分けられることを念頭に留めておいてもらえばよい．次章以降でより具体的にこれらの量の計算に入っていこう．

第1章　章末問題

1-1 我々の身の回りの物質で，エネルギーを蓄えたり，エネルギーを別の形態に変換しているものの例を挙げてみよう．

第1章　章末問題解答

1-1 次章以降の本文中でさまざまな具体例を挙げているので参照してほしい．また本書の末尾に役に立つ成書を紹介しているので参考にしてほしい．

第 2 章

内部エネルギーと熱力学第一法則

前章では，内部エネルギー（U）や，本書の理解目標であるギブズエネルギー（G）やヘルムホルツエネルギー（A）を簡単に紹介した．これらは，いずれも物質の内部に有するエネルギーの「状態」を表している量である．したがって物質の状態が変化した場合には，当然これらの値は変わることが予想される．

さて物質の状態変化が起こった際，これらのエネルギー状態を表す量と，物質の外に移動できる（取り出せる）エネルギー量との関係はどのように表されるだろうか？　またエネルギーの移動形態にはどのようなものがあるのだろうか．ここでは内部エネルギーの変化と，エネルギーの移動形態である熱や仕事との量的関係を考察する．

2-1 自分が扱おうとしている対象 — 系 — を宇宙全体から切り取ろう

熱力学は，まず自分が何を考察したいかを決めることから始まる．

前章では，物質の内部に蓄えられているエネルギー，すなわち内部エネルギーをどれだけ外部に取り出せるのかを考えた．さらに取り出すことができた場合，仕事として取り出せるものとそうでないものがあることを学んだ．ここで物質の内部や外部という言葉が出てきたが，（化学）熱力学ではまず，どの物質を対象とするかを明確にすることから始まる．対象となる物質は，人でもいいし，はたまた地球でもいい．

熱力学の法則は，考えている**系**（system）と，その外部である**外界**（surroundings）との間のエネルギーのやり取り，という形で記述される．このとき，系と外界の境界はそのまま**境界**（boundary）と呼ぶ．この様子を**図2-1**に示す．系を状態変化させて系からエネルギーを取り出すとき，逆に外界から系にエネルギーを注入して，系にエネルギーを蓄えるとき，境界をまたいでさまざまな形態でエネルギーがやり取りされる．その中には，実体の

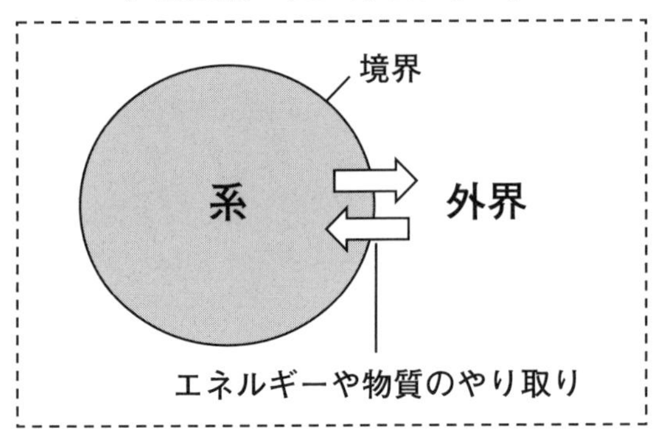

図2-1 まず宇宙全体から考察対象とする「系」を切り取る

ある物質そのものをやり取りすることで，エネルギーの授受を行うケースもある．

まず，系は外界とのエネルギーや物質のやり取りの条件によって，**孤立系**(isolated system)，**閉鎖系**(closed system)，**開放系**(open system)の3つに大きく分類される(使える！Box 2-1)．孤立系は外界とエネルギーも物質もやり取りしない系，閉鎖系は外界とエネルギーのやり取りはするが物質のやり取りはしない系，開放系はエネルギーも物質もやり取りする系のことをいう．

系に関するこれらの3つの分類に基づき，自分が考えようとしている系がどの系なのかをまず把握することは，熱力学的な考察をする上で大切になる．というのも，系の自発的な変化の方向性を考えるとき，想定している状態変化が起こり得るか否かの判定に便利な熱力学量が，これらの系の違いによって異なってくるからである．このことについては第7章以降で述べる．

宇宙全体はその外側に世界がないと想定されるので，孤立系と考えられ

使える！Box 2-1

外界とのエネルギーや物質のやり取りの可否による系の分類

系の種類	境界をまたぐ移動の可否		温度一定下での自発変化の方向性の判定
	エネルギー	物質	
孤立系	×	×	エントロピー変化
閉鎖系	○	×	自由エネルギー変化
開放系	○	○	化学ポテンシャル変化

系の種類によって，温度一定のもとでの自発的な変化の方向性の判定に使える熱力学量が異なってくるので，自分の考察対象がどの系に分類されるか必ず意識しよう．物質変化を伴う化学では開放系を扱うことがほとんどである．

る．熱を伝えることができる素材でつくられた密閉容器内に閉じ込められた系は，外界とエネルギーのやり取りはできるが物質のやり取りはできないので，閉鎖系に分類される．一方，ふたが開いた反応容器や，食物を摂取・排泄する生物のように，エネルギーも物質も外界と自由にやり取りできる系は開放系に分類される．実は化学や生物が対象とするほとんどの系はこの開放系である．開放系の化学熱力学は第8章以降で扱う．

2–2 始状態と終状態が熱力学的平衡に達しているか確認しよう

あなたは，まだ熱力学的平衡に達していない状態に，温度や体積，圧力などを当てはめてしまっていないだろうか？

前節では，考察する対象物質 — 系 — をまずはっきりさせることを学んだ．次に，系が状態変化することを考える．このとき系の始めの状態を**始状態**（initial state），終わりの状態を**終状態**（final state）という．系の始状態，終状態はどんな状態でもいいわけではなく，熱力学的な計算をするには両者とも**熱力学的平衡状態**（thermodynamic equilibrium state）である必要がある．ではこの熱力学的平衡とはどのような状態であろうか？

系が熱力学的平衡に達しているためには，以下の3要件を満たさなくてはいけない．

(1) 系の内部の温度がどこも一様で，系の内部に温度の高い部分や低い部分といったムラがない．
(2) 系の内部の圧力がどこも一様で，系の内部に圧力の高い部分や低い部分といったムラがない．
(3) 系の内部で，物質の濃度（組成）が均一でムラがない．

(1) は，熱的平衡条件ともいえる．もし系の内部に温度の高低差があるならば，温度の高いところから低いところへ熱の移動が起こっている最中であり，まだ熱的平衡に達していないと判断される．さらに，系の内部に温度の高低差があると，1つの温度Tで系を代表させられない．

(2) は，力学的平衡条件といえる．もし系の内部に圧力の高低差があると，圧力の高いほうから低いほうへ体積の膨張などが起き，系の圧力Pと体積Vが一定の値に定まらない．

(3) は，化学的平衡条件といえる．まだ系内部で化学反応が進行中である場合，最終的な物質量nや，各成分の組成比が最終的に定まっていない．また，たとえば水中に入れた塩の結晶が溶解・析出している最中など，系の内部で，濃度や密度が一様になっていない場合は，これらを1つの値で代表できない．

もし，まだ系が上記 (1)～(3) のいずれかの変化の最中であれば，変化がない状態に落ち着くまで，時間をかけて待つ．この様子を模式的に**図2-2**に示す．化学熱力学の法則や式を適用するには，それぞれが系のどこをとっても一様な状態，すなわち平衡状態に達するまで待つ必要がある．しかし，こ

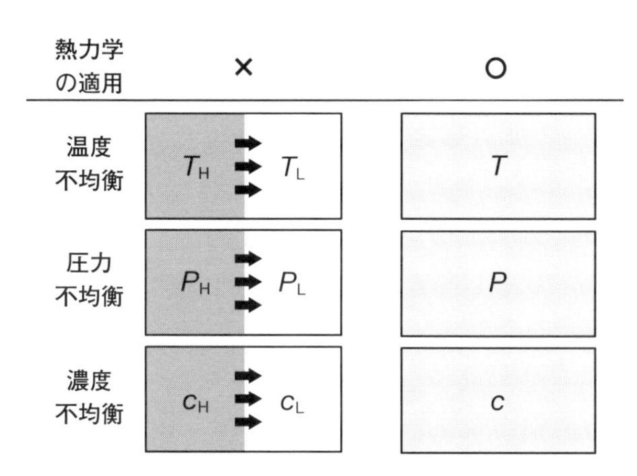

図2-2 系が熱力学的平衡に達するまで待つ

図中の温度 (T)，圧力 (P)，濃度 (c) の添え字の記号Hは高い部分，Lは低い部分を表す．

の一様な状態に達するまでの時間が我々の日常の時間スケールに比べて十分長いものは，一見したところ変化が止んでいるように見える．これは**定常状態**（steady state）と呼ばれ，すでに熱力学的平衡条件に達していると勘違いしやすいので注意を要する．熱力学的平衡条件が整えば，温度，圧力，体積，物質量（組成）といったわずかな数の熱力学的変数によって，きわめて多数の原子や分子の集合体からなる系の状態を代表して表すことができる※4．

2-3 内部エネルギー変化と熱力学第一法則

あなたは，エネルギーは新たに生み出すことができたり，または消えてしまったりするものだと思っていないだろうか？

ある物質の体積が変化したり，物質を構成する原子どうしの結合の組み換えが起こったり，すなわち化学反応が起きたとする．このとき熱としてエネルギーが放出されたり，仕事として何かものを動かす力が生み出されたりと，変化する物質と外界の間にエネルギーのやり取りが生まれる．したがって物質内部にはもともと何らかのエネルギーが，ある量蓄えられていると考えるのが自然といえよう．そこで第1章では物質内部に蓄えられているエネルギーを，内部エネルギーUと置いた．

しかし，こう置いただけではさっそく行き詰まってしまう．なぜなら物質内部に蓄えられたエネルギーの絶対値を簡単に知る由がないからである．その物質に温度計をさせば一見わかりそうな気もする．そこで仮に同じ温度を示す2つの異なる物質があったとして，外界から熱エネルギーを与えることで同じ分だけ温度を上昇させることを考えよう．そうすると，必要な熱エネルギーの量が物質の種類によって異なることがわかる．すなわち温度は内部

※4 熱力学的平衡状態に達していないと，以後の化学熱力学的考察の手順にのせられないのは，熱力学ひいては化学熱力学の限界ともいえるかもしれない．しかしそれは，きわめて多数の原子や分子の集合体からなる系の状態を，きわめてわずかな数の熱力学的変数で取り扱うことができるというたいへん大きな利点のための，やむを得ない制約条件であるといえる．まだ変化している最中の動的な系を扱いたい場合は非平衡熱力学や動力学といった学問体系があるので，興味・関心のある諸氏は，ぜひ本書末尾の参考文献に紹介した，その方面の入門書や教科書を参考にされたい．

に蓄えているエネルギーの総量とは直接は結び付いていないことがわかる．物質の温度と，その内部に蓄えられているエネルギーの総量をこうして区別したことは，熱力学の発展にとって重要な一歩となった．

どうやら内部エネルギーの絶対値Uを議論するのは一筋縄ではいかなそうである．そこで発想を変えて，内部エネルギーの絶対値を求めるのはいったんあきらめて，状態変化の前後，すなわち終状態と始状態の内部エネルギーの差だけを考えることにする．実際，我々は，すでにあるエネルギーを蓄えている物質に，外部から何らかの操作や変換を施した際，どれだけのエネルギーがその物質から外界（環境）に取り出せるのか，その量自体に興味がある．

そこで考察する対象の物質，すなわち系が外界と熱や仕事といった方法でエネルギーのやり取りをした際の，大元（始状態）の内部エネルギーの値とやり取り後（終状態）の値との差，すなわち変化量を考えてみよう．このときひとまず始状態と終状態の内部エネルギーの絶対値をそれぞれU_i，U_fと置く．ここで添え字のiはinitial state（始状態）の頭文字を，fはfinal state（終状態）の頭文字をとった．この添え字は今後も頻繁に用いる．ひとまずこう置くだけで，これらの絶対値はわからなくてもよい．

系が新しい状態に変化したり，その変化の過程で外界に対して何らかの仕事をしたりする際，ほぼ必ずといっていいほど系は外界と熱のやり取りをしている．系は外界から熱を受け取って，その一部を変換して外界に対して仕事という形態でエネルギーを移動させたり，系自体の化学状態を変化させたりすることに（たとえば氷から水への変化や原子間の結合そのものが変化する化学反応などに）利用している．このとき注意深く系と外界の間でやり取りされる熱量や仕事量を測定すると，やり取りしたり蓄えられたりするエネルギーの総量は新たに増えたり減ったりせず，ただその形態を変えているだけであることがわかる．

ここで系に与える熱量をQ，系に与える仕事量をWとすると，もともと物質内部に内部エネルギーU_iが蓄えられていたので，この操作が完了したときの内部エネルギーU_fは

$$U_\mathrm{f} = U_\mathrm{i} + Q + W \qquad 2\text{–}(1)$$

見える！Box 2-1

外界から系へのエネルギー移動形態の内訳とその量，そして内部エネルギー変化量との関係

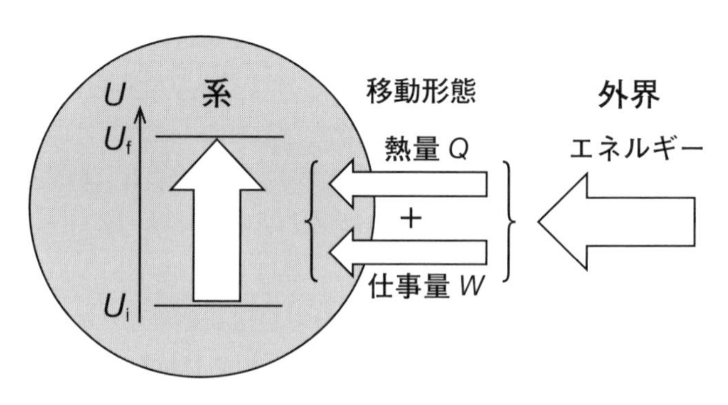

$$\Delta U = U_f - U_i = Q + W$$

外界から系へのエネルギーの移動形態は熱的もしくは力学的なものに分けることができるが，その総量は保存されている．

と表される．このとき系の内部エネルギーの変化量ΔUは2-(1) 式より以下のように記述される．

$$\Delta U = U_f - U_i = Q + W \qquad 2\text{-}(2)$$

この式は**熱力学第一法則** (the first law of thermodynamics) を表し，その本質はエネルギーの量に関する保存則である．2-(2) 式の表す内容を見える！Box 2-1 に示したので参照してほしい．系に加えたエネルギーはどのような形態に変換されて保存されているかはわからなくても，熱や仕事などの方法で外界から系に移動したエネルギーの総量は，系の内部エネルギーの増加，という形できちんと保存されている，ということを表している．

先に述べた通り，内部エネルギーの絶対値はそう簡単には窺い知ることが

使える！Box 2-2

熱力学第一法則の表式

✕ $U = Q + W$（よくある間違い）

○ $\Delta U = Q + W$

左辺が状態量 U の終状態と始状態の差，すなわち
変化量（Δ）で表されていることに注意しよう！

できないので，この法則は変化前後における内部エネルギーの変化量 ΔU で記述されていることに注意してほしい．学生諸氏の試験答案を見ていると，$U = Q + W$ という間違いを少なからず見かける．これは系のエネルギー状態を表す量と，系と外界の間でやり取りされるエネルギーの移動量を混同してしまっている典型的な誤りである．この様子を使える！Box 2-2にまとめたので，この法則に基づいて計算する際に，使い間違えないようにしてほしい．また，熱や仕事はエネルギーの「移動」の形態とその量を表しているので，向きが重要である．国際的なルールとして，外界から系に熱や仕事の形でエネルギーが移動したときの値が正となるよう，定められている．したがって，たとえば，系から外界に熱という形でエネルギーが3 J移動したら，$Q = -3$ J となり，記号はそのままだが，負の値をとることに注意しよう．

さて2-(2)式は，系が外界から熱や仕事という形態でエネルギーをもらったら，それを内部エネルギーとして蓄えました，ということであるから，一見当たり前のように感じられる．しかしよくよく考えてみると，不思議なことである．すなわちエネルギーは系と外界の境界を通じて出入りする際，その伝わる方法は異なれどその総量自体は失われることや新たに生まれることはない，と言い換えることができる．

我々は日常生活において「エネルギー切れ」という言葉を使う．それはある物質に何らかの仕事をさせようとしたとき，コンセントから電気とかタン

クからガソリンとか，何らかの形で物質にエネルギーを注入し，その物質に何らかの動作（仕事）をさせていると，新たにエネルギーとなる何かを補給しない限りいつかは必ずその動作が止まることを知っているからである．しかしこれは「仕事」というエネルギー移動の形態だけを考えた場合の話であって，これに「熱」という別のエネルギー移動の形態を考えたとき，これらの量の総和は，途中で失われたり，増えたりすることなく，きちんと保存されているということを述べていることになる．このように2-(2)式は，右辺を原因，左辺を結果と見て，内部エネルギーを蓄えるという観点から，よくエネルギーの総量保存の観点で説明される．

一方でその逆，すなわち左辺を原因，右辺を結果とした別の見方をするのも有用である．もし何らかの要因によって，物質の内部エネルギーが変化した場合，物質から開放されるエネルギーの取り出し方は熱と仕事の大きく2つに分けられる，と読み解くことができる．

実はエネルギーの移動形態を熱と仕事に区分したことは，画期的なことであった．しかし熱力学第一法則は少なくとも量の観点からは，熱量と仕事量は等価であることを意味している．エネルギーの単位にその名を留める**ジュール**※5は，水槽中に羽根車を付け，羽根車とおもりを滑車を通じてつなぎ，おもりの落下により羽根車を回す仕事量と水温の上昇から，**熱の仕事当量**という以下の関係式（値は現在のより精度の高いものに置き換えてある）を導いた．

$$1\ \mathrm{cal} = 4.184\ \mathrm{J} \qquad 2\text{-}(3)$$

これは今でもよく用いられる関係式である．

※5 James Prescott Joule (1818-1889)，英国の実験家．自宅内や家業の醸造工場内に建てた実験室でエネルギーに関する先駆的な実験を行った．20歳代に，電気仕事や力学仕事と熱の等量性を導く種々の実験を行い，エネルギー保存則を実証的に導いた．30歳を迎えようとする1847年，当時22歳のウィリアム・トムソン（後のケルビン卿）にその仕事の重要性を見出され，1850年に王立協会の会員に選出された．彼のエネルギーに関する一連の優れた実験をたたえて，SI単位系におけるエネルギーの単位 J（ジュール）に，その名が刻まれる．

2-4 内部エネルギーと状態関数

あなたは状態関数と経路関数をしっかり区別しているだろうか？

2

前章で変化前後の状態と，その間をつなぐ過程の両方を把握することが重要であることを学んだ．さて，物質が気体であるとき，その状態を規定するのに，高等学校の化学では温度，圧力，体積，物質量n (mol) などの量が出てきた．もし物質が理想気体である場合には，これらの間には，以下の理想気体の状態方程式が成り立つので，どれか1つがわからなくても，残りの状態量さえ計ることができれば，求めることができる．

$$PV = nRT \qquad 2\text{–}(4)$$

では物質内部に蓄えられている内部エネルギーUの値は，温度，圧力，体積，物質量n (mol) を規定したら，唯一の値に決まるのだろうか？　仮に同じ温度，圧力，……を規定しても，内部エネルギーの値が1つに決まらないものとしよう．今，ある状態1 (P_1, T_1, V_1, n_1) から，別の状態2 (P_2, T_2, V_2, n_2) へ移行することを考える．このとき状態1，2の内部エネルギーをそれぞれU_1，U_2とする．今，状態1から状態2への行き方として2通りの経路A，Bを考えるものとする．**図2-3**を参照してほしい．もし，状態2に達する経路の違いで，状態2における内部エネルギーU_2が異なるものとし，経路Aを経たときの状態2の内部エネルギーをU_{2A}，経路Bを経たときのそれをU_{2B}としよう．もし，U_{2A}のほうがU_{2B}よりも大きいならば，状態1→経路A→状態2→経路Bの逆→状態1→経路A……というふうにくるくる系のサイクルを回すと，内部エネルギーは1サイクル回るたびに$U_{2A} - U_{2B}$分蓄積されていき，無限にエネルギーを生み出すことができる．

これは無尽蔵にエネルギーを生み出す夢の機関（永久機関）である．人類はこれまで永久機関の実現に向けて多大な取り組みを行ってきたが，このようなことは実現せず，自然界にもこれに相当する奇怪な現象はこれまで一度も観測されていない．ということは，もし状態2の温度，圧力，……を規定したら，対応する内部エネルギーU_2もある1つの値に決まる，と考えるのが

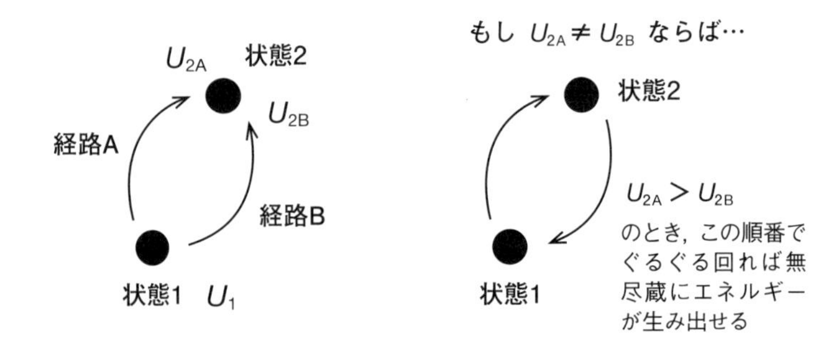

図2-3 内部エネルギーは状態量であるか否か

妥当である．すると，内部エネルギーUは，その状態が実現された経路によらず，系の状態，すなわち温度，圧力，体積などの状態変数を決めれば，一意の値に定まるもの，ということができる．内部エネルギーのような，系の状態変数だけで一意に決まるものを**状態関数** (state function) という．状態変数も状態関数も系の状態が決まればその値が一意に定まるので状態量である．

先に，エネルギーを考える際に，途中の経路を考えることが重要と述べたが，これらの状態量に関しては，途中経路を問わず状態が決まればその値が一意に決まるので，過去の経歴に左右されないたいへん扱いやすい熱力学量である．実際に通った経路が計測できない，または計算できない場合でも，始状態と終状態は動かさず，途中の経路を計測もしくは計算できる別の経路で始状態と終状態をつなぐことができれば，実際通った経路がわからなくても，状態量の変化量は計算できる．もし，状態変化が定積変化，すなわち体積変化がない場合は，系は外界から膨張仕事をされないので，もし他に電気仕事などもされていない場合は$W = 0$となり，熱力学第一法則より$\Delta U = Q_V$となる．ここでQの添え字Vは体積一定という条件付きであることを表す．すなわち内部エネルギー変化は，定積反応熱を表している．

もう1つ，内部エネルギーに関する重要なことを述べておく．理想気体の場合，内部エネルギーは体積によらず，温度のみの関数になる．これは理想気体に関するジュールの法則といわれ，ジュールによって実験的に見出された法則であるが，8章の8-2節で紹介する化学熱力学の関係式からも証明することができる．理想気体であれば2-(4)式が成り立つので，1 molの理想気体について体積と温度が決まれば，残りの圧力は自動的に決定する．したがってどれか2つの状態量を考えればよい．ここでは体積と温度で考える．適当な距離を離した実在の分子間には，ファンデルワールス力と呼ばれる引力が働くが，理想気体の場合はこのような引力相互作用はない．したがって体積を膨張させる，すなわち分子間の平均距離を引き離すのに，引力に逆らうための仕事を要しない．気体の内部エネルギーは減ることがないので，その体積によらず温度のみの関数になる．理想気体の場合，その体積が膨張しても温度変化がなければ内部エネルギーの変化はないといえる．

状態量である内部エネルギーUの変化量ΔUと，系が外界から受け取る熱量Qや仕事量Wは，熱力学第一法則により$\Delta U = Q + W$と結び付けられたが，QとWは状態量になるだろうか？　答えはNoである．もともと状態を表す量ではない，やり取りするエネルギーの移動形態とその量を表している，といってしまえばそれまでだが，確認のため**表2-1**を見てほしい．たしかに同じΔUの値をとる場合でも，その変化の過程，すなわち経路の違いでQとWにさまざまな組み合わせが実現することは自明である．熱量や仕事量のように経路に依存するものを**経路関数**(path function)という．では過程をひとたび決めれば，QやWを求めることはできるのだろうか？　次の章では，我々の日常生活で最も一般的な「一定圧力のもと」という経路(過程)で状態変化させたときの，系と外界の熱や仕事のやり取りを考える．

表2-1 内部エネルギー変化と熱量・仕事量との関係

ΔU	Q	W	系のエネルギーの授受の様子
5	0	5	仕事という形態のみで受け取った
5	5	0	熱という形態のみで受け取った
5	2	3	仕事と熱，両方でエネルギーを受け取った
5	8	−3	熱として受け取り，外界に仕事をした
5	−2	7	仕事として受け取り，外界に熱として放出した

いずれの場合でも，系の内部エネルギー変化は等しいことに注意しよう．
ここでは例としてΔU＝5とした．単位はすべて［J］とする．

最後に，今後の熱力学第一法則を用いた計算に便利な，微分形式で熱力学第一法則を表現しておこう．

まず2-(2)式は積分形式と呼ばれ，その形は以下の通りであった．

$$\Delta U = Q + W \qquad 2\text{-}(5)$$

このとき状態変化がごくわずかであり，内部エネルギーの変化量がごくわずかである場合は

$$\mathrm{d}U = \delta Q + \delta W \qquad 2\text{-}(6)$$

と表すことができる．QとWの前の無限微小量の記号をdではなくδで表現したのは，これらが状態量でないことを区別するためである．このとき無限に小さい微小変化量（微分）$\mathrm{d}U$をその過程に沿ってすべて足していったら始状態と終状態の変化量になるので，

$$\Delta U = \int_{U_\mathrm{i}}^{U_\mathrm{f}} \mathrm{d}U \qquad 2\text{-}(7)$$

と表される．微分や積分というと，尻込みしてしまう方もいるかもしれない．しかし計算に使う立場からすれば，微分というのはざっくりと無限微小量のことを，積分はこの無限微小量の足し算，ぐらいに捉えてもらってもかまわない．この様子を模式的に**図2-4**に示した．**図2-4**の上側は，経路を意識した図である．千里の道も一歩から，という言葉があるが，経路上の$\mathrm{d}U$（わずかな一歩）をはじめの一歩からどんどん積み重ねていけば，必ず終点に到着する．**図2-4**の下側は，ミルクレープという薄い生地を積層してつくったケーキを思い起こしてもらえばよい．厚みが$\mathrm{d}U$の薄い生地を1枚1枚どんどんU_iからU_fに達するまで足し合わせていってもらえば，それはΔUの厚みになる，と2-(7)式はいっているにすぎない．ちなみにミルクレープのミルとはフランス語で「千」（すなわち「たくさんの」）の意味である．なお高等学校で「微分」を習い，「微分」をグラフの傾きと思い込んでいる学生がいるが，「微分」と「微分係数」を混同しているといえる．これらの違いを**使える！Box 2-3**にまとめておいたので，この機会に今一度確認してほしい．

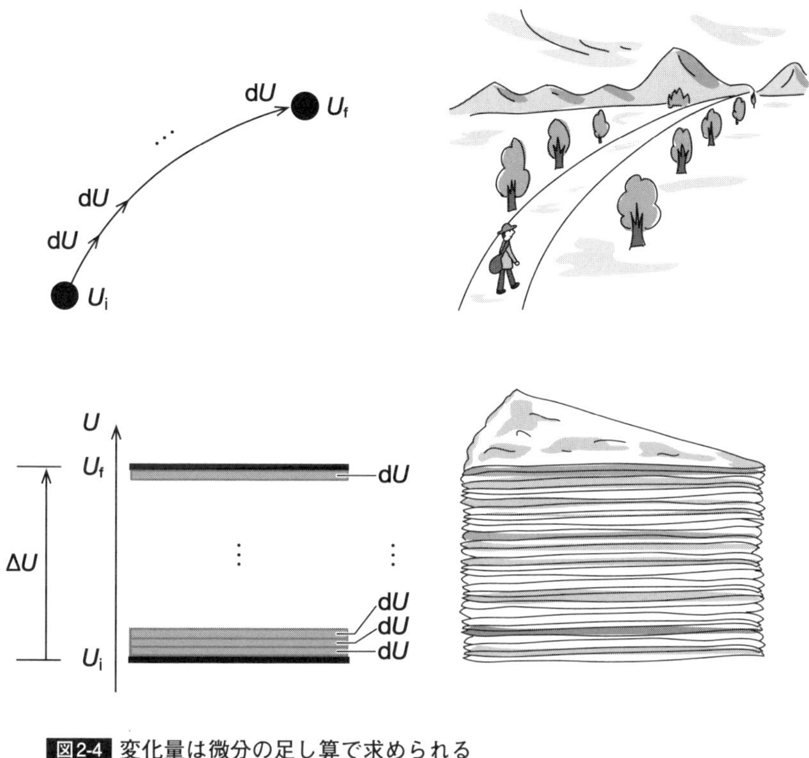

図2-4 変化量は微分の足し算で求められる
（上）経路を意識した図　（下）積算を意識した図

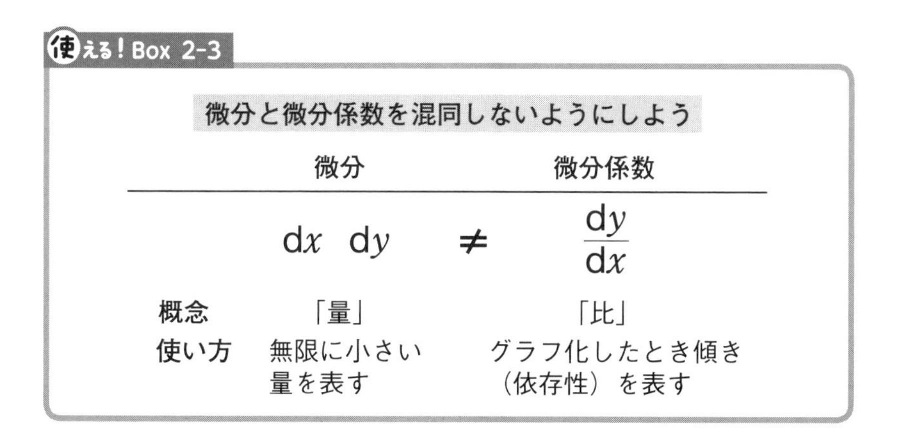

使える！Box 2-3

微分と微分係数を混同しないようにしよう

	微分		微分係数
	$\mathrm{d}x \quad \mathrm{d}y$	$\neq$	$\dfrac{\mathrm{d}y}{\mathrm{d}x}$
概念	「量」		「比」
使い方	無限に小さい量を表す		グラフ化したとき傾き（依存性）を表す

第2章　章末問題

2-1 1.0 kgの容器に入った密度1.0 g cm^{-3}の液体10 dm^3を，地上から50 cm持ち上げる仕事は，何calの熱量に相当するか．ただし，重力加速度を9.8 m s^{-2}とする．また，1 dm^3 = 10^{-3} m^3，1 cal = 4.184 Jである．

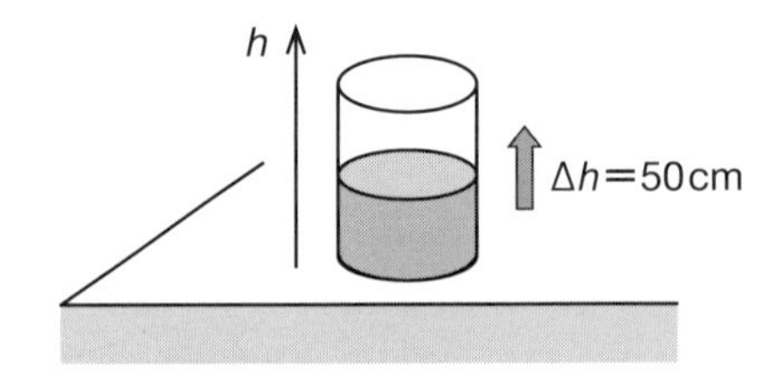

ヒント　(物体に働く重力) = (重力加速度) × (質量) と表せる．

2-2 10 mの高さから，1.0 kgの物体を1.0 dm^3の水の中へ自然落下させた．水の温度上昇を求めよ．ただし，水の熱容量を1.0 cal K^{-1} cm^{-3}，重力加速度を 9.8 m s^{-2}とする．ただし，1 dm^3 = 10^{-3} m^3，1 cal = 4.184 Jである．

2-3 (体積) × (圧力) で与えられる量はエネルギーの次元をもつことを示せ．また，1.0 dm^3 barのエネルギーを (1) J，(2) calの単位に換算せよ．

2-4 100 gの弾丸 (比熱容量0.70 J $K^{-1}g^{-1}$) が200 m s^{-1}の速さで飛んできて，熱伝導率のきわめて低い物体に衝突して静止した．弾丸はどれだけ熱くなるか．

2-5 床面積10 m^2，天井の高さ2.0 mの部屋の空気 (10 ℃，1 atm) の温度を10 ℃上昇させるには，1.0 kWのヒーターを何分間つければよいか．
なお，空気1 molの温度を1.0 ℃上昇させるのに必要な熱量を7.1 calとする．ただし，1 cal = 4.184 J，1 atm = 1.01 × 10^5 Paであり，気体定数R = 8.314 J K^{-1} mol^{-1}である．また，単位Wは，J s^{-1}に換算できる．

ヒント
1. 気体の状態方程式を用いて，部屋の空気の体積から部屋の空気のモル数を求めよ．
2. 1 molの空気の温度を10 K上昇させるのに必要な熱量カロリー数を求めよ．

2-6 地球表面で1.0 kgの質量が面積1.0 × 10^{-2} mm^2の針先を押しているときの

圧力を単位Paとatmで求めよ．重力加速度を$9.8\ \mathrm{m\ s^{-2}}$とする．また，$1\ \mathrm{atm} = 1.01 \times 10^5\ \mathrm{Pa}$である．

第2章　章末問題解答

2-1 まず，各値の単位系を統一する．一例としてMKSA単位系では，重さ，長さ，時間の単位はそれぞれ，kg，m，sである．また，$\mathrm{J} = \mathrm{kg\ m^2\ s^{-2}}$と書き直せる．

液体の密度：$1.0\ \mathrm{g\ cm^{-3}} = 1.0 \times 10^3\ \mathrm{kg\ m^{-3}}$

液体の体積：$10\ \mathrm{dm^3} = 1.0 \times 10^{-2}\ \mathrm{m^3}$

容器の質量：1.0 kg（そのまま）

移動距離：50 cm = 0.50 m

重力加速度：$9.8\ \mathrm{m\ s^{-2}}$（そのまま）

液体の質量は，$1.0 \times 10^3\ \mathrm{kg\ m^{-3}} \times 1.0 \times 10^{-2}\ \mathrm{m^3} = 10\ \mathrm{kg}$

であり，液体と容器を合わせた質量は，10 kg + 1.0 kg = 11 kg

となる．したがって，液体と容器に働く重力は，$11\ \mathrm{kg} \times 9.8\ \mathrm{m\ s^{-2}} = 108\ \mathrm{kg\ m\ s^{-2}}$

である．したがって，容器を50 cm持ち上げると，

$$108\ \mathrm{kg\ m\ s^{-2}} \times 0.50\ \mathrm{m} = 54\ \mathrm{kg\ m^2\ s^{-2}} = 54\ \mathrm{J}$$

の仕事をしたことになる．

1 cal = 4.184 Jの関係を用いて単位換算すると，13 calの熱量に相当する．

2-2 物体の位置エネルギー（E）は，

$$E = 1.0\ \mathrm{kg} \times 9.8\ \mathrm{m\ s^{-2}} \times 10\ \mathrm{m} = 98\ \mathrm{kg\ m^2\ s^{-2}} = 98\ \mathrm{J}$$

である．水$1\ \mathrm{dm^3}$（$= 10^3\ \mathrm{cm^3}$）の熱容量（C）は，

$$C = 1.0\ \mathrm{cal\ K^{-1}cm^{-3}} \times 10^3\ \mathrm{cm^3} = 1.0 \times 10^3\ \mathrm{cal\ K^{-1}} = 4.2 \times 10^3\ \mathrm{J\ K^{-1}}$$

したがって，温度上昇ΔTは$\Delta T = E/C = 0.0233 \cdots = 0.023\ \mathrm{K}$

2-3 MKSA単位系で考えると，

[体積] = $\mathrm{m^3}$　（$[L]^3$）

[圧力] = $\mathrm{Nm^{-2}} = \mathrm{kg\ m^{-1}\ s^{-2}}$　（$[M] \cdot [L]^{-1} \cdot [T]^{-2}$）

したがって，

[体積×圧力] = $\mathrm{kg\ m^2\ s^{-2}}$　（$[M] \cdot [L]^2 \cdot [T]^{-2}$）

一方，運動エネルギー（$mv^2/2$）を例にとると，

[エネルギー] = $\mathrm{kg\ m^2\ s^{-2}}$ = [体積×圧力]

$$1\ \mathrm{dm^3} = 10^{-3}\ \mathrm{m^3},\ 1\ \mathrm{bar} = 1.0 \times 10^5\ \mathrm{Pa}\ (= \mathrm{Nm^{-2}})$$

したがって，$1.0\ \mathrm{dm^3\,bar} = 1.0 \times 10^{-3}\ \mathrm{m^3\,bar} = 1.0 \times 10^{2}\ \mathrm{m^3\,Pa}$

$$= \underline{1.0 \times 10^{2}\ \mathrm{J}} \quad \cdots\cdots\cdots\cdots (1)$$

$$= \frac{1.0 \times 10^{2}\ \mathrm{J}}{4.2\ \mathrm{J/cal}} = \underline{24\ \mathrm{cal}} \quad \cdots\cdots\cdots\cdots (2)$$

2-4 運動エネルギーがすべて熱エネルギーになるとすると，

加えられる熱エネルギーE＝運動エネルギー$E = \left(\dfrac{1}{2}\right) \times 0.1 \times (200)^2 = 2000\ \mathrm{J}$

比熱容量は単位質量あたりの熱容量で$0.70\ \mathrm{J\,K^{-1}g^{-1}} = 700\ \mathrm{J\,K^{-1}kg^{-1}}$

弾丸の重さ$m = 100\ \mathrm{g} = 0.10\ \mathrm{kg}$

を用いて温度変化ΔT Kを計算すると，

$$\Delta T = \frac{E}{mC} = \frac{2000\ \mathrm{J}}{0.10\ \mathrm{kg} \times 700\ \mathrm{J\,K^{-1}kg^{-1}}}$$

$$= 28.5 \cdots \mathrm{K} \approx \underline{29\ \mathrm{K}}$$

2-5 まず，部屋の空気の量（mol数）を計算し，10℃暖めるのに必要な熱量を求める．

部屋の空気の体積（V）は，$V = 10\ \mathrm{m^2} \times 2.0\ \mathrm{m} = 20\ \mathrm{m^3}$

である．空気を理想気体とみなすと，状態方程式

$PV = nRT$より，空気のmol数（n）は，

$$n = \frac{PV}{RT} = \frac{1.01 \times 10^{5}\ \mathrm{Pa} \times 20\ \mathrm{m^3}}{8.314\ \mathrm{J\,K^{-1}\,mol^{-1}} \times 283\ \mathrm{K}} = 8.59 \times 10^{2}\ \mathrm{mol}$$

となる．1 molの空気の温度を10 K上昇させるのに必要な熱量は，

$7.1\ \mathrm{cal\,K^{-1}\,mol^{-1}} \times 10\ \mathrm{K} = 71\ \mathrm{cal\,mol^{-1}}$

であるから，8.59×10^{2} molでは，

$71\ \mathrm{cal\,mol^{-1}} \times 8.59 \times 10^{2}\ \mathrm{mol} = 6.10 \times 10^{4}\ \mathrm{cal}$

$$= 2.55 \times 10^{5}\ \mathrm{J}$$

の熱量（エネルギー）が必要となる．1 kW（$= 10^3\ \mathrm{J\,s^{-1}}$）のヒーターは1秒間に$10^3$ Jの熱エネルギーを供給する．したがって，2.56×10^{5} Jのエネルギーを供給するのに必要な時間は，

$$(2.56 \times 10^{5}\ \mathrm{J}) / (10^{3}\ \mathrm{J\,s^{-1}}) = 2.56 \times 10^{2}\ \mathrm{s} = \underline{4.3分}$$

2-6 （針先が及ぼす力）＝（重力）

$$= 1.0\ \mathrm{kg} \times 9.8\ \mathrm{m\,s^{-2}} = 9.8\ \mathrm{kg\,m\,s^{-2}} = 9.8\ \mathrm{N}$$

（底面積）$= 1.0 \times 10^{-2}\ \mathrm{mm^2} = 1.0 \times 10^{-2}\,(10^{-3})^{2}\ \mathrm{m^2} = 1.0 \times 10^{-8}\ \mathrm{m^2}$

（圧力）＝（重力）/（底面積）なので

$$P = \frac{9.8\ \mathrm{N}}{1.0 \times 10^{-8}\ \mathrm{m^2}} = \underline{9.8 \times 10^{8}\ \mathrm{Nm^{-2}\,(Pa)} = 9.7 \times 10^{3}\ \mathrm{atm}}$$

第 3 章

一定の圧力下における熱エネルギーのやり取り —エンタルピーの導入—

この章では熱と仕事というエネルギーの移動形態の違いに着目してエネルギーに関する考察をより深める．先に述べた通り，系は状態変化に伴い外界と熱や仕事の形でエネルギーのやり取りをする．特に我々にとって最も一般的な環境である定圧下でやり取りする熱エネルギーは，**図1-1**でも見た通り，日常生活の多くの場面でその他の形態のエネルギーに変換されて利用されるため，しばしば議論・考察の対象となる．

この章では，定圧下における熱のやり取りを考察するのに便利なエンタルピーという概念を学ぶ．エンタルピーは状態量であり，反応前後での変化量は定圧反応熱を表す．エンタルピー変化と温度変化をつなぐ熱容量の概念を学んだ後，任意の温度における定圧反応熱を求めることができるキルヒホッフの式を導く．

3-1 熱と仕事の違い

熱と仕事の総量は保存されることはわかった．ではお互いに100％自由に変換可能であろうか？

やかんに水を入れふたをして，やかんの外から火であぶって中の水を沸騰させたとき，やかんのふたがカタカタと動く．このような光景を見たことは一度はあるのではないだろうか．物質に熱エネルギーを与えると，その体積が膨らむことで，物質に何らかの仕事をさせることができそうである．

熱エネルギーを力学仕事に変換させる装置の代表格に**ピストン-シリンダー装置**が挙げられる（**図3-1**）．シリンダー内に蓄えられた気体を熱する，すなわち熱エネルギーを与えると，気体の膨張に伴いピストンが動くことで，ものを動かす仕事ができる．一方，ピストンを動かすことで，シリンダー内に閉じ込めた気体を圧縮するという仕事を施すと，内部の気体の温度が上がることが予想される．すなわち仕事として与えられたエネルギーが何らかの熱的なエネルギーに変換されていると考えられる．では熱量と仕事量は100％お互いに交換可能なのであろうか？

日常生活で活躍する機械の動作や，多くの化学反応プロセスは，日常的環境，すなわち一定の圧力（多くは大気圧）のもとで行われる．そこでまず定圧過程で系と外界の間でやり取りされる熱量と仕事量の関係を考える．ここで定圧過程に話を限定したのは，本章の冒頭で述べた通り，体積の膨張・収縮を許す定圧下とそれを許さない定積下では，系と外界との間で熱や仕事としてやり取りされるエネルギーの量が異なってくるからである．

系が定圧下で外界とやり取りする熱量を**定圧反応熱**といい，記号Q_Pで表す．Qに付いている添え字Pは圧力を意味するpressureの頭文字からとっており，系の状態変化の過程中，圧力を常に一定に保つ，という条件付きのQであることを示す．

さて定圧下で系が受け取った熱量Q_Pはすべて物質内部に内部エネルギーの形で蓄えられるのだろうか．答えからいえばNoである．定圧下で過程を進行させたとき，Q_Pの熱が系に吸われたのであるから，傍で見ている人が，

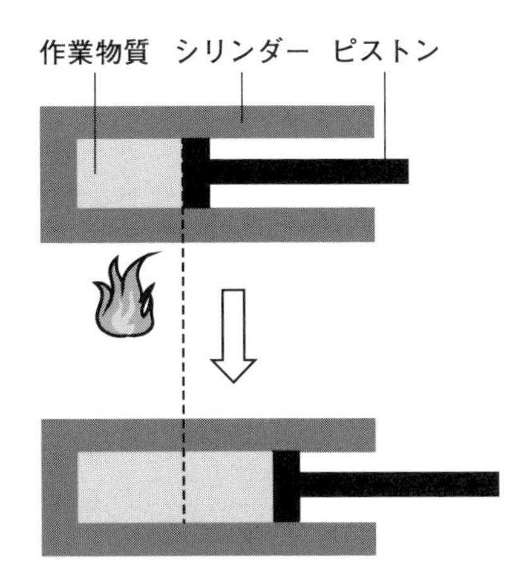

図3-1 ピストン-シリンダー装置

シリンダー内の作業物質（主に気体）が熱せられることで膨張し，ピストンを動かすことで熱エネルギーを仕事に変換する．

系の内部にこれだけの熱エネルギーが蓄えられたであろう，と思うのは自然である．しかし系はその圧力を一定に保つために，体積を膨張させる．その分，系に与えた熱エネルギーの一部分は，有無をいわさず系の体積を膨張させる仕事に使われてしまう．

仕事にはいろいろと種類があるので，系の膨張仕事を$W_{膨張}$として他の仕事の形態，たとえば電気仕事などと区別しておこう．このときの外界の圧力を$P_{外界}$，系の膨張前と膨張後の体積をそれぞれV_{i}，V_{f}とする．仕事の符号は系が外界からエネルギーを受ける向きを正とするよう，決められているため，膨張仕事$W_{膨張}$は以下のように表される．

$$W_{膨張} = -P_{外界}(V_{\mathrm{f}} - V_{\mathrm{i}}) = -P_{外界}\Delta V_{系} \qquad 3\text{–}(1)$$

このとき系の体積が収縮（$\Delta V_{系} < 0$）するときに正の値になるよう，マイナスの符号が付いていることに注意しよう．すなわち系が外界から押し込まれたとき（$\Delta V_{系} < 0$），系が受けた膨張（実際は収縮しているが）仕事の値が正になるようになっている．仕事の定義を高等学校の物理で学ばなかった学生諸氏のために，本章の**末尾に物理補講①**を付けておいた．そこで3–(1)式の導

き方を説明しているので，参照してほしい．このとき圧力は単位面積当たりにかかる力であることに注意しよう．ある面積にかかる力の総量は，圧力に面積をかければ求まる．

さて話を簡単にするため，ここでは仕事は膨張仕事だけを考える．このとき熱力学第一法則を表す2-(2)式より，定圧下（$P_{外界}$：一定）における系と外界のエネルギーの授受は以下のように表される．

$$\Delta U_{系} = Q_{P} + W_{膨張} = Q_{P} - P_{外界}\Delta V_{系} \qquad 3\text{-}(2)$$

ここで，エネルギーの収支がわかりやすいよう，3-(2)式を以下のように変形する．

$$Q_{P} = \Delta U_{系} + P_{外界}\Delta V_{系} \qquad 3\text{-}(3)$$

このように変形すると，定圧下で系にある熱量Q_{p}が与えられたとき，それが系の内部エネルギーの増加$\Delta U_{系}$と，系が外界に膨張する際に外界に対してする仕事$P_{外界}\Delta V_{系}$に分配される様子がわかりやすい．

ピストン-シリンダー装置を用いて，この過程をより詳細に考えてみる．系が外界から熱量Q_{p}を受ける際，系の圧力$P_{系}$と外界の圧力$P_{外界}$が，系と外界の境界であるピストンを介して常に釣り合いを保ちながら膨張したとする．すなわち始状態から終状態へ向かう膨張の過程中いつでも

$$P_{系} = P_{外界}\ (= 一定値) \qquad 3\text{-}(4)$$

という力学的な釣り合い条件が成り立っているとする．この様子をピストン-シリンダー装置を用いて図式化すると**図3-2**のようになる．このとき3-(3)式は，3-(4)式より，以下のようになる．

$$Q_{P} = \Delta U_{系} + P_{系}\Delta V_{系} \qquad 3\text{-}(5)$$

ここで，外界の圧力$P_{外界}$がある一定の値を保ちながら（定圧），かつ各瞬間瞬間で$P_{系}$と$P_{外界}$釣り合いを保ちながら（準静的に）膨張した，ということが重要である．この定圧準静的過程を通ったことで，3-(3)式から3-(5)式の式変形が許され，3-(5)式の右辺がすべて系の状態を表す状態量のみで表

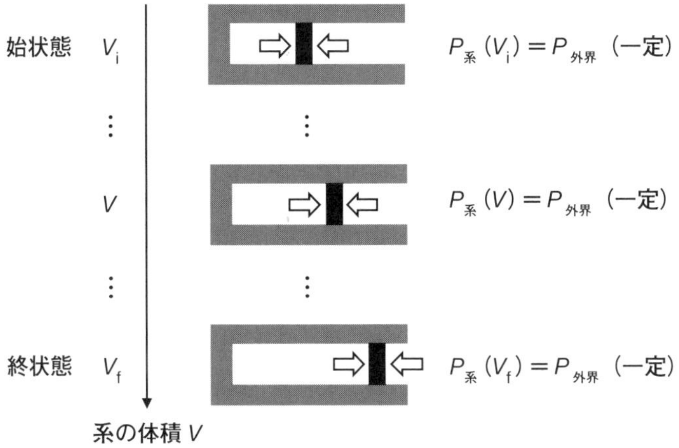

始状態　V_i　　$P_{系}(V_i) = P_{外界}$ (一定)

V　　$P_{系}(V) = P_{外界}$ (一定)

終状態　V_f　　$P_{系}(V_f) = P_{外界}$ (一定)

系の体積 V

図3-2 外界の圧力が一定の場合の，系と外界の圧力の釣り合いを保ちながらの膨張

現されたことに注意してほしい．「準静的過程」については第4章で再び説明する．これで新しい状態量を導入する下準備ができたといえる．学生の答案を見ると，系の圧力か外界の圧力か区別せずに，同じ記号Pを用いて表して，いつの間にか外界の圧力を系の圧力にすり替えて式変形している様子が見受けられる．式変形そのものは見かけ上合っているように見えても，その背後にある物理的条件（定圧条件や準静的条件）が成り立たない場合に3-(5)式を使うと，誤った結果を導く可能性があるので注意を要する．

3-2 定圧変化での熱量のやり取りを考察する際に便利な状態量 — エンタルピー — の導入

あなたは熱をエンタルピー変化量に結び付ける際，熱をやり取りする過程が定圧過程であったかどうか確認しているだろうか？

前節では定圧下における系への熱エネルギーの移動と，それが内部エネルギーと膨張仕事に振り分けられる様子を見てきた．3-(5)式を見るとたしかに定圧条件下で熱という形態で系に入ったエネルギーが，系の内部エネルギーの上昇分と，系が外界に向かって体積膨張する際にする仕事に分配された，という収支はわかりやすい．

しかし，先に述べた，式の等号の左辺に系の状態量変化を，右辺に境界をまたいでやり取りしたエネルギー移動の形態と量を表す，という熱力学第一法則と同様に記述するフォームにはまだのっとっていない．また重い大気の底で，ほとんど一定の圧力の下で生きている我々にとって，このように定圧過程で系が外界と熱をやり取りするのは日常茶飯事のことである．したがって頻繁に用いるQ_{P}の中身をいちいち，3-(5)式の右辺の形で表すのは煩わしい．そこで，3-(5)式の右辺がすべて系の状態を表す熱力学量のみで記述されていることに着目して

$$H_{系} \equiv U_{系} + P_{系}V_{系} \qquad 3\text{-}(6)$$

という，系のエネルギー状態を表す新しい状態量Hを定義する．三重線(≡)は定義を表す記号である．$H_{系}$は，系の内部エネルギーに，系の圧力と系の体積の積を足したものである．系の内部エネルギーと圧力，体積といった状態量だけで記述されるので，Hも系の状態量であることに注意しよう．今，外界の圧力($P_{外}$)が一定で，系の圧力が始状態と終状態で同じ値$P_{系}$ ($= P_{外}$)だったとすると，3-(6)式より

$$H_{系\mathrm{i}} = U_{系\mathrm{i}} + P_{系}V_{系\mathrm{i}} \qquad 3\text{-}(7)$$

$$H_{系\mathrm{f}} = U_{系\mathrm{f}} + P_{系}V_{系\mathrm{f}} \qquad 3\text{-}(8)$$

が成り立つ．さらに3-(8)式から3-(7)式を辺々引くと以下のようになる．

$$H_{系\mathrm{f}} - H_{系\mathrm{i}} = U_{系\mathrm{f}} - U_{系\mathrm{i}} + P_{系}\left(V_{系\mathrm{f}} - V_{系\mathrm{i}}\right) \qquad 3\text{-}(9)$$

ここでΔ記号を用いて3-(9)式を整理すると以下のようになる．

$$\Delta H_{系} = \Delta U_{系} + P_{系}\Delta V_{系} \qquad 3\text{-}(10)$$

ここで**3-(10)**式と**3-(5)**式を見比べてみよう．外界が定圧のもと，系の始状態と終状態の圧力が$P_{系}$で，それぞれ外界の圧力と値が等しければ，両

式の右辺がまったく同じになることに注意しよう．したがって，定圧下では，系が外界から受け取る熱量Q_{P}に関して

$$\Delta H_{系} = Q_{\mathrm{P}} \qquad 3\text{-}(11)$$

という関係式が成り立つことがわかる．3-(11)式は，左辺は系の状態量の変化，右辺はこの変化に伴う，外界から系に与えられた熱エネルギー（移動量）を表し，熱力学第一法則と同様の形に表されている（**図3-3**参照）．

このようにして定義された，系のエネルギー状態を表す量Hを**エンタルピー**（Enthalpy，ギリシア語で「内部熱」の意）と呼ぶ．すなわち，外界と系の圧力が一定に保たれた，すなわち定圧下では，系が外界から受け取る熱量Q_{P}は，系の状態量であるエンタルピーの変化量ΔHに等しい．3-(6)式から3-(11)式まで，系の状態量であることを明確にするためにHに添え字「系」を付けてきたが，一般には省略されることが多いので，注意してほしい．

ここまでの内容であると，単に置き換えによる記号の節約のように思える．しかし，移動量Q_{P}を系の状態量変化$\Delta H_{系}$で表すことができたことに大きな価値がある．すなわち系の始状態と終状態の圧力さえ外界と等しければ，あとは途中どのような経路を辿っても$\Delta H_{系}$，すなわち定圧反応熱Q_{P}の値は実際の途中の経路によらず一意に求められるということを意味している（3-4節**図3-4**参照）．これは実用上たいへん重要である．皆さんは高等学校の化学で，前提条件として，毎回呪文のように「大気圧，25℃のもとで」と記されていなかったであろうか？「大気圧のもとで」という条件が実は定圧条件下であったことを示している．ということは皆さんが求めていたΔHは，ここで考察した定圧反応熱Q_{P}に他ならない．定圧反応熱を求める際，定圧下であれば実際は通らなかった反応の中間経路の代数計算を組み合わせることで定圧反応熱を求めることができたのは，Hが状態量であることに基づいている．ここでΔHを何でもかんでも熱量Qに結び付けないよう，定圧下での値という条件付きのQであることを明記するために，Qにpressureの頭文字をとった添え字Pを付けている点に再度注意してほしい．

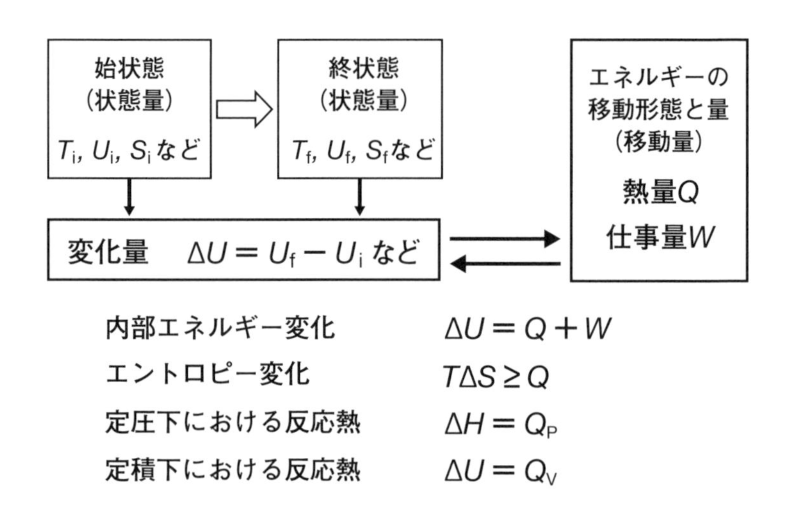

図3-3 状態量と移動量（経路量）との関係

状態量の絶対量ではなく，状態変化に伴う状態量の変化量が，熱量Qや仕事量Wと結びつけられることに注意しよう．いくつかの例を示す．

3-3 内部エネルギー変化とエンタルピー変化と温度変化の関係 — 熱容量 — の導入

あなたは，熱と温度を区別しているだろうか？

体温が高いときに「熱がある」という．我々は直感的に熱というエネルギーの移動形態と温度の間に何らかの関係があることを，日常経験から感じている．しかし熱と温度の差について聞かれると，答えにちょっと窮してしまうのではないだろうか．たとえば，サウナの温度は90〜100 ℃に達するといわれているが，やけどをするわけではない．しかし90〜100 ℃の熱湯を全身に浴びたら大やけどになる．どうやらサウナのミストと熱湯では，同じ温度でも移動してくる熱量は異なるようである．熱力学はまず温度と熱をきちんと区別することでその体系を発展させてきた．では，一見最も身近な系の

同じ温度でも……

状態を表す「温度」とはいったいどのような状態量なのだろうか？　そしてそれは移動量である熱量とどのような関係にあるのだろうか．

ここではひとまず熱エネルギーを物質（系）に与えてその温度を上昇させ，与えた熱量と系の温度上昇の関係を見ることを考える．このとき与えた熱量が，一部膨張仕事に使われてしまうか，すべて物質内部のエネルギーを高めるのに使われるか否かで，すなわち定圧過程か定積過程かで，内部エネルギーの上昇度合いが異なるだろうから，結果として系の温度の上昇の度合いも異なってしまうのでは，と慎重に考えてみる．そこで，場合分けして考えてみよう．

まず定積過程で熱エネルギーを物質に与えて，温度が上がる様子を観測する．すると物質の量を一定にしても，その種類によって温度の上がり方が異なることが実験的にわかる．さらにこのときあまり温度変化が大きくない範囲では，与えた熱量 Q_V［J］に温度上昇［K］が比例することがわかる．この比例係数を定積熱容量 C_V［$\mathrm{J\,K^{-1}}$］と置く．とくに物質1 mol当たりの定積熱容量を**定積モル熱容量**（molar heat capacity at constant volume）といい，記号は $C_{V\mathrm{m}}$［$\mathrm{J\,K^{-1}\,mol^{-1}}$］と表す．どちらもよく使われる用語である．なお添え字のmは「物質1 mol当たりの」という条件を明確にするためである．定

見える！Box 3-1

系に与えられた熱量Qと系の温度上昇ΔTの関係

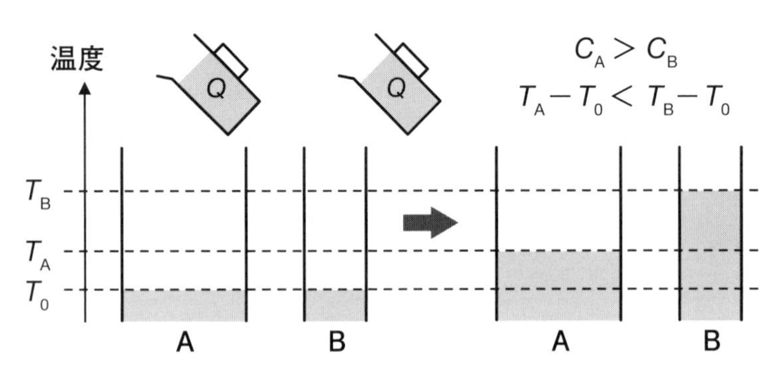

物質によって熱を蓄える容量（熱容量）が違うため，同じ熱量Qを与えても，物質によって温度上昇に差があることに注意してほしい．

積モル熱容量を用いれば，与えた熱量Q_V［J］と物質n［mol］の温度変化ΔTは以下のような関係式で記述できる．

$$\Delta T = \frac{Q_V}{C_V} = \frac{Q_V}{nC_{Vm}} \qquad 3\text{-}(12)$$

熱エネルギーをたっぷり蓄えられて，なかなか温度が上がらない物質を，熱の容量，すなわち熱容量が大きいとしたいので，C_Vが右辺の分母であることに注意してほしい．感覚的には，容積の小さいコップと容積の大きなコップに同じ量の水を入れても，入れた後の液面の高さが異なるのと同様である．この様子を見える！Box 3-1に模式的に示している．

体積膨張を許す定圧過程でも，与えた熱量Q_Pに系の温度上昇が比例する．このとき物質に依存する係数をC_P［J K^{-1}］と置く．このような圧力一定下での物質1 mol当たりの熱容量を**定圧モル熱容量**（**molar heat capacity at constant pressure**）といい，記号をC_{Pm}［J K^{-1} mol^{-1}］と表す．添え字のmは「物質1 mol当たりの」値であることを明確にするためのものである．この

使える！Box 3-1

系に与えられた熱量Qと温度変化ΔTの関係式

	×	○
定積変化	$Q_V = C_V T$	$Q_V = C_V \Delta T$
定圧変化	$Q_P = C_P T$	$Q_P = C_P \Delta T$
	（よくある間違い）	（正しい表式）

式の右辺は温度「変化」であることに注意しよう．状態量の絶対値を考えようとしているのか，その変化量を考えようとしているのか混同すると，後々つじつまが合わなくなる．

とき，先の定積変化と同様に，大きくない温度変化範囲では以下のような関係式を得る．

$$\Delta T = \frac{Q_P}{C_P} \qquad 3\text{-}(13)$$

なお3-(12)式，3-(13)式に関して，温度を状態量として捉えていない学生諸氏に見られる典型的な誤りを使える！Box 3-1にまとめたので確認してほしい．移動した熱量と関係づけられるのは系の温度「変化」である．

さて，定圧過程では，系が熱エネルギーQ_Pを受け取っても，そのすべてが内部エネルギーとして蓄えられるのではなく，その一部は，自身の体積を膨張するのに使われてしまうことから，同じだけ温度をΔT上げようとすると，定圧過程のほうが，定積過程に比べより多くの熱量を必要とするということが予想できる．すなわち同じ物質であれば，定圧熱容量のほうが定積熱容量に比べて大きいといえそうである．

実際どの程度異なるのか，具体的に求めてみよう．ここで導かれる関係式は，断熱過程を考える際など，おいおい役に立つ．今，話を簡単にするため系と外界との間でやり取りする仕事は，膨張仕事のみとする．このとき，定

積過程において膨張仕事はないので，熱力学第一法則から

$$Q_{\mathrm{V}} = \Delta U \qquad 3\text{-}(14)$$

が成り立つ．この式は，定積反応熱は系の内部エネルギーの変化量に等しいことを述べている．一方，定圧過程においては以下の式が成り立った（Q_{P}を主人公にして書いているだけで実質は3-(11)式と同じ内容である）．

$$Q_{\mathrm{P}} = \Delta H \qquad 3\text{-}(15)$$

ここで，定積下では3-(12)式と3-(14)式，定圧下では3-(13)式と3-(15)式より，それぞれ系の内部エネルギー変化とエンタルピー変化，そして系の温度変化との間には以下のような関係式が成り立つ．

$$\Delta U = nC_{\mathrm{Vm}}\Delta T = C_{\mathrm{V}}\Delta T \qquad 3\text{-}(16)$$

$$\Delta H = nC_{\mathrm{Pm}}\Delta T = C_{\mathrm{P}}\Delta T \qquad 3\text{-}(17)$$

実際は系の温度に応じて，系の定積熱容量や定圧熱容量の値は変わり得る．したがってC_{V}，C_{P}は定数ではなく，それぞれ温度の関数$C_{\mathrm{V}}(T)$，$C_{\mathrm{P}}(T)$となる．3-(16)式，3-(17)式は厳密には，$C_{\mathrm{V}}(T)$，$C_{\mathrm{P}}(T)$の値の温度による変化が無視し得るほど，すなわちきわめて小さな温度変化ΔTの範囲でしか成り立たないことに注意しよう．

ここで，ある温度Tにある物質について考える．このとき無限に小さい温度変化$\mathrm{d}T$に対しては，その温度Tにおける定積熱容量，定圧熱容量はそれぞれ$C_{\mathrm{V}}(T)$，$C_{\mathrm{P}}(T)$と置けるので，内部エネルギーの無限微小変化量（微分），エンタルピーの無限微小変化量（微分）をそれぞれ$\mathrm{d}U$, $\mathrm{d}H$と表すと3-(16)式，3-(17)式は，以下のように表される．

$$\mathrm{d}U = C_{\mathrm{V}}(T)\,\mathrm{d}T \quad \text{または} \quad C_{\mathrm{V}}(T) = \left(\frac{\partial U}{\partial T}\right)_V \qquad 3\text{-}(18)$$

$$\mathrm{d}H = C_{\mathrm{P}}(T)\,\mathrm{d}T \quad \text{または} \quad C_{\mathrm{P}}(T) = \left(\frac{\partial H}{\partial T}\right)_P \qquad 3\text{-}(19)$$

これらの式が実用上よく使われる温度変化と内部エネルギー変化ならびに

エンタルピー変化を結び付ける式であり，後の章でさまざまな熱力学量の計算によく使われるので覚えておいてほしい．なお偏微分記号の下付き添え字は，その変数が一定であることを意味する．このようにしておくと，C_VやC_Pが温度変化に対して定数とみなせないような広い温度範囲においても，状態変化に伴う内部エネルギー変化（定積反応熱）やエンタルピー変化（定圧反応熱）を以下の積分計算で求めることができる．ここでU，H，Tの前の微小量を表す記号がすべてdであるのは，U，H，Tはすべて状態量だからである．

3

$$\Delta U = \int_{U_i}^{U_f} dU = \int_{T_i}^{T_f} C_V(T)\,dT \qquad 3\text{-}(20)$$

$$\Delta H = \int_{H_i}^{H_f} dH = \int_{T_i}^{T_f} C_P(T)\,dT \qquad 3\text{-}(21)$$

さて，同じ物質であれば，C_VとC_Pの間に何らかの関係は成り立たないだろうか？　ここで系を理想気体としたとき，理想気体の状態方程式とエンタルピーの定義式から，C_VとC_Pの間に，以下の関係式が成り立つことがわかる．

$$C_P = C_V + nR \qquad 3\text{-}(22)$$

理想気体n molについて，定圧熱容量のほうが定積熱容量に比べてnRだけ大きいことがわかる．ここで，nは気体のモル数，Rは気体定数である．3-(22)式を**マイヤーの関係式（Mayer's relation）**という．**マイヤー**[※6]は熱力学第一法則の確立に貢献した主だった3人のうちの1人であり，熱と仕事のエネルギー的な量の等価性について最初に論じた人物である．残りの2人は先に出てきたジュールとヘルムホルツである．なお3-(22)式の求め方はやや難しいので**章末物理補講②**に載せた．適宜参照してほしい．

もう1点，定積過程で成立する式として導いた3-(18)式と3-(20)式であるが，理想気体の場合に限って分子間に相互作用がなく，気体分子どうしを引き離すのに，すなわち体積を膨張させる場合に外界から仕事を与えなくて

※6 Julius Robert von Mayer (1814-1878)，ドイツの医師．当時主流だった熱素説を否定し，熱と仕事とは同じ根源から生じており，本質的には同一のものでないか，という等価性を最初に表明した．またエネルギーはその形態を変えるだけで，その実体は保存されるというエネルギー保存則の考えも表明した．断熱変化を外部との仕事のやり取りの観点から考察する際に導いたマイヤーの関係式にその名をとどめている．

よいので，体積を膨張させても内部エネルギー変化を定積熱容量を用いて温度のみの関数で表すことができる．詳しくは後の章で扱う．

3-4 任意の温度における定圧反応熱が求められるキルヒホッフの式

任意の温度における定圧反応熱はどのように求められるのだろうか？

高等学校では，判で押したように大気圧下25 ℃で定圧反応熱を求めた．たしかに25 ℃における生成熱や反応熱は，さまざまな化学反応について求められ，便覧などにその数値がまとめられているので，これを使わない手はない．しかし我々の欲する化学反応がいつも25 ℃で進行するとは限らない．任意の温度Tにおける定圧反応熱，すなわちエンタルピー変化$\Delta H(T)$はどのように求めればよいのだろうか？

さまざまな求め方があるが，ここではエンタルピーが状態量であることを使って，応用の効く方法で求めることを考えよう．そこで，ひとまず25℃を基準となる温度T_0(298.15 K)としておこう．ここであえて基準となる温度を抽象的にT_0と置いたのは，考えようとする問題によっては，基準の温度を25 ℃以外に設定するほうが計算が楽なケースも多々あるからである．実際T_0は定義さえすれば何Kでも構わない．

次に，実際に考察したい温度をTとする．ただしT_0とTの間で物質の相転移はないとする．今は温度Tにおける定圧反応熱の情報がない状況を考えているので，直接$\Delta H(T)$を求めることができない．そこでHが状態量であることを使って，別の経路を辿って任意の温度Tにおける定圧反応熱$\Delta H(T)$を求めてみよう．このとき温度T_0では情報が多いので，温度T_0を経由すると計算が楽そうである．そこで**図3-4**に示したような迂回路を考える．

① まず，反応系の温度をT[K]からT_0[K]に変化させたときの定圧反応熱$\Delta H_{A\to B}$を求める．

② 次に温度T_0[K]で目的の反応を進行させたときの定圧反応熱$\Delta H_{B \to C}$を求める.

③ 最後に生成系の温度をT_0[K]からT[K]に変化させたときの定圧反応熱$\Delta H_{C \to D}$を求める.

Hは状態量であるから，始状態と終状態が一致していれば，経路が異なっても等しいはずなので以下の式が成り立つ.

$$\Delta H_{A \to D}(T) = \Delta H_{A \to B} + \Delta H_{B \to C}(T_0) + \Delta H_{C \to D} \qquad 3\text{-}(23)$$

さて，右辺の3つの項をそれぞれ求める．まず右辺第1項は，温度をTからT_0へ変化させたときのエンタルピー変化なので，

$$\Delta H_{A \to B} = \int_{H(T)}^{H(T_0)} \mathrm{d}H \qquad 3\text{-}(24)$$

となる．ここで，3-(19)式より，反応物の定圧熱容量を用いて積分変数を温度に変換して，以下の式を得る.

$$\Delta H_{A \to B} = \int_{T}^{T_0} C_{P\,反応物}(T)\,\mathrm{d}T \qquad 3\text{-}(25)$$

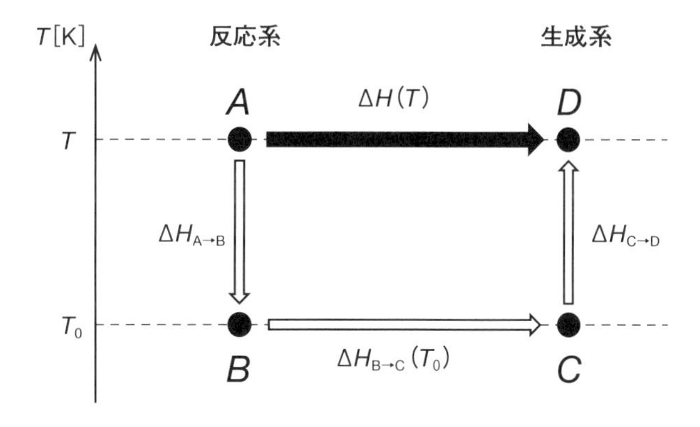

図3-4 Hが状態量であることを使って$\Delta H(T)$を求める

A→Dの状態変化に伴う反応熱が直接求まらないので，A→B→C→Dの迂回路を考える．状態量であれば途中経路を問わず，その値は等しくなる.

同様に，3-(23) 式の右辺第3項も生成物の定圧熱容量を用いて

$$\Delta H_{\mathrm{C \to D}} = \int_{T_0}^{T} C_{\mathrm{P}\,生成物}(T)\,\mathrm{d}T \qquad 3\text{-}(26)$$

となる．3-(25) 式，3-(26) 式で，積分区間が逆になっていることに注意しつつ，3-(25) 式，3-(26) 式を用いて3-(23) 式をまとめると，以下のようになる．

$$\Delta H_{\mathrm{A \to D}}(T) = \Delta H_{\mathrm{B \to C}}(T_0) + \int_{T_0}^{T} [C_{\mathrm{P}\,生成物}(T) - C_{\mathrm{P}\,反応物}(T)]\,\mathrm{d}T$$

3-(27)

ここで，生成物と反応物の温度Tにおける定圧熱容量差をΔ記号を用いて以下のようにまとめる．

$$C_{\mathrm{P}\,生成物}(T) - C_{\mathrm{P}\,反応物}(T) = \Delta C_{\mathrm{P}}(T) \qquad 3\text{-}(28)$$

最終的に3-(27) 式は3-(28) 式を用いて以下のようにまとめられる．

$$\Delta H_{\mathrm{A \to D}}(T) = \Delta H_{\mathrm{B \to C}}(T_0) + \int_{T_0}^{T} \Delta C_{\mathrm{P}}(T)\,\mathrm{d}T \qquad 3\text{-}(29)$$

すなわち，任意の温度Tにおける定圧反応熱$\Delta H(T)$が直接求められなくても，ある基準となる温度T_0における定圧反応熱$\Delta H(T_0)$（右辺第1項）と，生成物，反応物の定圧熱容量（の差）がわかれば，任意の温度における定圧反応熱が計算できる．このたいへん便利な式を**キルヒホッフの式**（Kirchhoff's equation）という．右辺第1項については，基準温度T_0は25 ℃の値がしばしば用いられるが，実際の問題に即してT_0は自由に決定できる．$\Delta H(T_0)$は実測によって求めてもよいし，**ヘスの法則**（Hess's law）を使って代数計算で求めてもよい．

この式は任意の温度Tにおける化学反応のギブズエネルギー変化$\Delta G(T)$を計算する際にも応用される．詳しくは第7章の使える！Box 7-2を参照してほしい．

Column　熱容量と海風・陸風

筆者がよく行く海辺の公園では，お正月でもないのに，凧揚げをしている姿をよく見かける．その理由として，海辺の公園では，よく風が吹いているためと思われる．しかし，なぜ海辺はよく風が吹いているのだろうか．実はこれには海と陸の熱容量の差が関係している．太陽からの熱量が等しく降り注いでも，海と陸で温度の上がり方は違う．具体的には海のほうは温度が上がりにくく，陸は温度が上がりやすい．熱容量の概念を使えば，海は熱容量が大きく，陸は海に比べて熱容量が小さいといえる．朝，日が昇ると，まず陸の温度が高くなる．すると，陸の上にのっている空気が温められて膨張し，密度が低くなった結果上昇する．すると，まだ温度の低い海側の空気が陸側に向かって流れ込む．これが海風である．しかし日も陰るころになると，今度は，陸が急速に冷えていくのに対し，熱エネルギーをしっかりため込んだ海側のほうの温度はすぐには下がらず，今度は海側の空気が温められて，今度は陸側から海側へ空気が流れ込む．これを陸風という．

東京の海辺はウォーターフロントと呼ばれ，おしゃれな商業地区として，近年高層ビルが多く立つようになったが，その結果，海風が遮られて，その背後に広がる下町の気温が上昇し，昔に比べて夏が過ごしにくくなっているという．熱容量の概念は，物質のミクロな性質だけでなく，このような身近な生活環境を考察する際にも役に立つ．

章末物理補講❶ 熱力学における膨張仕事の定義

(化学)熱力学では，系の外に広大に広がる外界の下，系の膨張・収縮を考えることが多い．このとき外界の圧力を一定とみなせる条件(定圧条件)が圧倒的に多いので，系の膨張仕事を外界の圧力を用いて定義することが一般的である．**図3-補1**でいうと，人や物体を系と見立てたとき，人が物体を押す力ではなく，外界からの逆らう力に着目することに注意しよう．したがって，もし移動する方向に逆らう力がない場合は，仕事は0になる．たとえば，真空中への自由膨張は，真空(外界)に圧力はないので，その仕事量は0となる．地上では，人間も含めて，ありとあらゆる物体は四方八方から大気圧(地球の重力にとらえられた空気の重さ)で押し込まれているので，もし大気圧下で体積を膨張させようとすると，常に四方八方からその膨張に逆らう力が働くので，系は外界に対して膨張仕事をすることになる．

ここでピストン-シリンダー装置と呼ばれる，**図3-補2**に示すような系の体積を変えることのできる容器を考える．面積Sをもったピストンのふたが，一定の圧力$P_{外界}$に逆らって，距離$\Delta x\ (= x_2 - x_1)$だけ動いたとき，圧力は単位面積当たりの力であることに注意すると，ピストン内部の気体(系)

図3-補1 仕事の定義について①

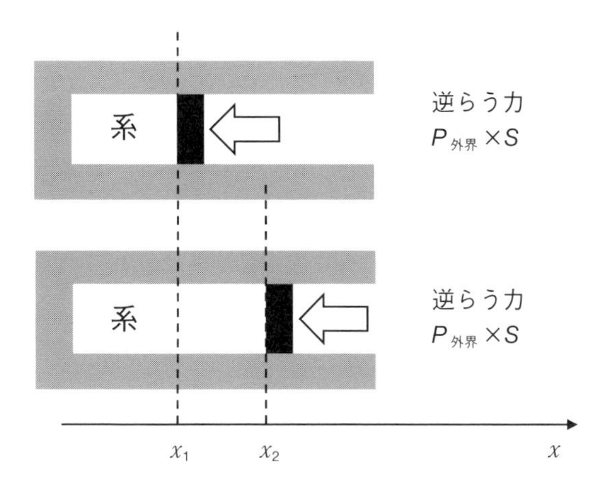

図3-補2 **仕事の定義について②**

が外界に向かってした仕事は次のように表される．

$$W_{系\to外界} = F_{(逆らう力)} \times \Delta x = P_{外界} \times S \times \Delta x$$

このとき，系の膨張前後での体積の増加分$\Delta V = V$(膨張後) $- V$(膨張前)は

$$\Delta V = S \times \Delta x$$

となる．したがって系が外界にした仕事は

$$W_{系\to外界} = P_{外界}\Delta V$$

となる．しかし，この仕事は，系が外界にした仕事なので，このままでは熱力学第一法則の仕事の項(外界が系にした仕事)には使えないことに注意しよう．熱力学第一法則のWは何も書かれていないが，ルールで外界が系になす仕事の向きを正に定めている．したがってWは負号を用いて

$$W = W_{外界\to系} = -W_{系\to外界} = -P_{外界}\Delta V$$

と表される．この最後の式はたいへんよく用いられる．右辺の頭にマイナスが付いていることに注意しよう．収縮の際はΔVの「値」が負になるだけで式そのものの形は変わらない．

章末 物理補講❷ マイヤーの関係式の導出

UやHのように，その状態が実現した経路によらず，状態が決まればその値が一意に定まる量を状態量といった．このとき状態量の無限微小変化量(微分)は完全微分(exact differential)の形に表すことができる．完全微分とは，たとえばzが変数x，yの関数であるとき，すなわち$z(x, y)$であるとき，その微分$\mathrm{d}z$は

$$\mathrm{d}z = \left(\frac{\partial z}{\partial x}\right)_y \mathrm{d}x + \left(\frac{\partial z}{\partial y}\right)_x \mathrm{d}y \quad \cdots\cdots 補\text{-}(1)$$

という形で与えられ，その積分は経路によらない．このとき，偏微分記号の添え字は，その変数を一定としている，という意味である．

ここで，内部エネルギーUをTとVの関数として完全微分の形で表すと，

$$\mathrm{d}U = \left(\frac{\partial U}{\partial T}\right)_V \mathrm{d}T + \left(\frac{\partial U}{\partial V}\right)_T \mathrm{d}V \quad \cdots\cdots 補\text{-}(2)$$

となる．両辺を圧力一定のもと，$\mathrm{d}T$で割ると

$$\left(\frac{\partial U}{\partial T}\right)_P = \left(\frac{\partial U}{\partial T}\right)_V + \left(\frac{\partial U}{\partial V}\right)_T \left(\frac{\partial V}{\partial T}\right)_P \quad \cdots\cdots 補\text{-}(3)$$

一方，エンタルピーの定義式$H = U + PV$からPを一定として両辺をTで偏微分すると

$$\left(\frac{\partial H}{\partial T}\right)_P = \left(\frac{\partial U}{\partial T}\right)_P + P\left(\frac{\partial V}{\partial T}\right)_P \quad \cdots\cdots 補\text{-}(4)$$

補-(4)式の右辺第1項に，補-(3)式を代入して整理すると

$$\left(\frac{\partial H}{\partial T}\right)_P = \left(\frac{\partial U}{\partial T}\right)_V + \left\{P + \left(\frac{\partial U}{\partial V}\right)_T\right\}\left(\frac{\partial V}{\partial T}\right)_P \quad \cdots\cdots 補\text{-}(5)$$

ここで3-(18)式，3-(19)式から以下の式が成り立つ．

$$C_\mathrm{P} = C_\mathrm{V} + \left\{P + \left(\frac{\partial U}{\partial V}\right)_T\right\}\left(\frac{\partial V}{\partial T}\right)_P \quad \cdots\cdots 補\text{-}(6)$$

もし理想気体の場合，分子間引力が0なので，温度T一定のもと体積変化しても内部エネルギーに変化はなく以下の式が成り立つ．

$$\left(\frac{\partial U}{\partial V}\right)_T = 0 \quad \cdots\cdots 補-(7)$$

また理想気体の状態方程式$PV = nRT$より

$$\left(\frac{\partial V}{\partial T}\right)_P = \frac{nR}{P} \quad \cdots\cdots 補-(8)$$

となる．したがって，補-(7)式，補-(8)式を補-(6)式に代入すれば，以下のマイヤーの関係式が導かれる．

$$C_{\mathrm{P}} = C_{\mathrm{V}} + nR \quad \cdots\cdots 補-(9)$$

なお物質1 mol当たりのマイヤーの関係式は，補-(9)式の両辺を物質量nで割って

$$C_{\mathrm{Pm}} = C_{\mathrm{Vm}} + R \quad \cdots\cdots 補-(10)$$

と表される．

（証明終了）

3

第3章　章末問題

3-1 1気圧(一定)，100℃の条件で1 molの水を蒸発させると，そのエンタルピーは 4.10×10^4 Jだけ増加した(気化熱)．すなわち，$\Delta H = 4.10 \times 10^4$ J であった．このとき，水1 molの蒸発に伴う内部エネルギー変化(ΔU)を求めよ．なお，水蒸気は理想気体とみなし，液体の水の体積は無視できるものとする．また，1気圧(atm) $= 1.013 \times 10^5$ Pa，$R = 8.314$ J $K^{-1}mol^{-1}$，単位[Pa] $=$ [Nm^{-2}]である．

3-2 固体間の相転移におけるエンタルピー変化と内部エネルギー変化の差を検討する．炭酸カルシウム$CaCO_3$ 1.0 molを石灰石型からアラレ石型に変換するときの内部エネルギー変化は+0.21 kJである．エンタルピー変化を求めよ．ただし，圧力は1.0 bar ($=1.0 \times 10^5$ Pa)で固体の密度がそれぞれ 2.71 g cm^{-3}，2.93 g cm^{-3}であるとせよ．$CaCO_3$の分子量は100である．

ヒント　まず1.0 molの体積を計算．

3-3 900 Kに加熱した銅1 mol (63.55 g)を298 K，200 gの水に熱や水が逃げないようそっと入れた．熱平衡達成後の温度を求めよ．ただし，銅と水の定積モル熱容量はそれぞれ24.4 J K^{-1} mol^{-1}，75.3 J $K^{-1}mol^{-1}$とし，温度変化によるこれらの値の変化と，銅や水の体積変化は無視できるものとする．

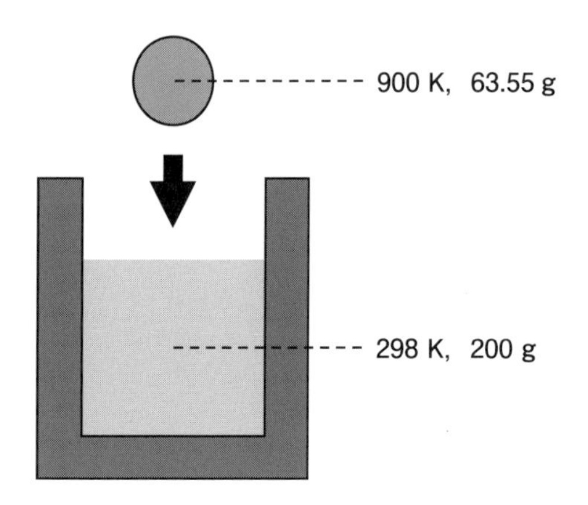

ヒント　水と銅の内部エネルギー変化はそれぞれどうなるか？
水と銅を合わせた全体の内部エネルギー変化$\Delta U_{全}$はどうなるか？

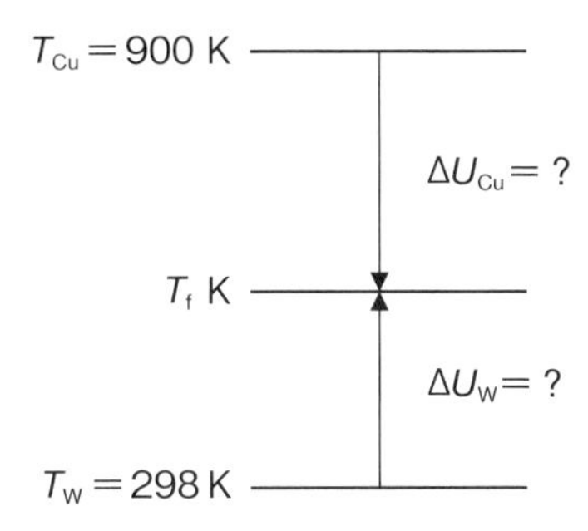

3-4 16 gのメタンガスを101.3 kPa (1 atm) のもとで300 Kから500 Kに熱した．メタンの定圧モル熱容量と定積モル熱容量が次のように与えられるとする（厳密にいうと定圧・定積モル熱容量の関係には温度依存性があるが，ここでは便宜的にこの関係を用いる）．

$$C_{Pm}=48.12\ \mathrm{J\ K^{-1}mol^{-1}}$$
$$C_{Vm}=C_{Pm}-R$$ （p65 補-(10) 式参照）

このとき，(1) 定圧，(2) 定積のそれぞれの過程について，メタンが理想気体であると仮定して，系がされた仕事W，もらった熱量Q（$=nC_m\Delta T$，$C_m=C_{Vm}$またはC_{Pm}），内部エネルギー変化ΔUを計算せよ．

第3章　章末問題解答

3-1 定圧過程では，水が受け取る熱量$Q_{定圧}$はΔHに等しい．したがって，

$$Q_{定圧} = \Delta H = 4.10 \times 10^4\ \mathrm{J}$$

次に，水の蒸発によって体積が増加するので，仕事(W)を考慮する必要がある．圧力(P)は一定なので，仕事は次式で求められる．

$$W = -P\Delta V$$

ここで，気体の状態方程式($PV = nRT$)より，水蒸気1.00 molの体積は，

$$V_{水蒸気} = \frac{1.00\ \mathrm{mol} \times 8.314\ \mathrm{Pa\ m^3\ K^{-1}\ mol^{-1}} \times 373\ \mathrm{K}}{1.013 \times 10^5\ \mathrm{Pa}} = 3.06 \times 10^{-2}\ \mathrm{m^3}$$

水1 molの体積$V_{水}$(約18 cm^3 = 1.8×10^{-5} m^3)は無視できるので，

$$\Delta V = V_{水蒸気} - V_{水} \cong V_{水蒸気} = 3.06 \times 10^{-2}\ \mathrm{m^3}$$

したがって，

$$W = -P\Delta V = -1.013 \times 10^5\ \mathrm{Pa} \times 3.06 \times 10^{-2}\ \mathrm{m^3}$$
$$= -3.10 \times 10^3\ \mathrm{J}$$

熱力学第一法則より，

$$\Delta U = Q + W = 4.10 \times 10^4\ \mathrm{J} - 3.10 \times 10^3\ \mathrm{J}$$
$$= \underline{3.79 \times 10^4\ \mathrm{J}}$$

【別解】

圧力が一定なので，

$$\Delta H = \Delta U + P\Delta V$$

したがって，

$$\Delta U = \Delta H - P\Delta V = \underline{3.79 \times 10^4\ \mathrm{J}}$$

3-2 $\Delta H = \Delta U + P\Delta V$で求められる．ここで，$\Delta V = V$(アラレ) $- V$(石灰)である．$CaCO_3$の分子量は100であり，1.0 molすなわち100 g当たりの体積は石灰石型，アラレ石型それぞれ36.9 cm^3，34.1 cm^{3}となる．したがって

$$\Delta H = \Delta U + P\Delta V$$
$$= 210\ \mathrm{J} + 1.0 \times 10^5\ \mathrm{Pa} \times (34.1 \times 10^{-6} - 36.9 \times 10^{-6})\ \mathrm{m^3}$$
$$= 210 - 0.28 \cong 210\ \mathrm{J}$$

となる．エンタルピー変化と内部エネルギー変化の差$P\Delta V$はエンタルピー変化に対してわずか0.1 %である．これは体積差がきわめて小さいためである．すなわち$\Delta H = \Delta U + P\Delta V$において$\Delta V \cong 0$と近似でき，$\Delta H \cong \Delta U$となる．エンタルピー変化・内部エネルギー変化と温度変化の関係式

$$\Delta U = C_V \Delta T$$

$$\Delta H = C_P \Delta T$$

から凝縮相では$C_V \cong C_P$となる．

3-3 体積変化を無視できるので$\Delta U = n \cdot C_{Vm} \Delta T$を用いる．それぞれのモル数を$n_{Cu}$, n_Wとする．水と銅の内部エネルギー変化はそれぞれ下記のようになる．熱や水は逃げないので水と銅を合わせた系全体の内部エネルギーは保存され，その変化は$\Delta U_{全} = 0$となる．すなわち$\Delta U_{全} = \Delta U_W + \Delta U_{Cu} = 0$となる．

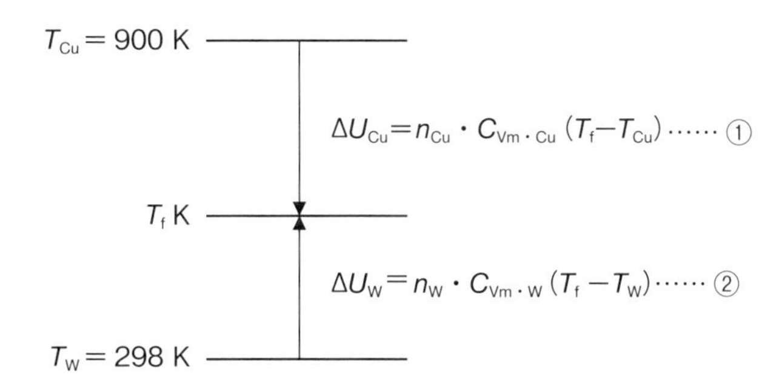

よって，$\Delta U_W = -\Delta U_{Cu}$であるから，①と②を代入し，

$$n_W C_{Vm \cdot W} (T_f - T_W) = -n_{Cu} C_{Vm \cdot Cu} (T_f - T_{Cu}) \cdots\cdots ③$$

となる．ここで，水と銅のモル数はそれぞれ

$$n_{Cu} = 1 \text{ mol}$$

$$n_w = \frac{200 \text{ g}}{18.0 \text{ g mol}^{-1}} = 11.1 \text{ mol}$$

である．③式をT_fについて整理し，数値を代入すると

$$T_f = \frac{n_W C_{Vm \cdot W} T_W + n_{Cu} C_{Vm \cdot Cu} T_{Cu}}{n_{Cu} C_{Vm \cdot Cu} + n_W C_{Vm \cdot W}} \approx \underline{315 \text{ K}}$$

となる．

3-4 **(1) 定圧過程**

メタン16 gは1.0 molである．メタンを理想気体とみなすと，圧力一定のもとでは

$$P\Delta V = nR\Delta T$$

であるから，

$$\begin{aligned} W &= -P\Delta V \\ &= -nR\Delta T \\ &= -1.0 \text{ mol} \times 8.314 \text{ J K}^{-1} \text{ mol}^{-1} \times (500 - 300) \text{ K} \cong \underline{-1.66 \text{ kJ}} \end{aligned}$$

$$Q = nC_{\mathrm{Pm}}\Delta T$$
$$= 1.0\ \mathrm{mol} \times 48.12\ \mathrm{J\ K^{-1}\ mol^{-1}} \times (500 - 300)\ \mathrm{K}$$
$$\cong \underline{9.62\ \mathrm{kJ}} = \Delta H$$

$$\Delta U = Q + W = \underline{7.96\ \mathrm{kJ}}$$

(2) 定積過程

体積一定であるため,

$$W = \underline{0}$$
$$Q = nC_{\mathrm{Vm}}\Delta T = n(C_{\mathrm{Pm}} - R)\Delta T$$
$$= 1.0\ \mathrm{mol} \times (48.12 - 8.314)\ \mathrm{J\ K^{-1}\ mol^{-1}} \times (500 - 300)\ \mathrm{K}$$
$$\cong \underline{7.96\ \mathrm{kJ}} = \Delta U$$

(補足)ΔHの値のほうが,ΔUの値よりも大きいことに注意しよう.

第 4 章

熱から仕事への変換 —カルノーサイクルの登場—

第2章と第3章では，系の内部エネルギー変化と，系と外界をまたぐ熱量や仕事量の間に量的なエネルギー保存則が成り立つことを見てきた．しかし，熱を仕事へ変換する装置では，熱から仕事への変換は100％の効率で行われるのだろうか．第4章では理想的な熱機関 — 熱を仕事に変換する装置 — の代表格であるカルノーサイクルの考察を通じて，仕事量を100％熱量に変換できても，熱量を100％仕事量には変換できないこと，すなわちエネルギーにはその伝達形態によって質の高低があることを学ぶ．しばらく物理的な話が続くが，カルノーサイクルは熱力学を化学の諸問題に応用する際に欠かせないエントロピーの発見，そしてその先の自由エネルギーの概念へつながる要となったプロセスである．その重要性からエネルギー関連分野ではもちろんのこと大学院試験や公務員試験など専門性を問われる場面でも，しばしばその理解を問われる．本章でその要点をしっかりマスターしておこう．

4-1 カルノーサイクルと定温可逆過程

可逆過程を実現するには系だけでなく外界の温度－圧力にも気を配らなくてはいけない.

第3章で膨張仕事を考える際に用いたピストン-シリンダー装置を再び考える. シリンダー内にn[mol]の理想気体が入っているものとする. これが作業物質として働く. シリンダー内の気体に熱エネルギーを与えて体積膨張させることで, 系はピストンを外界に向かって押し出し, 外界に膨張仕事をすることを考える. ここではこの操作を繰り返し起こして連続的に運転する装置をつくりたい. ひとたびピストンを押し出せば, それを回転運動などの望みの運動形態に変換することは容易である. 実際, 蒸気機関車はこのようにして車輪を回して前へ進む. しかし熱を生み出す燃料(まきや石炭)はもちろんただではないので, できるだけ少ない燃料でピストン-シリンダー装置に多くの膨張仕事をさせたいと考えるのは自然である.

カルノー※7は, **図4-1**に示すような, 高い温度(T_H)で外界から熱としてエネルギーを受け取り, 作業物質を膨張させて外界に仕事として取り出し, 残りのエネルギーを低い温度(T_L)のときに外界に熱として捨ててまた元通りの状態に可逆的に戻るサイクル — **カルノーサイクル(Carnot cycle)**を考案した. カルノーサイクルは1周すると元通りの状態に戻るので, このサイクルを何度も繰り返し起こすことができる. カルノーサイクルを系への熱エネルギーの流入と流出, 系が外界へなす膨張仕事の観点から眺めてみよう.

まず**図4-1**中の状態1から状態2に向かうプロセスは定温可逆過程といわれる. 定温とは「温度を一定に保ったまま」, 可逆(reversible)とは「外界にまったく影響を残さず系を状態2から状態1へ戻すことができる」という意味である. 第1の過程である定温可逆過程では, 系は温度を高温(ここではT_H

※7 Sadi Carnot (1796-1832) フランスの物理学者. 政治家であり工学者でもあった父親の影響を受けて, 効率的な熱機関の原理について考察を深め, カルノーサイクルを考案した. 父親の効率的な水車の設計指針の研究を受けて, 熱素が温度の高いところから低いところへ流れる(保存される)ことで, 熱機関が作動するような原理で効率的な熱機関を考察した. 彼の論文は発表後20年間, 日の目をみることなく, 36歳の若さで他界した. 熱素保存の考え方はのちに否定されたが, このとき出てくる保存量—熱量を温度で割った値—がのちにクラウジウスによってエントロピーという状態量の概念に昇華された.

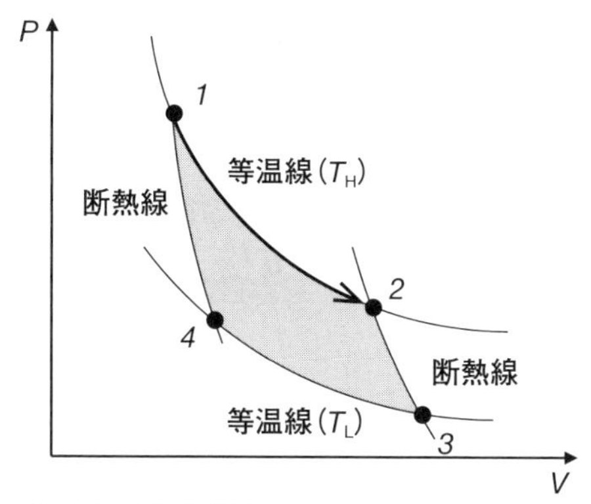

図4-1 カルノーサイクルを表す状態図

カルノーサイクルは4つの過程からなる．1→2, 3→4の過程は定温的，2→3, 4→1の過程は断熱的に進む．ビジュアル的には，点1, 2, 3, 4で囲まれた面積が1サイクルで系が外界になす膨張仕事量を表す．最も重要な熱から膨張仕事への変換効率はT_HとT_Lの高低差が大きいほど高くなる．

とする）で一定に保ちながら外界から熱を受け取り，等温線に沿って準静的に気体の体積を膨張させ，外界に対して膨張仕事（$-W_{12}$）をする．ここでWの前にマイナスが付いているのは，Wは外界が系に仕事をする際に正の値をとるよう定められているからである．

このとき，この過程上のどの瞬間においても，系と外界の圧力は釣り合いを保っている．その様子を**図4-2**に示す．温度は系と外界で一定であるので熱的平衡は成り立っているのはもちろんのこと，系と外界の圧力間で，力学的平衡も常に成り立っている．温度が系と外界ともに同じ値で常に一定を保っているので，温度の高いところから低いところへ熱が流れてしまうといった不可逆過程はこの過程上ではいっさい起こらない．また圧力の値は変わっていくものの，系と外界で常に釣り合いを保っているので，圧力の高いほうから低いほうへピストンが動いてしまうといった不可逆過程もいっさい起こらない．したがってこの過程は可逆となる．可逆という概念は後に出てくるエントロピーという状態量を考える際，たいへん重要な意味をもつ．

このような可逆過程を実現するには，系と外界の間に温度差や圧力差が生まれてはいけないので，きわめてゆっくり慎重に行うことが肝要である．急

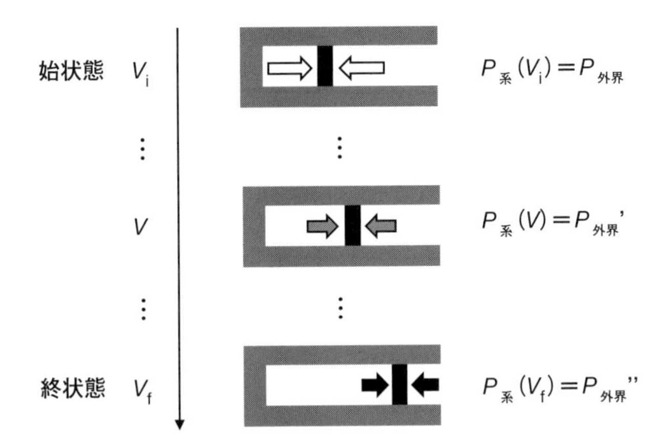

図4-2 定温可逆膨張時の系と外界の圧力変化と釣り合い
系の圧力は系の体積に応じて変わるが，いずれの状態でも外界の圧力と釣り合いを保っている．系の圧力が変わるので，外界の圧力もそれに合わせて調整しなくてはいけないことに注意しよう．第３章図3-2（定圧過程）との違いを見比べてみよう．

速にピストンを動かすと，系と外界の間に温度勾配や圧力勾配ができて，不可逆過程を誘発してしまうからである．このようにほぼ無限にゆっくりと，系と外界の熱力学的平衡状態を保ちながら進む過程を**準静的過程**という．見える！Box 1-3の過程の分類を参照してほしい．可逆過程と準静的過程はよく混同されるが，原子の中の電子の分布のゆらぎなど，可逆であっても準静的でないものがあるので，可逆過程と準静的過程の概念の関係は，**図4-3**に示すような包含関係にあるといえる．すなわち，準静的に過程を進行すればそれは可逆過程になるが，可逆過程だからといって必ずしも準静的過程であるとはいえない．また可逆過程の概念を表す挿絵を**図4-4**に示した．釣り合いを保っている間は，人はＡ点とＢ点を行ったり来たりできる（可逆）．しかし過程上で，もし一瞬でも釣り合いが破れると，不可逆な結果（それ以上ＡとＢの間を行き来できない）が待っている．

さて，準静的過程であれば過程上のどこでも熱力学的平衡状態が成り立っているので，第２章2-2節で説明した通り過程（線）上のどの点においても温度・圧力・体積が定義できる．逆に過程上のどの点においても温度・圧力・

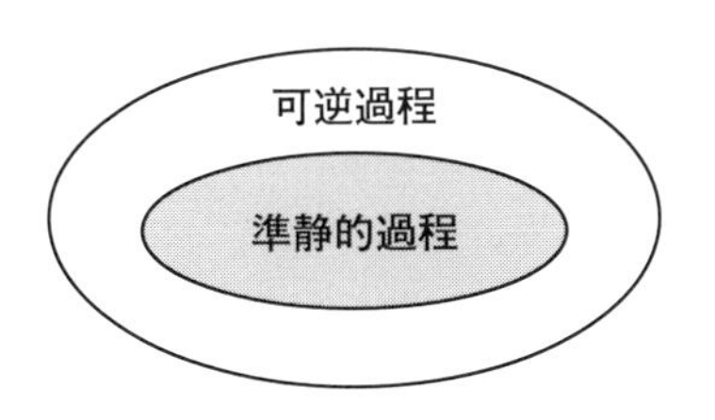

図4-3 可逆過程と準静的過程

準静的に状態変化を行えば可逆過程になるが，可逆過程だからといって準静的過程を通るとは限らない．

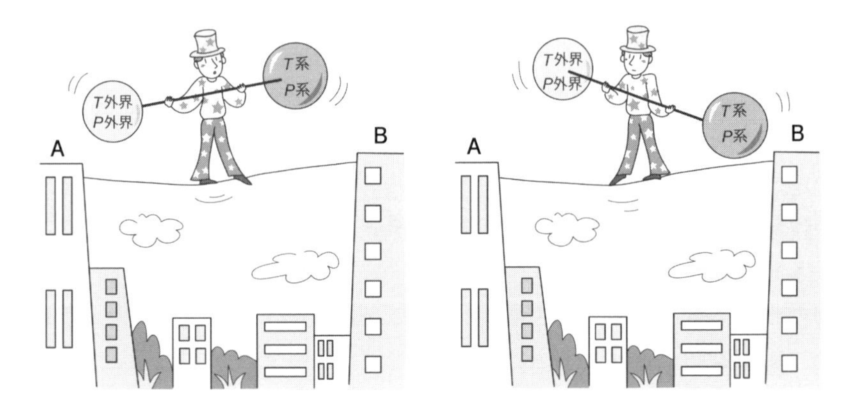

図4-4 可逆過程のイメージ図

常に系と外界の温度と圧力の釣り合いを保ちながら準静的に進行．もし過程の途上で一瞬でも釣り合いが破れると，不可逆過程になる．

体積が定義できるので，状態（点）と状態（点）をつなぐ過程は**図4-1**のようななめらかな線（曲線）でつなぐことができる．このときシリンダー内部の理想気体について，1→2の過程上の各点（状態）では，常に以下の状態方程式が成立する．

$$P_{系}(V_{系}) = \frac{nRT_{\mathrm{H}}}{V_{系}} \qquad 4\text{–}(1)$$

このとき$P_{系}(V_{系})$はシリンダー内部の気体の体積$V_{系}$に依存する圧力であ

り，過程の進行に伴い変化していく．次に系の体積がV_1からV_2まで膨張したときの，シリンダー内の理想気体（系）が外界になす膨張仕事を求めてみよう．ここで体積がV_1からV_2まで膨張する間，シリンダー内部の気体がピストンを押す圧力$P_{系}$と，外界の気体がピストンを押す圧力$P_{外界}$が，常に釣り合いを保っているものとする．すなわち，1→2の過程上，いつでも以下の式が成り立つ．

$$P_{系}(V_{系}) = P_{外界} \qquad 4\text{-}(2)$$

第3章の定圧過程〔3-(4) 式〕でも似たようなことを考えた．定圧過程では，圧力の値は終状態でも始状態でも変わらず一定であった．しかし今回は**図4-2**で示すように，1→2のプロセスが進行中，系の圧力はそのときの系の体積$V_{系}$に応じて変化する．そのため系の圧力$P_{系}$が系の体積$V_{系}$の関数であることを明らかにするため，ここでは4-(2) 式の左辺を$P_{系}(V_{系})$と書いている．準静的過程においては，系の状態変化に合わせて外界の圧力も常に系の圧力と等しくなるよう，過程上の各瞬間各瞬間において調整していることに注意しよう．この様子を見える！Box 4-1に示したので参考にしてほしい．

さてこのような過程が実現できたとして，体積がV_1からV_2まで膨張する間に系が外界にする仕事量$-W_{12}$を求めてみよう．このとき仕事量Wは外界から系になされる向きを正としているので，マイナスが付いていることに注意しよう．まず過程上のある点において圧力が$P_{系}(V_{系})$のとき，系の圧力変化が無視できるほど系の体積が無限微小体積$\mathrm{d}V_{系}$だけ膨張したとき，系が外界にする無限微小仕事量$-\delta W$は，系と外界の圧力が常に釣り合っていることに注意して4-(2) 式を使うと，以下のように表すことができる．

$$-\delta W = P_{外界}\mathrm{d}V_{系} = P_{系}(V_{系})\,\mathrm{d}V_{系} \qquad 4\text{-}(3)$$

これを状態1から状態2まで積分することで$-W_{12}$は求められ，

$$-W_{12} = \int_{状態1}^{状態2} -\delta W = \int_{V_1}^{V_2} P_{系}(V_{系})\,\mathrm{d}V_{系} \qquad 4\text{-}(4)$$

となる．なお，この積分計算が唐突に感じる諸氏は，本章の末尾に章末数学補講を付けておいたので参照されたい．このときシリンダー内部の気体は理

見える！Box 4-1

$$P_{系k} = P_{外界k} \quad (k = 1, 2, \cdots n)$$

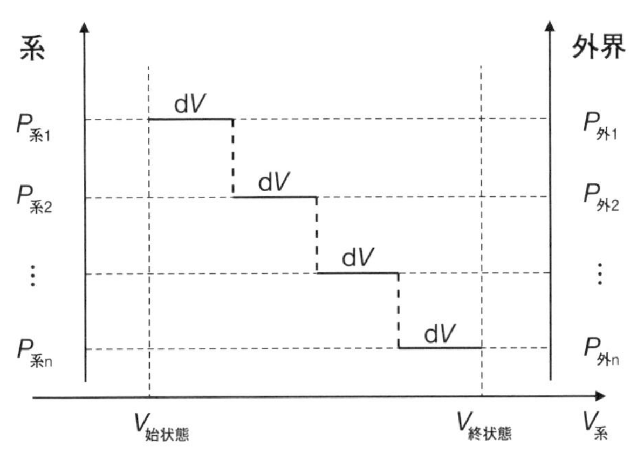

系と外界の圧力がともに同じになるよう連動して変化させ，各ステップでは常に圧力の釣り合いを保ちながら，微小体積dVを移動させていることに注意しよう．ある圧力でdVの移動が終わったら次の圧力に設定してまたdVだけ移動させる，というステップを繰り返す．dVは無限に小さいので，図4-1などの状態図上ではなめらかな曲線として描かれる．ここでは$P_{系1}$，$V_{始状態}$がそれぞれ状態1の圧力と体積，$P_{系n}$と$V_{終状態}$が状態2の圧力と体積に相当する．

想気体なので$P_{系}(V_{系})$について4-(1)式が成り立つことと，また過程1→2は定温で進む，すなわち系の温度がこの過程中T_Hで常に一定であることに注意すると4-(4)式は以下のようになる．

$$-W_{12} = nRT_H \int_{V_1}^{V_2} \frac{1}{V_{系}} dV_{系} \qquad 4\text{-}(5)$$

ここで自然対数を利用して4-(5)式の右辺の積分計算を実行すると

$$-W_{12} = nRT_H \ln \frac{V_2}{V_1} \qquad 4\text{-}(6)$$

4

となる．すなわち定温可逆過程であるなら，系が外界にする膨張仕事量は4-(6)式のように記述できる．定圧過程における仕事量$-P_{外界}(V_2-V_1)$とは異なることに注意しよう．

では，1→2の過程で系が外界から受け取った熱量Q_{12}はどうなるであろうか？　第2章2-4節で学んだ通り，理想気体においては内部エネルギーは温度のみの関数になる．したがってもし定温過程であれば，変化の前後で理想気体の内部エネルギーは変化しない．ここで熱力学第一法則より

$$\Delta U_{12} = Q_{12} + W_{12} = 0 \qquad 4\text{-}(7)$$

すなわち

$$Q_{12} = -W_{12} = nRT_{\mathrm{H}} \ln \frac{V_2}{V_1} \qquad 4\text{-}(8)$$

となる．つまりカルノーサイクルの第1過程である定温可逆膨張では，系が外界から取り入れた熱量Q_{12}は，すべて膨張仕事として使われてしまい，内部エネルギーの蓄積分は0である．このプロセスだけ見ると，受け取った熱を膨張仕事に100％変換できたように見えるが，繰り返し運転させることを考えると，また元の状態に戻らなくてはいけない．しかし，今来た道(過程1→2)をそのまま元に戻ろうとすると，今，外界に取り出した仕事をそっくりそのまま系に返さなくてはならず，正味の仕事をしたことにならない．ではどうすれば元の状態に戻れて，かつ，熱として受け取ったエネルギーを正味の仕事量に変換することができるのだろうか？

4-2 カルノーサイクルと断熱可逆過程

断熱過程では膨張仕事に内部エネルギーを用いる．この結果，系の温度が変わることに注意しよう．

次に，サイクルの第2過程である断熱可逆膨張について考えよう．まず断熱であることから，熱力学第一法則において外界から系への熱の流入・流出

がないので過程の各瞬間で$\delta Q=0$となる．したがって2-(6)式より以下の関係が成り立つ．

$$\mathrm{d}U=\delta W_{外界\to系} \quad 4\text{-}(9)$$

左辺，右辺をそれぞれ温度，圧力の関数として書き下すことを考える．左辺は体積が変わってしまっても，理想気体であれば3-(18)式が使えること，また右辺はδW(外界→系)$=-P_{外界}\mathrm{d}V_{系}$であることに注意して，4-(9)式は以下のように書き下すことができる．

$$C_{V系}(T_{系})\,\mathrm{d}T_{系}=-P_{外界}\mathrm{d}V_{系} \quad 4\text{-}(10)$$

ここで右辺の$P_{外界}$は外界からピストンを押す圧力であることに注意しよう．1→2の過程と同じく，2→3の過程も準静的に進むことから，シリンダー内部の気体がピストンを内側から押す圧力$P_{系}$と，外界からピストンを押す圧力$P_{外界}$が，過程上では常に釣り合っているので4-(2)式と同様，以下の式が成り立つ．

$$P_{外界}=P_{系}(V_{系}) \quad 4\text{-}(11)$$

またシリンダー内部の気体について，理想気体の状態方程式より以下の式が成り立つ．

$$P_{系}(V_{系})=\frac{nRT_{系}}{V_{系}} \quad 4\text{-}(12)$$

4-(1)式との違いは，定温可逆過程では温度が一定値T_{H}であったのに対し，4-(12)式では変数$T_{系}$となっていることである．ここで4-(11)式，4-(12)式を4-(10)式に入れることで，4-(10)式の左辺，右辺の状態量をすべて系のものとした以下の4-(13)式を導くことができる．

$$C_{V系}(T_{系})\,\mathrm{d}T_{系}=-\frac{nRT_{系}}{V_{系}}\mathrm{d}V_{系} \quad 4\text{-}(13)$$

以後は表記の煩雑さを避けるため系という添え字を省略する．両辺をTで割り，左辺をTの関数，右辺をVの関数で整理する．このように変数で左辺・右辺を整理する計算操作はよく使うので，この機会にマスターしておこう．すると4-(13)式は

$$\frac{C_{\mathrm{V}}(T)}{T}\mathrm{d}T = -\frac{nR}{V}\mathrm{d}V \qquad 4\text{-}(14)$$

となる．上式は，理想気体の断熱過程における一般的な式となる．ここで単純化のため，考えている温度変化範囲において，定積熱容量$C_{\mathrm{V}}(T)$は温度によらず一定とする．またシリンダーには作業物質の漏れがなく，シリンダー内部を構成する気体分子の物質量n [mol] は変化しないものとする．このとき系の温度，体積がそれぞれ$[T_2,\ V_2]$から$[T_3,\ V_3]$に変化したとし，区間中$-nR$やC_{V}が一定であることに注意して，4-(14)式を積分すると

$$\int_{T_2}^{T_3}\frac{C_{\mathrm{V}}}{T}\mathrm{d}T = \int_{V_2}^{V_3} -\frac{nR}{V}\mathrm{d}V \qquad 4\text{-}(15)$$

となる．積分計算を実行すると，

$$C_{\mathrm{V}}\ln\frac{T_3}{T_2} = -\,nR\ln\frac{V_3}{V_2} \qquad 4\text{-}(16)$$

となる．さらに4-(16)式を整理すると

$$\ln\frac{T_3}{T_2} = \ln\left(\frac{V_3}{V_2}\right)^{-\frac{nR}{C_{\mathrm{V}}}} \qquad 4\text{-}(17)$$

ここで自然対数の真数を比較することで次式を得る．このとき，指数のマイナスをプラスにするために，右辺の真数の分母と分子をひっくり返したことに注意してほしい．

$$\frac{T_3}{T_2} = \left(\frac{V_2}{V_3}\right)^{\frac{nR}{C_{\mathrm{V}}}} \qquad 4\text{-}(18)$$

ここで第3章で紹介したマイヤーの関係式〔3-(22)式〕を用いて4-(18)式をさらに整理すると

$$\frac{T_3}{T_2} = \left(\frac{V_2}{V_3}\right)^{\gamma-1} \qquad 4\text{-}(19)$$

ここでγは**熱容量比 (heat capacity ratio)** と呼ばれ

$$\gamma \equiv \frac{C_P}{C_V} \qquad 4\text{-}(20)$$

と定義される．4-(19)式を次の形に整理することもできる．

$$T_2 V_2^{\gamma-1} = T_3 V_3^{\gamma-1} \qquad 4\text{-}(21)$$

したがって，断熱過程については次のような表現も可能である．

$$TV^{\gamma-1} = 一定 \qquad 4\text{-}(22)$$

また過程上のどの点においても成り立つ理想気体の状態方程式〔1-(1)式〕を用いると，4-(22)式は圧力と体積を用いた次の形でも表現できる．

$$PV^{\gamma} = 一定 \qquad 4\text{-}(23)$$

4-(22)式もしくは4-(23)式は**ポアソンの式（Poisson's equation）**と呼ばれ，断熱過程において常に一定に保たれる熱力学的な量を表す．意味や使い方を理想気体の状態方程式と混同しないように注意しよう．これらを整理したものを使える！Box 4-1に示す．また4-(20)式より，一般に$\gamma > 1$なので，図4-1に示すように，断熱過程のほうが体積の増加に対する圧力の減少が急であることも合わせてつかんでほしい．

さて，断熱可逆過程における系と外界のエネルギー収支を求めるため，系が受け取る熱量と系が外界になす仕事量を求めよう．まず系が受け取る熱量は，断熱過程なのでその名の通り0になる．すると，熱エネルギーの流入なしで仕事をしなければいけない．そのためのエネルギーはどこから借りるのか．外から入ってこないので，内部に蓄えておいたエネルギー，すなわち内部エネルギーを使うしかない．ここで系が状態2から状態3に向かうとき，温度がT_HからT_Lまで下がるものとし，この温度変化の範囲内で理想気体の熱容量は一定とみなせるものとする．理想気体の場合，第3章3-3節で述べた通り，体積が変化してもその熱容量は定積熱容量C_Vで表されることから，この過程における内部エネルギー変化は以下のように表すことができる．

$$\Delta U_{23} = C_V \Delta T_{23} = C_V (T_L - T_H) \qquad 4\text{-}(24)$$

使える！Box 4-1

状態方程式とポアソンの式の使い分け

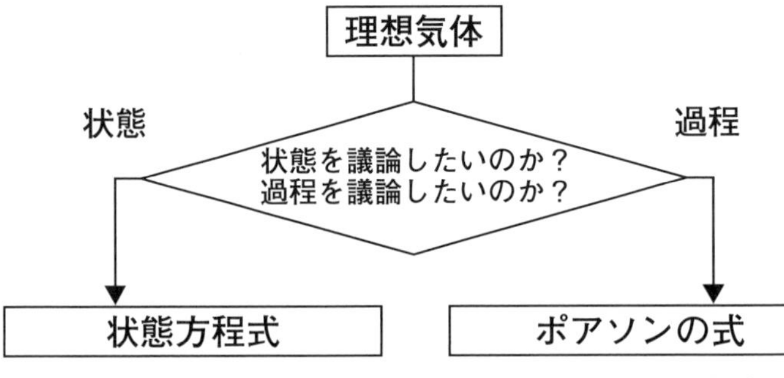

（点） $PV = nRT$

（等温線） $P_i V_i = P_f V_f$

（断熱線） $P_i V_i^{\gamma} = P_f V_f^{\gamma}$

過程上のある１点における状態を議論．その状態における気体の温度，圧力，体積の間に成り立つ関係式．理想気体であればどの過程上の点においても成り立つ．

過程上の２点〔始状態 (i)，終状態 (f)〕における値を比較．その過程を辿ったとき，どのような値が一定に保たれているかを示す．過程によって(曲)線が異なる（図4-1参照）．

このとき，圧力，体積ともに変化しているが，理想気体の場合，内部エネルギーは温度のみの関数であることを利用している．系が外界から受け取った熱量 Q_{23} が0であることに注意すると，熱力学第一法則より $\Delta U_{23} = Q_{23} + W_{23} = W_{23}$ であるから，この過程で系が外界にした仕事 $-W_{23}$ は

$$-W_{23} = -\Delta U_{23} = -C_V (T_L - T_H) \qquad 4\text{-}(25)$$

と表すことができる．$C_V > 0$，$T_L < T_H$ より ΔU_{23} は負，$-W_{23}$ は正の値になることに注意してほしい．

ここでカルノーサイクルの折り返し点に来た．ここまでは系の体積が膨張する過程であったが，これからは始状態に戻るため，系の体積は収縮に転じる．状態3から状態4に向かう第3の過程は，再び等温線上を進む定温可逆

過程である(**図4-1**). ただし, 過程1→2の定温可逆過程とは温度が異なりT_Lであることに注意する. 過程3→4で系が受け取る熱量Q_{34}, 系が外界にする仕事$-W_{34}$はそれぞれ過程1→2のときと同様にして

$$Q_{34} = nRT_L \ln \frac{V_4}{V_3} \qquad 4\text{-}(26)$$

$$-W_{34} = nRT_L \ln \frac{V_4}{V_3} \qquad 4\text{-}(27)$$

となる. それぞれ過程1→2における4-(8)式, 4-(6)式と見比べてほしい.

そして, とうとう状態4から状態1(原点)に戻る. 状態4は, 過程4→1が過程2→3と同様に断熱過程になるように, 状態1を通る断熱過程を表す線と, 状態3を通る定温過程を表す線の交点にセットしたものである. したがって別の言葉でいうと, この2つの線の交点に達するまでまず定温可逆過程で進んで, 交点に達したら, 始点である状態1に断熱可逆過程で戻ることで循環過程を組んだということである. この過程4→1は断熱過程であることから, まず系が外界から受け取る熱量は0. 一方, 系が外界にする仕事量$-W_{41}$は, 過程2→3とまったく同じ考え方で, 以下のように求められる.

$$-W_{41} = -\Delta U_{41} = -C_V(T_H - T_L) \qquad 4\text{-}(28)$$

4-(28)式はすべての記号にマイナスが付いて, 計算することだけを考えると無駄ではないか, と思う諸氏もいるかもしれない. しかし, このマイナスは物理的には重要である. カルノーサイクルでは, 系になされる仕事(W_{41})ではなく, 向きが逆の, 熱エネルギーを受け取った系(ピストン-シリンダー装置)が, 外界にする仕事量($-W_{41}$)に興味・関心がある. 逆向きになるので系になされる仕事量W_{41}にマイナスが付いている. 過程によってプラスとマイナスを考えて, そのたびごとにどちらの向きを正にするかいちいち定義するより, 系が外界から受け取る熱や仕事の向きを正と定めておけば, 後でどちらを正にしたかわからなくなるような混乱が避けられて結果として便利である.

次の節でカルノーサイクルを一巡させたときの熱量と仕事量の収支について考察しよう.

4-3 カルノーサイクルにおける熱量と仕事量の収支

可逆なカルノーサイクルを用いて，熱として受け取ったエネルギーをすべて仕事に変換できるのか？

まずカルノーサイクルを1周回したときの，系が外界から受け取った正味の熱量 Q_{cycle} を求めよう．

$$Q_{\mathrm{cycle}} = Q_{12} + Q_{23} + Q_{34} + Q_{41} \qquad 4\text{-}(29)$$

過程1→2では系が外界から熱としてエネルギーを受け取るので Q_{12} は正の値となる．一方，過程3→4では，実際は系から外界にエネルギーを熱として捨てているので，Q_{34} は負の値となる．断熱過程2→3と4→1では，熱としてのエネルギーの流出入は0であるから，$Q_{23}=0$，$Q_{41}=0$ となる．したがって4-(8)式，4-(26)式から4-(29)式は

$$Q_{\mathrm{cycle}} = nRT_{\mathrm{H}} \ln \frac{V_2}{V_1} + nRT_{\mathrm{L}} \ln \frac{V_4}{V_3} \qquad 4\text{-}(30)$$

となる．ここで，右辺の体積の比の部分をもう少し整理することを考える．断熱過程2→3，4→1に着目すると断熱過程を表す4-(22)式より，それぞれの過程において以下の式が成り立つ．

$$T_{\mathrm{H}} {V_2}^{\gamma-1} = T_{\mathrm{L}} {V_3}^{\gamma-1} \qquad 4\text{-}(31)$$

$$T_{\mathrm{H}} {V_1}^{\gamma-1} = T_{\mathrm{L}} {V_4}^{\gamma-1} \qquad 4\text{-}(32)$$

それぞれ，左辺同士，右辺同士を割り算すると，

$$\left(\frac{V_2}{V_1}\right)^{\gamma-1} = \left(\frac{V_3}{V_4}\right)^{\gamma-1} \qquad 4\text{-}(33)$$

となる．体積はいずれも正の値であること，また4-(20)式より $\gamma > 1$ であるから，体積について以下の関係式が成り立つ．

$$\frac{V_2}{V_1}=\frac{V_3}{V_4} \qquad 4\text{-}(34)$$

ここで4-(34)式を用いて4-(30)式を整理すると以下の式の形になる.

$$Q_{\mathrm{cycle}}=nR\,(T_{\mathrm{H}}-T_{\mathrm{L}})\ln\frac{V_2}{V_1} \qquad 4\text{-}(35)$$

次に1サイクル分で系が外界にした正味の仕事について考える.

$$-W_{\mathrm{cycle}}=-W_{12}+(-W_{23})+(-W_{34})+(-W_{41}) \qquad 4\text{-}(36)$$

ここで, Wは系が外界から受け取ったときの仕事量として定義されているので, 記号Wの前にマイナスが付いていることに注意しよう. ここで4-(6)式, 4-(25)式, 4-(27)式, 4-(28)式より, $-W_{23}$と$-W_{41}$は相殺されることに注意して,

$$-W_{\mathrm{cycle}}=nRT_{\mathrm{H}}\ln\frac{V_2}{V_1}+nRT_{\mathrm{L}}\ln\frac{V_4}{V_3} \qquad 4\text{-}(37)$$

となる. Q_{cycle}のときと同様に, 4-(34)式を用いて4-(37)式を整理すると

$$-W_{\mathrm{cycle}}=nR\,(T_{\mathrm{H}}-T_{\mathrm{L}})\ln\frac{V_2}{V_1} \qquad 4\text{-}(38)$$

となる. カルノーサイクルが一巡したときの系が受け取った総熱量と, 系が外界にした総仕事量が求まった.

熱から仕事への変換効率の問題を考える前に, まず1周回って系が元の状態に戻ったときに, 熱力学第一法則が成り立っているか確認しておこう. 系はまた元の状態1に戻るのであるから, 体積, 圧力, 温度はもちろんのこと, 内部エネルギーの値もまた最初の状態と一緒になるはずである. すなわち

$$\Delta U_{\mathrm{cycle}}=Q_{\mathrm{cycle}}+W_{\mathrm{cycle}}=0 \qquad 4\text{-}(39)$$

とならないと, エネルギー保存則に反してしまう. 4-(38)式から, 系が外界から受け取った仕事W_{cycle}は

$$W_{cycle} = -nR(T_H - T_L)\ln\frac{V_2}{V_1} \qquad 4\text{-}(40)$$

である．ここで4-(39)式に4-(35)式，4-(40)式を入れると，

$$\Delta U_{cycle} = 0 \qquad 4\text{-}(41)$$

となり，たしかに熱力学第一法則を満たしていることがわかる．

4-4 カルノーサイクルにおける熱から仕事への変換効率

可逆なカルノーサイクルをもってしても，熱は100 %仕事には変換できない．

熱を仕事に変換させる際の効率は，エネルギーの形態変換における最大の関心事である，この節では熱から仕事への変換効率を考える．カルノーサイクルでは，高温部での定温可逆過程1→2で系が外界から熱としてエネルギーを受け取り，低温部での定温可逆過程3→4で受け取ったエネルギーの一部を熱として外界に捨てている．熱力学第一法則を考えると，受け取った熱量と捨てた熱量の差が膨張仕事に変換されたことになるので，受け取った熱量が膨張仕事に100 %変換されていないことがわかる．この様子を**図4-5**に示す．

ここでは系が高温部で受け取った熱量のうち，どれだけを膨張仕事に変換できたか，その割合を考えてみる．その割合は，以下の効率(η)を用いて表される．

$$\eta = \frac{-W_{cycle}}{Q_{12}} \qquad 4\text{-}(42)$$

ここで，4-(8)式，4-(38)式より以下の式が成り立つ．

$$\eta = 1 - \frac{T_L}{T_H} \qquad 4\text{-}(43)$$

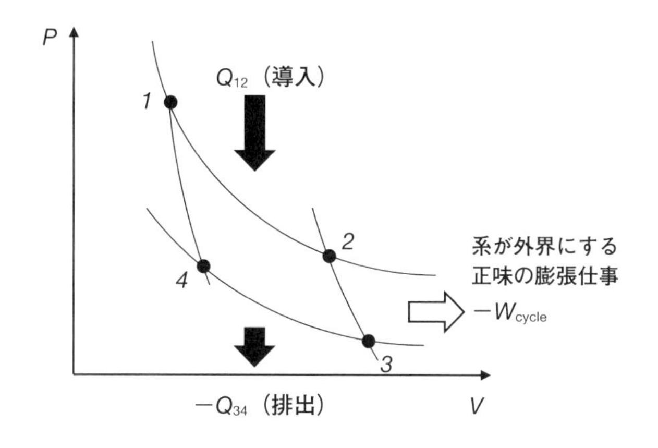

図4-5 カルノーサイクルにおける熱のやり取りと正味の仕事

効率的なカルノーサイクルをつくるには，受け取った熱エネルギーの一部をいかに捨てるかも，受け取り方と同様に重要である．サイクルを循環させるために高温部で受け取った熱エネルギー（Q_{12}）の一部を低温部で捨てないといけない（$-Q_{34}$）ことに注意しよう．このときより低温で捨てるほど，受け取った熱エネルギーを効率的に正味の膨張仕事$-W_{cycle}$に変換できる．しかし低温部を絶対零度にはできないので，熱エネルギーを100％仕事には変換できない．

4

効率が高温部と低温部における温度のみの関数で表されていることに着目してほしい．これは，可逆なカルノーサイクルを用いて熱を仕事に変換させるには，どの温度で熱を受け取り，どの温度で熱を捨てるかが，唯一その変換効率を決めているということである．もし系が受け取った熱を100％仕事に変換できたらηは1になるのだが，4-(43)式は，低温部が絶対零度，もしくは高温部が無限に高い温度でない限り，変換効率は100％にはならないことを教えてくれる．絶対零度と無限高温は実現不可能である．したがって4-(43)式は，事実上，可逆サイクルをもってしても，系が受け取った熱エネルギーのすべてを仕事エネルギーに変換することは不可能であることを教えてくれている．この状況を，当時の科学者は以下のような言葉で整理した．

トムソン（のちのケルビン卿）の表現

「循環過程により，1つの熱源から熱を取り，それを完全に仕事に変える

ことは不可能である」

一方，実は同等のことをいっているのだが，クラウジウスも別の言葉で整理している．

クラウジウスの表現
「低温の物体から熱を取り，それを高温の物体に移す以外に何の変化も残さないようにすることはできない」

これらの表現は**熱力学第二法則**(the second law of thermodynamics)をそれぞれ別の言葉で述べており，詳しくは次の章で学ぶ．クラウジウスの表現は，ややわかりにくいかもしれないので，Columnを参照してほしい．

ではどのようにカルノーサイクルを設計したら効率が高まるのか？　4-(43)式は，右辺第2項を小さくすればするほど，ηが1に近づくことから，熱から仕事への変換効率がよい熱機関になることを教えてくれている．具体的に右辺第2項を小さくするにはどうしたらよいか？　それは式の形から，できるだけ分子のT_Lを小さく，分母のT_Hを大きくすればよい．つまり，できるだけ高い温度で外界から熱を受け取り，できるだけ低い温度で外界へ熱を捨てるほど，すなわち高温部と低温部の温度の高低差を大きくとればとるほど，熱を仕事に効率的に変換できることがわかる．火力発電や原子力発電，また地熱発電の例をColumnに紹介したので参考にしてほしい．

Column　「可逆」なカルノーサイクルを逆回しすると？……あの身近なものに！

カルノーサイクルは可逆である．可逆というからには逆回しもできる，ということである．では逆回しをしたらいったい何になるのだろうか？　カルノーサイクルでは系が高温のときに熱を受け取り，低温なときに熱を捨てて外界に仕事をした．ということは逆回しのときのエネルギーの流れは，外界から系に仕事をして，系は低温部で熱を受け取り，高温部で熱を捨てる，ということである．低温部から熱を奪って，高温部へ向かって熱を捨てるような装置……これは身近な冷蔵庫やクーラーに他ならない．この場合，低温部は冷蔵庫でいうと庫内，部屋でいうとクーラーの効いた部屋である．いずれの装置（系）も外界から電気エネルギーを受け取って動いている．これは井戸でいうと，放っておけば，高いところから低いところへ水は自然と流れるので，その逆のことを行っている．温度の低いところから高いところに熱を汲み上げているので，これは人（か電気）が仕事をして井戸から水を汲み上げるのに相当し，一般に**ヒートポンプ**といわれている．先に出てきたクラウジウスの表現は，ややわかりにくいが，「外界から系に何らかの仕事をせずに，熱を低温部から高温部に汲み上げることはできない（この仕事のため，外界のエネルギーは減少している）」もしくは「外界から何も仕事をすることなく，自発的に低温部から高温部へ熱が移動することはない」と言い換えることができる．

なお冷蔵庫は，一般に背面から熱を捨てているため，冷蔵庫の背面と壁の間の空気が温まりやすい．一方，夏場にビルの密集した都心部が実際の気温以上に暑いのは，ビルの中から汲み上げた熱をビルの外に捨てているのが大きな一因といわれ，ヒートアイランド現象と呼ばれている．

Column　なぜ火力発電所や原子力発電所は海のそばにあるのか？

火力発電所も原子力発電所も，燃料を燃やしたときの熱や核反応による熱を，高温熱源として利用し，高温・高圧の水蒸気を発生・循環させることでタービンを回して電力を得ている．熱としてエネルギーを得ることだけを考えると，エネルギーの原料さえ運べれば火力発電所や原子力発電所はどこに建設してもよさそうであるが，すべて海のそばにある．これはどうしてだろうか？

実は，カルノーサイクルで学んだ通り，熱として得たエネルギーを力学的な仕事に変換するには，熱エネルギーを受け取る高温部だけでなく，熱エネルギーを捨てる低温部も存在しないと，サイクルとして回らない．火力発電所や原子力発電所では，この熱を捨てるための低温熱浴をつくるのに多量の海水が使われている．いわば地球（海）が巨大低温熱浴として働いているといえる．

では，地熱発電ではどうだろうか？　地熱発電は，地球内部が熱いことを利用した発電方式である．日本には火山がいっぱいあるので，立地的にはこの発電方式に向いているといえよう．世界的に有名なのはアイスランドの地熱発電である．いずれにしても，このとき高温熱浴は地球内部になる．深い井戸を掘り地球内部の高温を利用して，水蒸気を発生・循環させることで仕事に変換し，電力を得ている．では，この場合はどのように低温部を設計しているのだろうか．皆さんは下のイラスト（右）に示すような塔を実物か写真で見たことはないだろうか？　実は地熱発電等で必ず見られるこの塔は冷却塔といわれ，高温・

高圧となった水蒸気を，最終的に地球大気で冷やすための，いわゆる低温熱浴の機能を果たしている．

高温で熱として受け取ったエネルギーを仕事に変換するには，低温でその一部を捨てることが必要であること，また，そのためのさまざまな知恵や工夫を感じてもらえたらと思う．

章末数学補講　積分 ― 圧力が体積に応じて変化する場合の仕事量の計算を例に ―

外界の圧力が一定のもとで系が外界にする仕事量 $(-W)$ の計算は，外界の圧力が系の体積によらず一定であるので簡単であった．

$$-W = P_{外界}\Delta V$$

では外界と系の圧力が釣り合いながら系の体積が変わっていく場合はどのように計算できるだろうか．このとき系の圧力は系の体積の関数となるので，$P_{系}(V)$ と表す．まず，圧力の変化が無視できるほど，体積を無限小だけ変化させるとする．すなわち $\Delta V \to \mathrm{d}V$ にすればよい．また系と外界の圧力は常に釣り合っているので，このとき系が外界にする微小仕事を $-\delta W$ とすると

$$-\delta W = P_{外界}\mathrm{d}V = P_{系}(V)\,\mathrm{d}V$$

始状態の体積から終状態の体積まで，体積を少しずつ変化させながら，その時々の圧力 $P(V)$ に応じた無限に小さい仕事を足し合わせていけば，トータルの仕事となる．まるで無限に薄いミルクレープを1層1層積み上げていき，厚みのあるケーキをつくる操作に似ている．この無限に薄い層を積み上げていく操作を積分という．積分というと何やら高度な数学操作と思われ敬遠されることが多いが，単なる積み重ね，すなわち足し算である．**ちなみにインテグラルの記号 ($\int$) は，足し算 (summation) の頭文字Sをベースとしている．**英語のintegralの動詞はintegrateであり，これを直訳すると「統合する」の意である．無限に薄いものを積層して厚み方向に統合してミルクレープをつくると，たしかに1層1層はとても薄くても，積み重なればある有限の厚みに達する．

$$-W = \int_{始状態}^{終状態} -\delta W = \int_{V_\mathrm{i}}^{V_\mathrm{f}} P_{系}(V)\,\mathrm{d}V$$

上の式をそのまま読むと，$P_{系}(V)\,\mathrm{d}V$ を，V が V_i から V_f になるまで足せ，ということである．$P_{系}(V)\,\mathrm{d}V$ が意味のある1つの塊であることに注意しよ

う．$P_{系}(V)\,\mathrm{d}V$のイメージは**図**を参考にしてほしい．皆さんはすでに高等学校の数学で，積分計算で関数$y=f(x)$とx軸が囲む面積を求める方法を学んだ．$f(x)$の値はxに応じて変わるが，xにおける無限に幅の小さい短冊の面積は$f(x)\,\mathrm{d}x$で表され，これを積分区間内で足して面積を求めたのとまったく同じである．

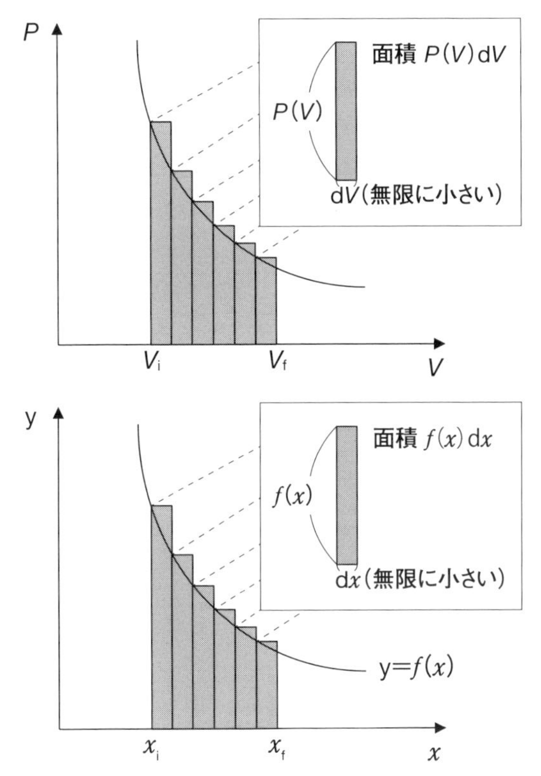

図4-補1 (上) 圧力が体積に応じて変わるときの仕事量の計算
(下) $f(x)$ の値がxの値に応じて変わるときの面積の計算

4

第4章　章末問題

4-1 内径1.00 mの円筒シリンダー内の気体が，2.00気圧（2.026×10^5 Pa）の外圧に逆らってピストンを4.00 m押し上げる場合を考える．シリンダー内と外界との間で熱の出入りがないと仮定した場合，シリンダー内の気体の内部エネルギー（U）はどれだけ変化するか．ピストンの質量，摩擦は無視する．

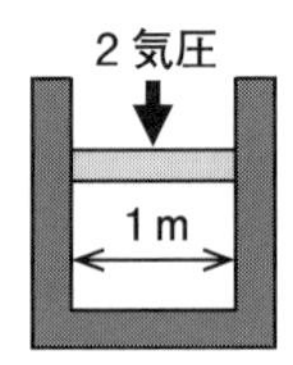

4-2 図のようなシリンダー内に，温度300 K，圧力Pの理想気体1 molが入っている．常に内圧と外圧が釣り合った状態で体積をV_1からV_2まで準静的に変化させたときの系が外界にした仕事（$-W$）は，以下のようにPdVを積分して計算することができる．

$$-W = \int_{V_1}^{V_2} P dV$$

上の式を用いて，20 dm^{3}から40 dm^{3}まで準静的に膨張したときの系が外界にした仕事を求めよ．
また，外圧が常に一定で，理想気体の体積が40 dm^{3}であるときの内圧と一致するとき，この外圧のもとで20 dm^{3}から40 dm^{3}まで膨張したときの系が外界にした仕事を求め，先の結果と比較せよ．

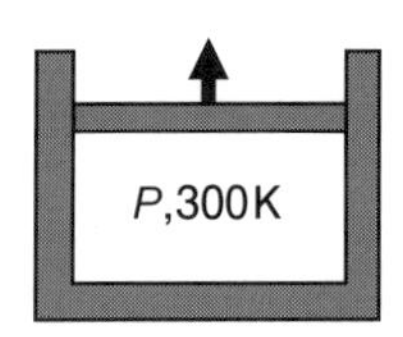

4-3 高温熱源（温度T_H）と低温熱源（温度T_L）の間で作動する可逆熱サイクルの一種の内，最も効率の高いカルノーサイクルについて考える．本サイクルは以下の4つの過程からなる．

・過程A→B　一定温度T_Hで熱を吸収(Q_H)，膨張
・過程B→C　断熱膨張
・過程C→D　一定温度T_Lで熱を放出($-Q_L$)，収縮
・過程D→A　断熱収縮

なお，点A，B，C，Dにおける体積はV_A，V_B，V_C，V_Dとし，理想気体の定積熱容量をC_vとする．

(1) 各過程で理想気体の受け取る熱量(Q)と系が外界にする仕事($-W$)を求め，PVグラフを作成せよ．気体定数はRとする．

(2) 本サイクルが可逆であるために，V_A，V_B，V_C，V_Dが満たすべき関係式を求めよ．

ヒント　過程B→C，D→Aがそれぞれ断熱膨張，断熱圧縮の過程であることを利用する．可逆断熱過程の温度と体積の関係式は下記のようになる．

$$\frac{T_f}{T_i}=\left(\frac{V_i}{V_f}\right)^{\frac{nR}{C_v}}$$

第4章　章末問題解答

4-1　外圧$P_{外界}$は2.00気圧$(=2.026\times10^5\ \mathrm{Pa})$で一定だから，

$$W=-\int_{V_1}^{V_2}P_{外界}\mathrm{d}V=-P_{外界}\Delta V$$
$$=-2.026\times10^5\ \mathrm{Pa}\times(3.14\times0.50^2\times4.00)\ \mathrm{m^3}$$
$$=-6.36\times10^5\ \mathrm{Pa\ m^3}=-6.36\times10^5\ \mathrm{J}$$

熱の出入りがないので$(Q=0)$，

$$\Delta U=Q+W=W=\underline{-6.36\times10^5\ \mathrm{J}}$$

断熱的に仕事をしたので内部エネルギーが減少したことがわかる．

4-2　理想気体の状態方程式より，

$$P=nRT/V$$
$$=\frac{1\ \mathrm{mol}\times8.31\ \mathrm{J\ K^{-1}\ mol^{-1}}\times300\ \mathrm{K}}{V}=\frac{2.49\times10^3\ \mathrm{J}}{V}$$

したがって，

$$-W=\int_{20\ \mathrm{dm}^3}^{40\ \mathrm{dm}^3} P\mathrm{d}V=\int_{20\ \mathrm{dm}^3}^{40\ \mathrm{dm}^3}\frac{2.49\times10^3\ \mathrm{J}}{V}\mathrm{d}V$$

$$=2.49\times10^3\ \mathrm{J}\times\ln\frac{40\ \mathrm{dm}^3}{20\ \mathrm{dm}^3}=\underline{1.73\times10^3\ \mathrm{J}}$$

また，外圧が一定のとき，その圧力はV=40 dm^{3}のときと一致するので，

$$-W=\int_{20\ \mathrm{dm}^3}^{40\ \mathrm{dm}^3} P_{外界}\mathrm{d}V=\int_{20\ \mathrm{dm}^3}^{40\ \mathrm{dm}^3} P_{系}\mathrm{d}V=\int_{20\ \mathrm{dm}^3}^{40\ \mathrm{dm}^3}\frac{2.49\times10^3\ \mathrm{J}}{40\ \mathrm{dm}^3}\mathrm{d}V$$

$$=\frac{2.49\times10^3\ \mathrm{J}}{40\ \mathrm{dm}^3}(40\ \mathrm{dm}^3-20\ \mathrm{dm}^3)=1.246\times10^3\ \mathrm{J}\cong\underline{1.25\times10^3\ \mathrm{J}}$$

準静的に可逆膨張したときに比べ，定圧下で膨張した場合，系が外界にした仕事量が減少していることがわかる．

4-3 (1) **過程A→B　定温可逆膨張**

$$-W=\int_{V_\mathrm{i}}^{V_\mathrm{f}} P\mathrm{d}V=\int_{V_\mathrm{i}}^{V_\mathrm{f}}\frac{nRT}{V}\mathrm{d}V=nRT\ln\frac{V_\mathrm{f}}{V_\mathrm{i}}$$

の関係式から，

$$-W=nRT_\mathrm{H}\ln\frac{V_\mathrm{B}}{V_\mathrm{A}}$$

このとき，理想気体かつ定温変化 ($\Delta U=C_\mathrm{v}\Delta T=0$) なので，

$$\Delta U=Q+W$$

$$Q=\Delta U-W=-W=nRT_\mathrm{H}\ln\frac{V_\mathrm{B}}{V_\mathrm{A}}$$

過程B→C　断熱可逆膨張

$$Q=0$$

$$-W=-\Delta U=-\int_{T_\mathrm{i}}^{T_\mathrm{f}} C_\mathrm{V}\mathrm{d}T=-C_\mathrm{V}\Delta T\quad より，$$

$$-W=-C_\mathrm{V}(T_\mathrm{L}-T_\mathrm{H})$$

過程C→D　定温可逆収縮

過程A→Bと同様に

$$-W=nRT_\mathrm{L}\ln\frac{V_\mathrm{D}}{V_\mathrm{C}}$$

このとき，理想気体かつ定温変化 ($\Delta U=C_\mathrm{v}\Delta T=0$) なので，

$$\Delta U=Q+W$$

$$Q=\Delta U-W=-W=nRT_\mathrm{L}\ln\frac{V_\mathrm{D}}{V_\mathrm{C}}$$

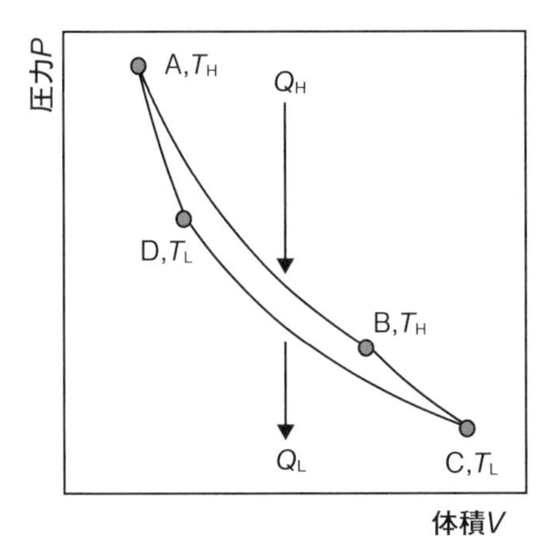

4

過程D→A　断熱可逆収縮

$$Q = 0$$

$$-W = -\Delta U = -C_V \Delta T \quad より$$

$$-W = -C_V (T_H - T_L)$$

(2) 過程B→C，D→Aにおいてそれぞれ断熱膨張・断熱収縮であるため，

$$\frac{T_L}{T_H} = \left(\frac{V_B}{V_C}\right)^{\frac{nR}{C_V}} \quad かつ，\quad \frac{T_H}{T_L} = \left(\frac{V_D}{V_A}\right)^{\frac{nR}{C_V}}$$

したがって，

$$\frac{V_B}{V_A} = \frac{V_C}{V_D}$$ が，満たすべき関係式となる.

第5章

エントロピーと熱力学第二法則

前章では，カルノーサイクルを構成する4つの可逆過程において，それぞれ系に出入りする熱量と仕事量を求めた．また可逆なカルノーサイクルを1循環させたときの，系が受け取った熱量Q_{cycle}と，系が外界にした正味の仕事量$-W_{cycle}$を比較することで，代表的なエネルギーの移動形態である熱とエネルギーの変換効率について考えた．

本章では可逆的なカルノーサイクルを保存量の観点から考察することで，系の熱的状態を表す新しい状態量「エントロピー」を導入する．

次に，もし状態変化が可逆的に進行しなかった場合に，エントロピーの収支がどうなるのかを見ていく．そして新しく導入された状態量―エントロピー―が，自然界における孤立系の自発的な変化の方向性を理解する上で，たいへん重要な指標を与えることを学ぶ．これは物質の変化を扱う学問 ― 化学 ― にとって，たいへん重要な意味をもつ．

5-1 エントロピーの発見に向けて

カルノーサイクルを水車にたとえると，水車における水量に相当する熱力学量は，いったい何になるのだろうか？

回ることで仕事をする装置に水車がある，このとき水車でいうところの水が流れ落ちる土地の高低差は，カルノーサイクルの場合，温度の高低差に相当しそうである．水車の場合，高いところから低いところに，重力にしたがって水が流れるが，蒸発などを考えなければ水の総量（質量）そのものは保存されていて失われることはない．では，水車でいうところの水の総量は，カルノーサイクルではどのような熱力学量に相当するのであろうか？

ふつうに考えると，系に入ってくる熱量と出ていく熱量がこれに相当するのではないか，とまず思い付く．そこで実際にカルノーサイクルにおいて，外界から系に流入する熱量 Q_{in}，系から外界へ放出する熱量 Q_{out} を求めて比較してみよう．**図4–5**を参照して，それぞれ4–(8) 式，4–(26) 式から

$$Q_{\mathrm{in}} = Q_{12} = nRT_{\mathrm{H}} \ln \frac{V_2}{V_1} \qquad 5\text{–}(1)$$

$$Q_{\mathrm{out}} = -Q_{34} = -nRT_{\mathrm{L}} \ln \frac{V_4}{V_3} = nRT_{\mathrm{L}} \ln \frac{V_2}{V_1} \qquad 5\text{–}(2)$$

このとき，5–(2) 式の最後の変形には，4–(34) 式を用いた．5–(1) 式と5–(2) 式を比較すると，式の形は似ているが，温度の部分が異なるので，入ってくる熱量 Q_{in} と出ていく熱量 Q_{out} は保存されていないことがわかる．

それでは水車における水の量に相当するものは，カルノーサイクルではいったい何になるのだろうか？

5–(1) 式，5–(2) 式の違いは熱をやり取りしているときの系の温度の部分だけである．そこで，それぞれの熱量を，それぞれの熱量をやり取りするときの系の温度で割った値を考える．すなわち

$$\frac{Q_{\mathrm{in}}}{T_{\mathrm{H}}} = \frac{Q_{\mathrm{out}}}{T_{\mathrm{L}}} = nR \ln \frac{V_2}{V_1} \qquad 5\text{–}(3)$$

Column 熱機関：カルノー的考えによるとそれはあたかも水車ならぬ熱車？

カルノーサイクルが仕事を成し遂げる本質は，温度の高いところで熱を可逆的に受け取って，温度の低いところでその熱を可逆的に捨てているところである．水車の場合，流入，流出で保存されている水分子の量に相当するものは，カルノーサイクルでは，熱量ではなく，それを受け取ったときの温度で割ったものである．Qの添え字revはreversible（可逆）の略である．

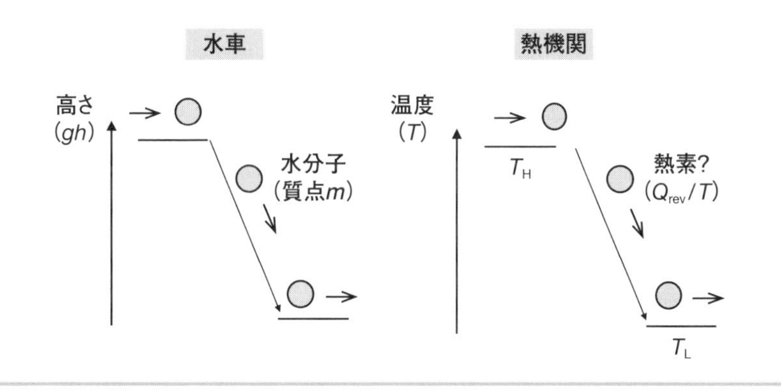

5

となる．この値であれば，入ったときと出ていくときで保存されている．

定温可逆過程でやり取りされる熱量Q_{rev}を，そのときの温度で割ったこの値は，いったいどのような意味をもつのであろうか．カルノーは水車との類推から，熱素と呼ばれる何らか実体のあるものが，水車における水のように流れていると考察した．この様子をColumnにまとめたので参照してほしい．その後，熱素の概念そのものは否定されたが，可逆なカルノーサイクルで見出されたこの保存量には，実はたいへん重要な意味が含まれていた．

熱ならばある程度実感がわくものの，可逆的に受け取った熱量を，受け取ったときの温度で割った，この何とも感覚的に捉えがたい量を系が受け取った際，系の状態はどのように変化しているのだろうか？　系の熱力学的状態を表す変数として，真っ先に思い付くのは，温度，圧力，体積である．しかし「温度が一定のままで可逆的に熱エネルギーを受け取る」という条件から，まず系の温度は変化していない．

圧力と体積は，温度が一定であれば，たとえば理想気体の場合，$PV=$一定という制約を受ける．しかしその絶対値に関しては，上記の不思議な量を受け取る際の系の温度以外何ら制限がないので（すなわち5気圧の気体としても，10気圧の気体としても受け取れるので），圧力や体積ではこの不思議な量が系に流入した場合の，系の状態変化を一意に記述できない．状態量とは，状態が規定されれば，その値が一意に定まる量であるので，圧力や体積では，この不思議な量の流入による，系の状態変化を記述できない．

そこでクラウジウス※8は，系の熱力学的状態を表す新しい状態変数Sを定義し，これを**エントロピー（entropy）**と名づけた．そしてカルノーサイクルの考察で見出された，可逆的に受け取った熱量を，受け取ったときの温度で割った量と，系のエントロピー変化を以下のように結び付けて考察した．

$$\Delta S_{12} = S_2 - S_1 = \frac{Q_{12}}{T_{\mathrm{H}}} = \frac{Q_{\mathrm{in}}}{T_{\mathrm{H}}} \qquad 5\text{-}(4)$$

過程1→2だけ見ると，$Q_{\mathrm{in}} > 0$，温度は正なので，熱を受け取ったことで系のエントロピーが増えていることがわかる．さらにカルノーサイクルを一巡させて系を元の状態に戻すと

$$\begin{aligned}\Delta S_{\mathrm{cycle}} &= \Delta S_{12} + \Delta S_{23} + \Delta S_{34} + \Delta S_{41} \\ &= nR \ln \frac{V_2}{V_1} + 0 - nR \ln \frac{V_2}{V_1} + 0 \\ &= 0 \qquad 5\text{-}(5)\end{aligned}$$

となり，たしかに，状態量Sはまた初期状態に戻っていることがわかる．

ここで，5-(4)式をもう少し一般化して書くと，系がある温度Tにおいて，その温度を一定に保ちながら，すなわち可逆的に外界から熱量Qを受け

※8　Rudolf Clausius（1822-1888），ポーランド生まれの物理学者．初期の熱力学の基礎を確立した，熱力学の学問体系の創始者として有名．2つの偉大な業績があり，1つは1850年，当時支配的であった熱素説を退けエネルギーが熱力学的な状態量であることを，もう1つは1865年，エントロピーと名づけた系の状態を表す新しい状態量を定義し，熱力学第二法則を導いた．1871年以降，ドイツのボン大学にて終生教鞭をとった．

取ったとき，熱を受け取る前と受け取った後の系のエントロピーの変化量は，そのときの温度と受け取った熱量を用いて以下のように定義される．

$$\Delta S_{系} = \frac{Q_{rev}}{T_{系}} \qquad 5\text{–}(6)$$

もしくは先の内部エネルギー変化ΔUのときと同様，左辺に状態量の変化量，右辺に移動量を書いて以下のように表すこともできる．

$$T_{系}\Delta S_{系} = Q_{rev} \qquad 5\text{–}(7)$$

また，5–(6)式を微分形で表現した以下の定義式もよく使われる．

$$\mathrm{d}S_{系} = \frac{\delta Q_{rev}}{T_{系}} \qquad 5\text{–}(8)$$

5

いずれにしても，Q_{rev}は系が外界から可逆的（reversible）に受け取った熱量という条件付きであることに注意しよう．可逆，という条件がわかりやすいよう，添え字にrevと表記している．可逆的に熱量を受け取るとは，系と外界の温度の釣り合いを保ちながら（準静的に）熱エネルギーを外界から系へ移動させる，という意味である．もし系と外界の間に温度差があれば，温度の高いほうから低いほうへ不可逆的に熱エネルギーが移動してしまい，それは元には戻らないので可逆過程にはならない．学生の試験答案などを見ていると，何でもかんでも5–(6)式の右辺に熱量を放り込んでエントロピー変化を計算する誤りが見られるので，使える！Box 5–1にこの点を強調しておく．ここまでで，さまざまな過程における系の受け取る熱量と状態量の変化のつながりを学んだので，使える！Box 5–2にまとめておいた．考察する過程に応じて自由に使い分けられるようになってほしい．

さてエントロピーSは，系の何らかの状態を表す量であるので，本質的には系の熱力学的状態を表す温度や圧力，体積などの状態量の仲間が増えた，ということである．ここで，状態量を力学的か熱的かという観点と，**示強性**（intensive）か**示量性**（extensive）か，という観点で整理すると見通しがよい．示強性の変数は，物質の量によらない変数である．たとえば，大気圧下

使える！Box 5-1

エントロピーの定義式と計算方法

$$\Delta S = \frac{Q_{rev}}{T}$$

①「可逆的」に受け取った熱，という条件付きであることに注意.
②不可逆過程の場合，Sが状態量であることを活かし，始状態と終状態を可逆的な過程でつないで計算する.

使える！Box 5-2

過程によって系に流入する熱量は異なる

過程	定積	定圧	可逆
記号	Q_V	Q_P	Q_{rev}
対応する系の状態量変化	ΔU	ΔH	$T\Delta S$

定温下では$Q_V < Q_P < Q_{rev}$の順に大きくなり，Q_{rev}が最大値となる．（5-3節クラウジウスの不等式を参照）

で気体2リットルと気体3リットルを混ぜても大気圧の気体5リットルになるだけである．この例のように，圧力は物質の量によらない．温度についても，25℃の水2リットルと25℃の水3リットルを混ぜても25℃の水5リットルになるだけである．圧力や温度のように系の物質量によらない状態量を示強性の状態量という．一方，体積のようにその値が系の物質量に比例するものを示量性の状態量という．ではエントロピーはどうであろうか？ 5-(3)式と定義式5-(6)から，その量の変化は，系の体積に依存することがわかる．したがってエントロピーは，物質の量に依存する示量性の状態量である．この様子を**表5–1**にまとめたので参照してほしい．

さてこれらの状態量の次元を考えると，力学的な示強性変数である圧力N/m^2と，示量性変数である体積m^3をかけたものが，3–(1)式を見ると仕事(エネルギー)の単位N・m＝Jになっている．また熱力学的な示強性変数である温度Kと，示量性変数であるエントロピーJ/Kをかけたものが，5–(7)式を見ると熱(エネルギー)の単位Jになっている．どうやら，示強性変数と示量性変数にはそれぞれ対応するペアがいて，これらを掛け合わせるとエネルギーの次元になるようだ．

示強性変数は，別名ポテンシャルといわれ，ポテンシャルの高い系と低い系が接すると，対応する示量性変数が高い方から低い方へ向かってあたかも移動するように見える．たとえば，圧力の高いところから低いところに向かって，体積は移動(膨張)する．天気予報でよく耳にする西高東低の冬型の気圧配置だと，西にある寒いロシアのほうが東にある日本より気圧が高いので，ロシアの上空の冷たい空気が膨張して，日本側に流れ込み，気温が低くなるわけである．また温度の高い系から低い系へとエントロピーが移動するように見えるのは，水車との類推でカルノーサイクルを考察した通りである．示強性変数と対応する示量性変数，そしてそれらの積とエネルギーとの関係は，後の章で化学ポテンシャルの概念が出てきたときに再び整理するので，本章での解説はここまでにしておく．ここでは系の状態量を示強性もしくは示量性といった観点から分類すると，系の状態変化と取り出すことのできるエネルギーの見通しがよくなる，ということを理解してほしい．

最後に**表5–1**の状態量の分類にしたがって，カルノーサイクルを力学的な状態量のセットで眺めた場合と，熱的な状態量のセットで眺めた場合について，**図5–1**にまとめておこう．カルノーサイクルはしばしばPV図で表現されるが，TS図もたいへんシンプルでこちらも理解しやすい．それぞれの図において，1234で囲まれた面積が，PV図では1サイクル当たりに系が外界に対してなした正味の仕事$(-W_{cycle})$，TS図では1サイクル当たりで系が外界から受け取った正味の熱量$(Q_{in}-Q_{out})$となる．熱力学第一法則により，適切な目盛のもとでは，両者の面積は等しくなる．

5

表5-1 系の熱力学状態を記述する状態変数

	示強性	示量性
力学的	P	V
熱的	T	S

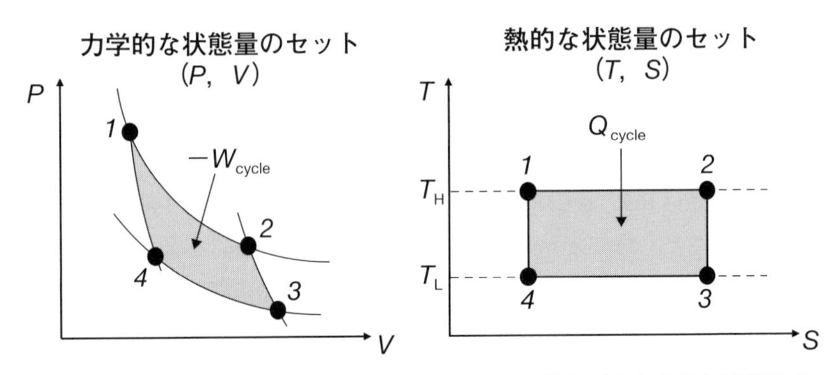

図5-1 カルノーサイクルを力学的な状態量で眺めた場合（左）と熱的な状態量で眺めた場合（右）の比較

1234で囲まれた面積が左の図では1サイクルでの系が外界にした正味の仕事($-W_{\mathrm{cycle}}$)，右の図では系が外界から受け取った正味の熱量($Q_{\mathrm{cycle}}=Q_{\mathrm{in}}-Q_{\mathrm{out}}$)になる．

では，新たに導入された系の状態量「エントロピー」とはいったいどのような量なのであろうか？　次の節でより詳しく見ていくことにしよう．

Column　エントロピー雑感

いよいよエントロピーなる状態量が定義された．しかし一般的には，系に熱エネルギーを与えたら，系の温度が上がってしまいそうである．もし温度を変えずに系に熱を与えることができたら，エントロピー変化を直感的に捉えられそうである．このようなことはどのような場面で見られるだろうか？

まず本章で出てきたカルノーサイクルにおける過程1→2や過程3→4がこ

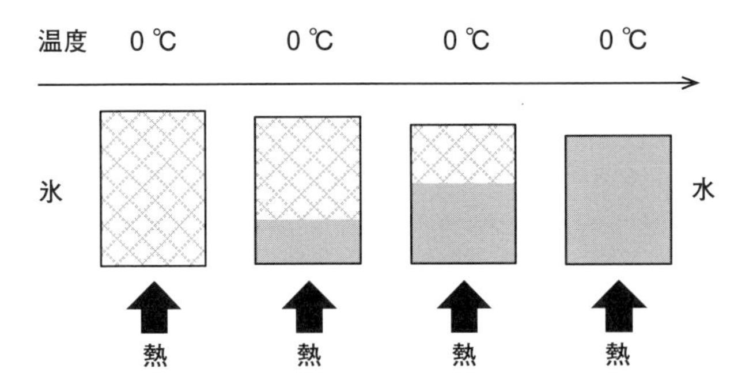

図 氷の水への相転移

1 atm，0 ℃（273.15 K）のもと，1 mol当たりの氷は6.01×10^3 Jの熱を吸って同じ物質量の水へ相転移するが，このとき温度が変化しないことに注意してほしい．吸った熱はどこへ行ったのか？　あと細かなことだが図の右に行くにしたがって体積が小さくなっているのはあなたの気のせいではない．氷の密度は0.9168 g/cm^3，水の密度は0.9998 g/cm^{3}であり，完全に水になると10％ほど体積が小さくなる．

れに相当する．カルノーサイクルは閉鎖系であるし，作業物質を理想気体とすると，圧力や体積が変わっても，これらの定温過程を通っている限り，始状態と終状態で内部エネルギーは変わらない．何が異なるかといえば，たとえば過程1→2では，体積が増えることで，同じ分子でも，自分の取り得るシリンダー内での位置，すなわち空間的な配置の自由度が高まったといえる．

また氷が水に相転移するとき，氷に熱を加えていってもすべてが水に相転移するまで温度が変わらないので，これもよい例となりそうである．**図**に，氷1 mol（18 g）を0 ℃,1気圧で水に相転移させているときの様子を模式的に表した．熱を徐々に加えていくと，秩序ある氷は徐々にとけて自由に動ける水になって，水分子の運動形態の自由度が上がる．このとき系の温度は変わっていないことに注意しよう．では系が吸収した熱エネルギーはどこへ行ってしまったのか．エネルギーは消えてなくならないので，温度という形では感知されない形態でどこかに収容されているはずである．これがエントロピー変化として物質の状態を変化させているのである．

さて，エントロピーはよく物質の乱雑さの指標といわれている．乱雑さという点はたしかに同じ0 ℃の氷中と水中での水分子の動きという視点からは納得させられる．しかしカルノーサイクルの過程1→2について考えてみると，状態1も状態2も均一であり，系の乱雑さが増した，という感じはしない．乱雑という言葉を分解すると「乱れている」「雑である」ということである．コップの水に色つきインクを一滴垂らしたとき，垂らした当初は色ムラがあったはずだが，十分時間がたつと，インク分子はコップ全体に均一かつきれいに分散している．時間がたって系のエントロピーの値が最大に達したとき，色は均一になっている．これはどちらが乱れていたり，雑であるか，という問いに対しては微妙な表現である．もし家の壁にペンキを塗る場面を考えると，人によっては場所によって色ムラがあるほうが，塗り方が雑だ，もしくは塗り方に乱れがある，と表現するかもしれない．「乱雑さの度合い」という表現が有効な場面も多い．しかし，この表現に頼りきるのは心もとない，というのが筆者の印象である．

もっとしっくりした表現がないだろうか．そんなある日のこと，講義が終わった後に1人の学生が「先生，熱容量とエントロピーの次元ってJ K^{-1} で一緒ですね．同じものですか？」という質問を投げかけてきた．熱容量もエントロピーも人間がつくった概念で，物理的な定義が違うので（なので，別の名前が与えられている），同じものかと聞かれたら「それは違うものですよ」というのがひとまずの答えになる．実際，熱容量はエントロピーそのものではなく，温度や体積などの比を介して関係づけられる．しかしこの学生の質問には鋭さと妙味があった．鋭いのは，物理的な「次元」が同じであることを見抜いたことである．味があるのは，まだ統計力学を学んではいないが熱容量の概念は学んでいる段階の学生に，わかりにくいエントロピーの概念を伝えるヒントを含んでいる点である．具体的には「熱容量」の「容量」という言葉が，「乱雑さ」以外に検討する価値のある別のイメージを与えてくれそうである．

筆者は，エントロピーの増大は「乱雑さの増大」というよりも「（熱）エネルギーの収納の仕方の自由度の増加」，もっと平たくいえば，「エネルギーを収納する形態数の増加」のほうがよりイメージをもって伝わるのではないかという印象をもっている．「エントロピーが増えた」ということを，「エネルギーを収める引き出しの数が増えた」「収容する棚が増築された」といったら，変な顔をされるだろうか？　「乱雑さ」より，もっとしっくりくる言葉はないだろうか．

その言葉のイメージに迫るため，蛇足かもしれないが，次のような質問を考えてみた．

Q1. ホテルにおいて1泊の金額や部屋のグレードは同じだが，せまい部屋と広い部屋の両方が用意できるという．あなたはどちらを選ぶだろうか．

Q2. 訪れることができる国の数が限定されているパスポートと無制限のパスポートの，どちらか1通が支給され，自由に選べるという．あなたはどちらを選ぶだろうか．もちろん実際に行くかどうかはあなたの自由である．

Q3. 同じ金額のデパートの商品券と現金のどちらかがもらえるという．あなたはどちらを選ぶだろうか．

いくらでも思い付きそうであるが，ふつうの（すなわち大多数の）感覚的には，いずれの問いも後の選択肢のほうがよいと思うが，いかがだろうか．より「広く」「ゆとり」のあるものへ，より「自由度」が高いものへ……．はて，何かの話と似ていないだろうか？ 「とり得る状態の数」というのはいかがだろうか．「自然はより自由な状態を好む」というのもいい表現かもしれない．読者の皆さんはもっといい言葉やイメージが思い付いているかもしれない．「乱雑さの度合い」以外に何かよい表現を考えてみるのも楽しいものである．

さて，先の質問に話を戻すと，我々の選択の意思決定（脳の中での情報処理）は脳の中で何らかの物質が行っているはずである．もしかすると大多数の人の選択が「自然に」向かう方向性とエントロピーは，どこか深いところでつながっているかもしれない．今度，チャンスがあったら脳の研究者に質問してみたい．

5

5-2 孤立系における変化の方向性と熱力学第二法則

熱いお湯と冷たい水を接しさせたときに，なぜ自発的に均一な温度のぬるま湯になるのか，この当たり前で自然な変化の方向性を判定するのにエントロピー変化が道しるべを与えてくれる．

前節で考察した可逆のカルノーサイクルが，一回りして元の状態に戻った際，系のエントロピー変化について以下の関係式が成り立った．

$$\Delta S_{系,\,\mathrm{cycle}} = 0 \qquad 5\text{-}(9)$$

このとき，外界のエントロピー変化はどうであろうか？　外界のエントロピー変化を考えると，高温部ではQ_{12}の熱量を系に与え，低温部では$-Q_{34}$の熱量を受け取っているので4-(8)，(26)，(34)式より

$$\Delta S_{外界,\,\mathrm{cycle}} = \frac{-Q_{12}}{T_{\mathrm{H}}} + \frac{-Q_{34}}{T_{\mathrm{L}}} = 0 \qquad 5\text{-}(10)$$

となる．ここで系と外界を足したものが宇宙全体となる．このとき宇宙の外界はないと仮定し，宇宙は宇宙の外から熱や物質を受け取ったり，宇宙の外へ熱や物質を放出したりはしないと考える．すなわち宇宙は孤立系であるとする．このとき，可逆サイクルが一巡したときの宇宙全体(孤立系)のエントロピーの変化は

$$\Delta S_{宇宙全体(孤立系),\,\mathrm{cycle}} = \Delta S_{系,\,\mathrm{cycle}} + \Delta S_{外界,\,\mathrm{cycle}} = 0 \qquad 5\text{-}(11)$$

となる．

しかし，世の中で起こる変化のすべてが可逆過程ではない．むしろ可逆過程は，系と外界の温度差や圧力差がまったくないように準静的に進行させなくては実現しないので，実際には無限の時間がかかってしまい実現し得ない．たとえば上述のカルノーサイクルにおいては，一般にピストン–シリンダー装置が用いられるが，ピストンが有限の速度で動けば，系と外界の間で圧力差や温度差が生まれてしまうだろうし，ピストンとシリンダーの間に摩擦力も働くので，そこで余分な摩擦熱が発生してしまう．もともと熱から仕

事への変換効率は100％ではなかったが，熱力学第一法則よりエネルギーの総量は保存されているので，もし摩擦によって余分な熱を発生してしまったら，その分，取り出し得る仕事量はさらに減ることになる．

したがって現実のプロセスでは摩擦などにより発生した余分な熱が，低温部で追加分の熱として捨てられるので，**クラウジウスの不等式**（the inequality of Clausius または Clausius's inequality）と呼ばれる以下の不等式が成り立つ．

$$\frac{Q_{\mathrm{in}}}{T_{\mathrm{H}}} < \frac{Q_{\mathrm{out}}}{T_{\mathrm{L}}} \qquad 5\text{-}(12)$$

本章の後半で，より一般的なクラウジウスの不等式を導くが，いずれにしても，サイクルのどこかで不可逆過程が一度でも発生してしまうと，系が外界に放出する熱量が可逆過程のときより増えるので，外界のエントロピー変化は，可逆過程のときよりも多くなってしまう．したがって不可逆な過程がひとたび発生すると，サイクルが一周したときの外界のエントロピー変化は0ではなく正になる．すなわち

$$\Delta S_{外界} > 0 \qquad 5\text{-}(13)$$

このとき余分に発生した熱エネルギーは，仕事に変換し損ねたエネルギーであり，可逆過程で進行したときに比べて，取り出せる膨張仕事は減少してしまう．一方，系の状態を表すエントロピーは，1循環すればまた元通りの状態に戻るので

$$\Delta S_{系} = 0 \qquad 5\text{-}(14)$$

となる．したがって，もしサイクルの途中でひとたび摩擦熱の発生など不可逆的な事象が生じてしまうと，宇宙全体としては

$$\Delta S_{宇宙全体} = \Delta S_{系} + \Delta S_{外界} > 0 \qquad 5\text{-}(15)$$

となり，宇宙全体（孤立系）のエントロピーは増加したといえる．

ではサイクルではなく，熱も新たに発生しないような不可逆過程においても，孤立系であれば5-(15)式の関係が成り立つのだろうか？

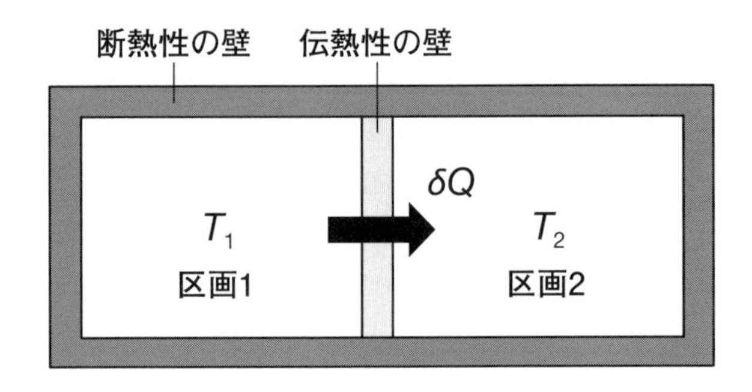

図5-2 断熱容器の中で起こる自発的な変化

区画１の温度（T_1）が区画２の温度（T_2）より高いとき，区画１から区画２への熱エネルギーの移動（δQ）は自発的だろうか？

いつも宇宙全体を考えるのはやや大げさなので，**図5-2**に示すような，魔法瓶（断熱容器）の中を伝熱性の仕切りで区切ったものを考える．このとき$T_1 > T_2$とし，両部屋の温度変化が無視できる程度の無限微小熱量δQが左の区画1から右の区画2へ流れたとする．温度の高いところから低いところへの熱の移動は自発的に起こり，逆は自然には起こらないのでこの熱の移動は不可逆過程である．このとき断熱容器内，すなわち孤立系のエントロピー変化はどのようになっているだろうか？　区画1から区画2へ，伝熱壁を介して移動した微小熱量$\delta Q > 0$は途中で減ったり増えたりしないので，この系全体の無限微小エントロピー変化は以下のように表される．

$$\mathrm{d}S_{\text{断熱容器内（孤立系）}} = \mathrm{d}S_{\text{区画1}} + \mathrm{d}S_{\text{区画2}} = \frac{-\delta Q}{T_1} + \frac{\delta Q}{T_2} \quad 5\text{-}(16)$$

$T_1 > T_2$であるので，高温部から低温部への自発的な熱の移動において，

$$\mathrm{d}S_{\text{断熱容器内（孤立系）}} > 0 \quad 5\text{-}(17)$$

が成り立つ．このような自発過程が起こった際，孤立系である断熱容器内全体のエントロピーは，増えていることに注意しよう．宇宙全体も断熱容器内も外界と熱や仕事などのエネルギーや物質をやり取りをしない孤立系であるので，これらの様子を統一的に表現すると次のようになる．

「孤立系で自発的に起こる過程ではエントロピーは増大する」

この自然の法則を**熱力学第二法則（the second law of thermodynamics）**といい，孤立系の自発的な変化の方向性を考察するときにたいへん役立つ．このときのエントロピーの増大は，孤立系内部の温度が全体的に等しくなるまで，すなわち熱的平衡をむかえるまで続くので，以下のようにも表現できる．

「孤立系の熱平衡状態は，与えられた条件のもとで，そのエントロピーが最大となる状態である」

これらのエントロピー変化の方向性と終着点（熱平衡）にいたる条件をまとめると，以下のようになる．

「さまざまな自発的な（すなわち不可逆的な）変化が進行した場合，熱平衡に達するまで，宇宙全体（孤立系）のエントロピーは増大する」

2か所に下線を引いたのは「エントロピーが増大する」という文言や条件が拡大解釈されて誤用されるケースが多いからである．よくある誤解の1つはエントロピーは常に増大し続ける，と思い込んでしまうケースである．これは孤立系がもし熱平衡に達したら，そこでエントロピーの増加は止まるので誤りである．また自発変化が起こったとき，系のエントロピーは必ず増大する，と思い込んでしまうケースである．必ず増大するといえるのは，系が孤立系であるときだけである．もし系が孤立系でない場合は，熱エネルギーを外界に捨てることで，系のエントロピーが自発的に減ることもある．この場合でも，この変化が自発過程であるならば，系が捨てた熱エネルギーを外界が受け取ることによって，外界のエントロピーは系のエントロピーの減少以上に増えて，系と外界を合わせた宇宙全体（これは孤立系とみなせる）でみれば，やはりエントロピーが増大している．

以上，もし孤立系で自発的な過程や不可逆な過程が，系内のどこかで進行してしまったら，系全体のエントロピーは増大することがわかった．この状況を一般的に表すと以下の通りになる．

$$\Delta S_{孤立系}>0 \qquad (自発過程) \qquad 5\text{-}(18)$$

なお，クラウジウスは熱力学第一法則と第二法則を以下のように要約している．

「宇宙のエネルギーは一定であり，エントロピーは最大値へ向かう」

この法則は「孤立系では，その状態量であるエントロピー変化を計算すれば，自然界の自発的な変化の方向性を判断できる」ということをいっている．もっと積極的にいえば，未知の化学反応を考えた場合，その反応の前後で宇宙全体のエントロピー変化を計算してみて，その値が正となれば，その化学反応は自発的に起こり得る，もしそうでなければ，自発的には起こり得ない，などの判断に使えるということである．

5-3 クラウジウスの不等式と熱力学第二法則

可逆過程における熱の流出入の結果，系で増加もしくは減少するエントロピーと，不可逆過程で系で新たに生み出されるエントロピー．この2つを分けて考えると見通しがよくなる．

前節では，孤立系において自発過程や不可逆過程が進むと，そのエントロピーが増大することを学んだ．ここではより一般的な，熱のやり取りのある系に着目した熱力学第二法則の表式を考える．具体的には，外界との熱のやり取りの結果変化した系のエントロピーと，不可逆的な変化が起こった結果発生したエントロピーを分けて考える．ここでは系が外界から熱エネルギー δQ を受け取った際，系で変化したエントロピーを $\mathrm{d}S_{系,交換}$ とする．このとき δQ の受け取り方は可逆的，不可逆的どちらでもよい．このとき，$\mathrm{d}S_{系,交換}$ は正・負・0いずれの値も取り得る．なおエントロピー変化の添え字に「交換」と書いたのは，系と外界の間で熱エネルギー δQ を移動（交換）した結果変化した系のエントロピーであることを明示するためである．一方不可逆過程や自発変化を通じて，系に新たに発生したエントロピーを $\mathrm{d}S_{系,\,発生}$ として，系のエントロピー変化全体 $\mathrm{d}S_{系}$ を考察する．このとき，系全体の微小エントロピー変化は以下のように表すことができる．

$$\mathrm{d}S_{系} = \mathrm{d}S_{系,\,交換} + \mathrm{d}S_{系,\,発生} = \frac{\delta Q}{T} + \mathrm{d}S_{系,\,発生} \qquad 5\text{-}(19)$$

もし系が「可逆的に」熱エネルギーを受け取った場合，$\delta Q = \delta Q_{可逆}$，$\mathrm{d}S_{系,\,発生} = 0$ なので

$$\mathrm{d}S_{系} = \frac{\delta Q_{可逆}}{T} \qquad 5\text{-}(20)$$

となり，5-(8) 式と一致する．もし「不可逆的に」外界から系へ熱が移動したら，$\delta Q = \delta Q_{不可逆}$，$\mathrm{d}S_{系,\,発生} > 0$ なので，5-(19) 式より

$$\mathrm{d}S_{系} > \frac{\delta Q_{不可逆}}{T} \qquad 5\text{-}(21)$$

となる．したがって5-(20) 式，5-(21) 式より，可逆，不可逆に関わらず，以下の不等号が成立する．

$$\mathrm{d}S_{系} \geq \frac{\delta Q}{T} \qquad 5\text{-}(22)$$

等号は可逆過程で，不等号は不可逆過程で成立する．可逆過程，不可逆過程両方を内包する5-(22) 式も**クラウジウスの不等式**(the inequality of Clausius) という．ここでは外界と熱のやり取りのある，より一般的な系（閉鎖系）を考えたが，孤立系の場合は $\delta Q = 0$ となり，かつ不可逆過程の場合は，5-(22) 式において不等号が成り立つので，たしかに5-(22) 式は，孤立系における5-(17) 式の内容も包括した，より一般的な熱力学第二法則を表す式になっている．5-(22) 式は外界と熱のやり取りのある系で熱力学第二法則を表現する式としてよく利用されており，次章で自由エネルギーの導入の際に用いられる．なおエントロピーは状態量であるので，その変化量 $\mathrm{d}S_{系}$ は可逆過程でも不可逆過程でも変わらない．したがって5-(22) 式は閉鎖系において温度一定 (T) のもと，等号が成り立つとき，すなわち可逆過程

で系が受け取る熱量が最大になることを示している.

5-4 温度再考 — 熱力学第零法則 —

示量性の状態量エントロピーのペアとなる，示強性の状態量「温度」とはいったい何モノであろうか？

日常生活において，温度は温度計を通じて可視化されており，何となく直感的にもつかみやすい．また高等学校において，すでに絶対温度の概念を習っており，科学的にも温度という概念を悩むことなく使いこなしてきた．絶対温度をT[K]，1気圧における水の凝固点を0℃，沸点を100℃としてその間を100等分にしたセルシウス温度を℃とする．理想気体の状態方程式$PV = nRT$でPVを一定としたときの直線を外挿して，体積が0になる温度の値を絶対温度として定めると，絶対温度の数値は，セルシウス温度の数値に273.15を足せばよかった．すなわち0℃は273.15 Kであり，100℃は373.15 Kである．理想気体の状態方程式の温度に数値を代入するとき，絶対温度であることを忘れさえしなければ，何ら不自由ではなかった．

しかし，よくよく考えてみると，理想気体というのは，人間が仮想的に考えた気体であり，実際には(それに近いものはあっても)存在しない．そうすると上述の話は，物質によって異なってしまうのだろうか．先に，示量性と示強性の状態量として，エントロピーと温度がペアになっていることを学んだ．すなわち，もし温度に高低差のある物体が伝熱材を介して接触したら，温度の高いほうから低いほうにエネルギーが熱という形態で移動して，両者の温度が等しくなるまでこの移動は続く．この状況を見えるように書いたのが，見える！Box 5-1である．

見える！Box 5-1では，物質Aと物質Bの熱的平衡を考えた．ここで熱平衡に達したとき，物質Bの温度(図でいうと高さ)を記録しておく．次に物質Bを物質Aといったん切り離し，別の物質Cを接触させることを考える．このとき，BとCの間で当然熱の移動が起こるが，物質Bと物質Cが熱平衡に

見える！Box 5-1

熱的平衡と温度

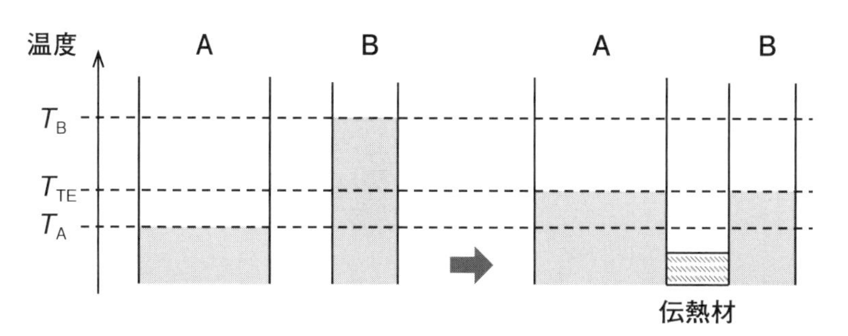

種類も温度も異なる2つの物質A，Bそれぞれで蓄えられている熱エネルギーのやり取りを伝熱材などを通じて許すと，それぞれの熱容量の違いに関係なく，両者の温度が等しくなるまで熱エネルギーが移動する．移動が収まった状態を熱平衡といい，このときの温度を平衡温度T_{TE}という．添え字のTEはthermal equilibriumの頭文字からとった．

達したとき，先に物質Aと物質Bが熱平衡に達したときの高さとまったく同じ高さで温度を示す指標が止まったとする．このとき，物質Aと物質Cは，接触させなくても同じ温度であることがわかる．すなわち温度は物質の種類によらず，物質の熱的な状態を表す絶対的な指標であることが経験的に知られている．これを**熱力学第零法則**（the zeroth law of thermodynamics）という．言葉として整理すると以下のようになる．

「AとBが熱平衡をなし，BとCが熱平衡をなすとしたら，AとCは熱平衡をなす」

この自然界の性質があるおかげで，我々は物質B，すなわち温度計を介して，実際に物質Aと物質Cを接触させなくても，それぞれの温度を絶対的な基準で比較することができる．この様子を**図5-3**に示す．ただし温度計は温

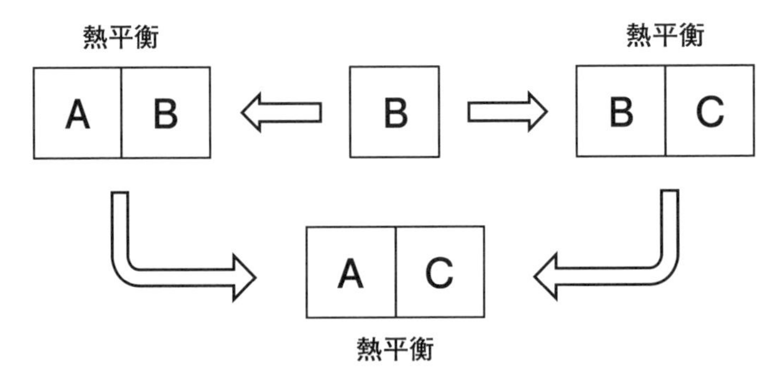

図5-3 熱力学第零法則：絶対基準としての温度の存在
もしBをAとCそれぞれに接しさせて，Aとも熱平衡，Cとも熱平衡であったら，AとCを接しなくてもAとCが熱平衡状態にあることがわかる．この性質は物質の種類によらない絶対的な状態の基準である温度の存在を示し，この場合Bは温度計となる．

度変化を物質の体積変化や電気信号に変換して可視化する装置であり，我々が実際に見ているものは温度そのものではない．

しかしこれだけでは，温度という絶対基準が存在することを述べたにすぎず，温度とは何かをまだ説明したことにはなっていない．温度の概念の正確な理解には統計力学を学ぶ必要があるため，ここでは紙面の都合上Columnと本書末尾に読みやすい成書を紹介しておく．温度についてより深く知りたい方はぜひ参考にしてほしい．温度は最も身近に使っていながら，実はとても深淵な概念といえる．

Column 温度とは何だろうか？

本書の最初のほうで，熱力学的平衡に達していれば，きわめて多数の粒子からなる系の熱的もしくは力学的状態を，1つひとつの粒子の状態を追うことなく，きわめて少ない数のパラメータで代表できることが熱力学の強力なところであることを述べた．温度もそのようなパラメータの1つであるが，具体的にはどのようなものであろうか？

詳しくは統計力学を学ぶと出てくるが，ある温度Tで代表される熱平衡に達した系を構成する個々の粒子のエネルギーは，すべて均等ではなく分布をもっており，高いエネルギーを有する粒子ほど，それを見出す確率は指数関数的に減ってくる．なぜ指数関数的な分布になるかは統計力学を学んだときの楽しみにとっておくとして，もしエネルギー(E)に対してその存在確率が指数関数的な分布を示すのであれば，その分布の様子は1つのパラメータ(β)で代表できる．

$$\frac{\text{エネルギー}E\text{の状態の占有数}}{\text{基準となる最低エネルギー}E_0\text{の状態の占有数}} = e^{-\beta(E-E_0)}$$

縦軸を粒子のとり得るエネルギーEにして，βの値によってどのように粒子のエネルギー分布が変わってくるかを図に示した．βの値が小さくなるほど，高いエネルギーにも分布が広がっている様子がわかる．実は温度Tは，βの逆数であり，ボルツマン定数k_Bと図中に示した式の関係で結ばれている．すなわち温度Tは粒子のエネルギー分布の度合いを表すパラメータである．どの温度でもエネルギーが高くなるほど，その存在割合は指数関数的に減ってくるが，温度が高いほど高いエネルギー状態に粒子を見出す割合は確実に増えていく．

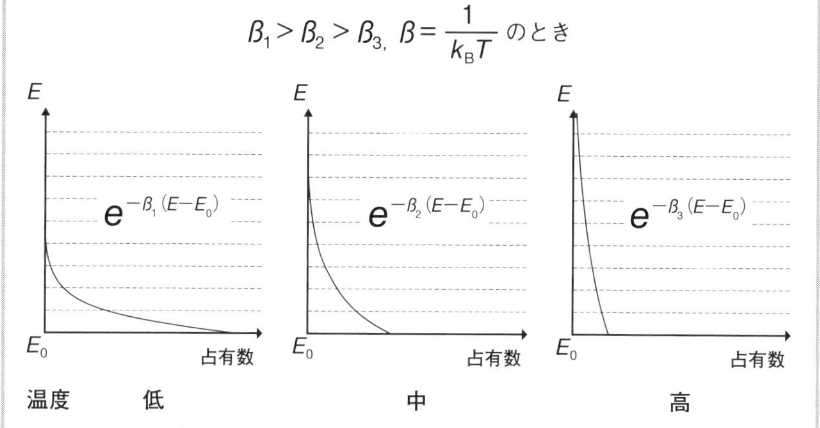

図 温度の違いによる構成粒子のエネルギー分布の違い
温度が高くなるほど高いエネルギー準位に粒子を見出す割合（占有数）が増えてくる．いずれの温度でもエネルギーの高い粒子を見出す確率は指数関数的に減少する．温度Tは構成粒子のとり得るエネルギーの分布を代表するパラメータといえる．k_Bはボルツマン定数を表す．

エネルギー準位を棚に見立てると，温度が高いと，高いほうの棚にも粒子が配置されていくということである.

なお先にエントロピーについて「とり得る状態の自由度」，という言葉を用いたが（p.106 Column「エントロピー雑感」），ここで出てきたボルツマン定数k_Bは，取り得る状態の数Wと，エントロピーSを直接つなぐ定数でもあり，$S = k_B \ln W$という関係が成り立つ．こちらも統計力学で扱う内容になるので，楽しみにとっておいていただきたい.

5-5 エントロピー再考 ― 熱力学第三法則 ―

反応熱などの表を見てみると，なぜエントロピーだけが，変化量でなく絶対値が記載されているのか？

前節で，温度は物質の種類によらず，物質の熱的状態を表す絶対基準となることを紹介した．それでは，物質の熱的状態を示し，示強性・示量性の観点から温度の相方であるエントロピーにおいても，物質の種類に依存しない絶対基準は存在するのだろうか？

これまでは，内部エネルギーもエントロピーも同一の作業物質（その多くは仮想的な理想気体）について考察していたので，絶対量を知る必要はなく，熱力学第一法則はΔU，熱力学第二法則はΔS，すなわちはじめと終わりの状態量の変化量がわかれば事足りた．しかし今後，本章までに学んだ熱力学の基礎を化学反応，すなわち物質の変換に応用する際，反応系と生成系では物質の種類自体が異なっている．このような物質の種類が異なってしまうような系において，温度のような絶対基準がエントロピーについても定められないものであろうか？

ネルンスト※9はさまざまな実験事実に基づいて，次の定理を1906年に提案した.

固相（結晶）のみが関与する，定温化学反応A→Bを考える．このとき，この化学反応に伴うエントロピー変化$\Delta S = S_B - S_A$は，圧力に関わらず，温度0 Kの極限で0に収束する．式で表すと以下のようになる．

$$\lim_{T \to 0} \Delta S(T) = \lim_{T \to 0} \{S_B(T) - S_A(T)\} = 0 \qquad 5\text{-}(23)$$

これを**ネルンストの熱定理（Nernst's heat theorem）**という．5-(23)式は，エントロピーは物質の種類によらず，絶対零度に近づくと，その値はある一定の値に収束していくことを意味している．プランク[※10]はさらにこの考え方を進めて，その一定値は0であると仮定し，次の表現を導入した．

「すべての純物質の完全結晶のエントロピーは0 Kで0となる」

式で表すと以下のようになる．

$$\lim_{T \to 0} S(T) = 0 \qquad 5\text{-}(24)$$

これを**熱力学第三法則（the third law of thermodynamics）**という．この法則において，物質を純物質に限定しているのは，混合物であると混合のエントロピーが絶対零度でも残るからである．また完全結晶に限定しているのは，もし不完全な結晶であると，分子の配列の乱れに伴うエントロピー（残余エントロピー）が絶対零度でも残るからである．たとえば，我々の身近にある水の固体結晶である氷も，氷結晶中における水素原子の配置の仕方で残余エントロピーが残ってしまうので，絶対零度でもそのエントロピーは0にならない．

ここまでの解説であると，0とは限らず一定値であることしかわからない

※9 Walther Hermann Nernst（1864-1941），ポーランド生まれの物理学者・物理化学者．ヘルムホルツ，ボルツマン，コールラウシュらとともに物理学を学び，1887年，ビュルツブルグ大学で物理の博士号を得る．ライプチヒ大学，ゲッチンゲン大学を経て1905年，ベルリン大学に移ってから極低温における物質の挙動を研究し，熱力学第三法則を提案した．熱力学第三法則によって平衡定数などを化学反応の熱的データから計算することが可能になり，「熱化学における功績」により1920年，ノーベル化学賞を受賞した．

※10 Max Planck（1858-1947），ドイツ連邦生まれの物理学者・物理化学者．1879年，ミュンヘン大学で熱力学第二法則に関する学位論文で理論物理学の博士号を取得し，キール大学を経て，1888年から1926年まで彼のために設立されたベルリン大学の理論物理学研究所の所長として勤務した．熱力学を物理化学の分野に持ち込んだことで有名であり，さらに黒体輻射に関する理論的な研究においてエネルギーに関する量子仮説を導入，量子論の父といわれる．1918年，量子論の業績によりノーベル物理学賞を受賞した．

のに，その一定値を強引に0としたような印象を受ける．この妥当性に関する厳密な議論については極低温における量子力学の助けを借りなければならず，本書の範囲を超えるが，極低温における物質の挙動により，その一定値を0とすることの妥当性が実験的に検証されている．このように，絶対零度で，エントロピーの「絶対値」が0であることを認めると，すなわち物質の種類によらないエントロピーの絶対基準ができあがると，物質そのものが変わってしまう化学反応の終状態と始状態のエントロピーの絶対値の大小を比較できるようになり，その反応の進行についての自発性を判断できるようになる．その意味で，この熱力学第三法則は，熱力学の化学への応用になくてはならない土台を与える法則といえる．

ひとたび，絶対零度でのエントロピーの値が0であることが認められれば，任意の温度Tにおけるその物質のエントロピーの絶対値$S(T)$が求められる．仮に途中相転移が起こったとしても，相転移温度で逐一積分区間を区切って，融解熱ΔH_{fus}や蒸発熱ΔH_{vap}を考慮に入れて足していけばよく，具体的には以下のように求められる．ここでは融点をT_{f}，沸点をT_{b}として，定圧下での表式を示しておく．

$$
\begin{aligned}
S(T) &= \int_0^T \frac{\delta Q_{\mathrm{rev}}}{T} \\
&= \int_0^{T_{\mathrm{f}}} \frac{C_{\mathrm{P}\,(\text{固体})}(T)}{T}\mathrm{d}T + \frac{\Delta H_{\mathrm{fus}}(T_{\mathrm{f}})}{T_{\mathrm{f}}} + \int_{T_{\mathrm{f}}}^{T_{\mathrm{b}}} \frac{C_{\mathrm{P}\,(\text{液体})}(T)}{T}\mathrm{d}T \\
&\quad + \frac{\Delta H_{\mathrm{vap}}(T_{\mathrm{b}})}{T_{\mathrm{b}}} + \int_{T_{\mathrm{b}}}^{T} \frac{C_{\mathrm{P}\,(\text{気体})}(T)}{T}\mathrm{d}T
\end{aligned}
\qquad 5\text{-}(25)
$$

また5-(25)式で表されるエントロピーの温度依存性がわかりやすいよう**図5-4**に模式的に示したので，参照してほしい．

物質の個性は，定圧変化の場合は，その定圧熱容量$C_{\mathrm{P}}(T)$に反映される．もし定積変化の場合は5-(25)式中の定圧熱容量の部分を定積熱容量$C_{\mathrm{V}}(T)$におきかえればよい．なお表にまとめられているエントロピーの値は，**標準絶対エントロピー（standard absolute entropy）**であり，標準状態（$P = 10^5$ Pa，$T = 298$ K）における各物質1 molのもつエントロピーの絶対値を示している．すなわち化学反応によって物質が変わっても，この値を用いれば化学反応によるエントロピーの変化が計算できるようになる．このことを前提に，いよいよ次章から熱力学の化学への応用に入る．

$$
\begin{aligned}
S(T) &= \int_0^T \frac{\delta Q_{\mathrm{rev}}}{T} \\
&= \underbrace{\int_0^{T_{\mathrm{f}}} \frac{C_{\mathrm{P}(\text{固体})}(T)}{T}\,\mathrm{d}T}_{\text{①}} + \underbrace{\frac{\Delta H_{\mathrm{fus}}(T_{\mathrm{f}})}{T_{\mathrm{f}}}}_{\text{②}} + \underbrace{\int_{T_{\mathrm{f}}}^{T_{\mathrm{b}}} \frac{C_{\mathrm{P}(\text{液体})}(T)}{T}\,\mathrm{d}T}_{\text{③}} + \underbrace{\frac{\Delta H_{\mathrm{vap}}(T_{\mathrm{b}})}{T_{\mathrm{b}}}}_{\text{④}} + \underbrace{\int_{T_{\mathrm{b}}}^{T} \frac{C_{\mathrm{P}(\text{気体})}(T)}{T}\,\mathrm{d}T}_{\text{⑤}}
\end{aligned}
$$

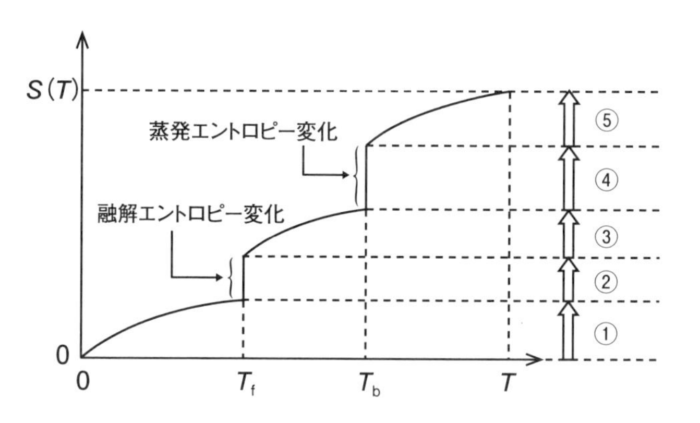

図5-4 エントロピーの温度依存性

Column　熱力学第零法則から熱力学第三法則まで 4 つの法則が揃って……

熱力学第零法則は温度（T）の概念について，熱力学第一法則はエネルギー〔内部エネルギー（U）〕の概念について，熱力学第二法則と第三法則は，エントロピー（S）の概念とその絶対値について記述している．温度T，エネルギーU，エントロピーSが物質の熱的状態を表す量も基本的な状態量であることがわかる．これらの相互関係については，今後の章でも論じられていくので，1つひとつマスターして熱力学の基本法則を使いこなしてほしい．

第5章　章末問題

5-1 シリンダーとピストンからなる容器に1.0 molの理想気体を入れ，温度を300 Kに保ったまま，可逆的に3.0×10^3 Jの熱エネルギーを供給した．このときのエントロピー変化ΔSを求めよ．

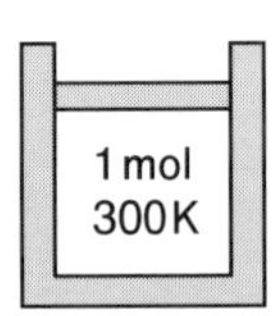

5-2 沸点における水の蒸発および凝固点における水の凝固は可逆過程とみなせる．

(1) 1気圧，100 ℃で1.0 molの水を蒸発させると，4.1×10^4 Jの気化熱が外界から奪われる．このときの，蒸発に伴う水のエントロピー変化($\Delta S_{水・蒸発}$)を求めよ．

(2) 1気圧，0 ℃で1.0 molの水を凍らせると，6.01×10^3 Jの凝固熱が水から放出される．このときの，凝固に伴う水のエントロピー変化($\Delta S_{水・凝固}$)を求めよ．

5-3 断熱壁で囲まれた隣接する系AとBがある．各温度T_A, T_Bは$T_A < T_B$である．各温度は一定であるとして，BからAへの自発的な熱移動があることを，エントロピー変化を用いて示せ．また，逆が自発的でないことも示せ．

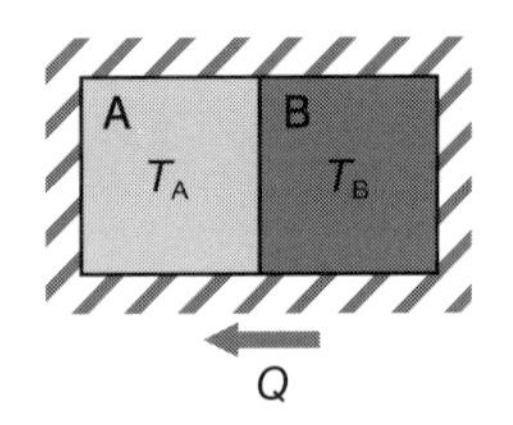

5-4 ベンゼンの沸点は80.1 ℃で1 mol当たりの体積(液体)は89.0 $cm^3\ mol^{-1}$，気化熱は3.08×10^4 J mol^{-1}である．沸点における蒸発に伴う以下の値を求めよ．また，この変化は可逆なのか不可逆なのか示せ．ベンゼン蒸気は理想気体と仮定し，圧力は1気圧で一定とする．1気圧＝1.013×10^5 Paである．

・ベンゼン1 molのエントロピー変化 ΔS_b
・ベンゼン1 molのエンタルピー変化 ΔH_b
・ベンゼン1 molの内部エネルギー変化 ΔU_b
・外界のエントロピー変化 $\Delta S_{外}$

第5章　章末問題解答

5-1 系のエントロピー変化 $\Delta S_{系}$ は，

$$\Delta S_{系} = \frac{Q_{rev}}{T_{系}} = \frac{3.0 \times 10^3\ \mathrm{J}}{300\ \mathrm{K}} = \underline{10\ \mathrm{J\ K^{-1}}}$$

5-2 (1) このときの気化熱は「可逆的に移動する熱」である．温度一定で，水→水蒸気の変化によって系に熱が供給されるから，定圧過程において

$$Q_{rev} = \Delta H_{蒸発} = 4.1 \times 10^4\ \mathrm{J}\ (>0)$$

したがって，

$$\Delta S_{水・蒸発} = \frac{Q_{rev}}{T_{沸点}} = \frac{4.1 \times 10^4\ \mathrm{J}}{373\ \mathrm{K}} \cong \underline{1.1 \times 10^2\ \mathrm{J\ K^{-1}}}$$

(2) このときの凝固熱も「可逆的に移動する熱」である．温度一定で，水→氷の変化によって系から熱が放出されるから，定圧過程において

$$Q_{rev} = \Delta H_{凝固} = -6.01 \times 10^3\ \mathrm{J}\ (<0)$$

したがって，

$$\Delta S_{水・凝固} = \frac{Q_{rev}}{T_{融点}} = \frac{-6.01 \times 10^3\ \mathrm{J}}{273\ \mathrm{K}} \cong \underline{-22.0\ \mathrm{J\ K^{-1}}}$$

5-3 BからAへ移動した熱量を Q とする．それぞれの系におけるエントロピー変化は，

$$\Delta S_A = \frac{Q}{T_A}$$

$$\Delta S_B = \frac{-Q}{T_B}$$

$T_A < T_B$ により，

$$|\Delta S_A| > |\Delta S_B|$$

$$\Delta S_{全} = \Delta S_A + \Delta S_B > 0$$

よって孤立系全体のエントロピー変化 $\Delta S_{全}$ が正であるため，自発的である．

逆に，AからBへ熱量 Q が移動したとする．それぞれの系におけるエントロピー

変化は，

$$\Delta S_{\mathrm{A}} = \frac{-Q}{T_{\mathrm{A}}}$$

$$\Delta S_{\mathrm{B}} = \frac{Q}{T_{\mathrm{B}}}$$

$T_{\mathrm{A}} < T_{\mathrm{B}}$により

$$|\Delta S_{\mathrm{A}}| > |\Delta S_{\mathrm{B}}|$$

$$\Delta S_{全} = \Delta S_{\mathrm{A}} + \Delta S_{\mathrm{B}} < 0$$

よって孤立系全体のエントロピー変化$\Delta S_{全}$が負であるため，自発的ではない．

5-4 **エンタルピー変化ΔH_{b}**

圧力一定なので，ΔH_{b}はベンゼン1 molの気化熱Q_{vap}に等しい．

$$\Delta H_{\mathrm{b}} = 1\ \mathrm{mol} \times Q_{\mathrm{vap}} = \underline{3.08 \times 10^4\ \mathrm{J}}$$

エントロピー変化S_{b}，$S_{外}$

$$\Delta S_{\mathrm{b}} = \frac{Q_{\mathrm{vap}}}{T} = \frac{\Delta H_{\mathrm{b}}}{T} = \frac{3.08 \times 10^4\ \mathrm{J}}{353.3\ \mathrm{K}} = \underline{87.2\ \mathrm{J\ K^{-1}}}$$

$$\Delta S_{外} = -Q_{\mathrm{vap}}/T = \underline{-87.2\ \mathrm{J\ K^{-1}}}$$

$$\Delta S_{全} = \Delta S_{\mathrm{b}} + \Delta S_{外} = \underline{0}$$

したがって，系全体のエントロピー変化が0なので可逆変化である．

内部エネルギー変化ΔU_{b}

可逆的に蒸発するときの体積変化ΔVによる仕事Wは，$P_{外} = P_{系}$に注意して

$$W = -P_{外}\Delta V = -P_{系}(V_{気体} - V_{液体})$$
$$= -P_{系}(nRT/P_{系} - 89.0 \times 10^{-6}\ \mathrm{m^3})$$
$$= -2.93 \times 10^3\ \mathrm{J}$$

したがって内部エネルギー変化は，

$$\Delta U_{\mathrm{b}} = Q + W = \Delta H_{\mathrm{b}} + W$$
$$= 3.08 \times 10^4\ \mathrm{J} - 2.93 \times 10^3\ \mathrm{J}$$
$$= \underline{2.79 \times 10^4\ \mathrm{J}}$$

第6章

自由エネルギーの導入と自発変化の方向性

いよいよ熱力学を化学の問題へ応用する．第5章では，可逆的なカルノーサイクルを考察した場合，Q_{rev}/Tという量が保存され，これを系の状態を表す新しい状態量であるエントロピーの変化量と関連づけた．さらに「可逆的」という条件がサイクル中の一部分でも崩れた場合，すなわち圧力の高いところから低いところへ体積膨張が起きたり，温度の高いところから低いところへ熱としてエネルギーが移動したりした場合は，不可逆過程となり，系と外界すべてを含む宇宙全体（孤立系）のエントロピーが増大することを学んだ．

本章では外界とエネルギーをやり取りできる閉鎖系について，閉鎖系のみの熱力学量で自発変化の方向性が判別できるよう，新たに自由エネルギーの概念を導入する．さらに自発変化が起きたとき，自由エネルギーの変化量が，膨張仕事以外に取り出せる仕事，すなわち非膨張仕事の理論上の最大値を教えてくれることを学ぶ．

6-1 孤立系から閉鎖系の自発変化の方向性の判定へ — 自由エネルギー — の導入

あなたはエントロピー増大則を孤立系だけでなく閉鎖系にも適用しようとしていないだろうか？

前章で，孤立系で自発変化が起こるならば，そのエントロピーは最大値に向かって増大し続け，平衡になるとき，その最大値をむかえることを学んだ．宇宙全体は孤立系とみなせるが，実際に目の前の興味のある対象である系とその外の外界に分けたとき，系は必ずしも孤立系であるとは限らない．この節では，物質のやり取りは許されていないが，エネルギーのやり取りは許されている閉鎖系において，系のみの状態量で宇宙全体のエントロピー変化を求めるのと同様な計算ができないか考えてみよう．もしこれを求めることができたら，系のみの熱力学的状態変数だけで，考えている変化が自発的に起こり得るかそうでないかを判断できる．

まず宇宙全体のエントロピー変化を系のエントロピー変化と外界のエントロピー変化に分けて考えてみる．

$$\Delta S_{\text{宇宙全体(孤立系)}} = \Delta S_{\text{系(閉鎖系)}} + \Delta S_{\text{外界(閉鎖系)}} \qquad 6\text{–}(1)$$

ここで外界のエントロピー変化を系の熱力学量で表せないか考えてみる．このとき系と外界の温度はTで一定とする．外界が系から熱量$Q_{\text{外界}}$を受け取ったとき(すなわち系がエネルギーを熱として外界に捨てたとき)，熱エネルギーそのものは新たに消えたり生まれたりしないとすると，系の失った熱量$-Q_{\text{系}}$が外界の得た熱量$Q_{\text{外界}}$そのものなので

$$Q_{\text{外界}} = -Q_{\text{系}} \qquad 6\text{–}(2)$$

このとき，エントロピーの定義式を外界に適用して，さらに6–(2)式より$\Delta S_{\text{外界(閉鎖系)}}$は次のように表すことができる．

$$\Delta S_{\text{外界(閉鎖系)}} = \frac{Q_{\text{外界}}}{T} = \frac{-Q_{\text{系}}}{T} \qquad 6\text{–}(3)$$

このとき，6-(1) 式は次のように表される．

$$\Delta S_{宇宙全体(孤立系)} = \Delta S_{系(閉鎖系)} - \frac{Q_{系}}{T} \qquad 6\text{-}(4)$$

もし，宇宙全体のエントロピー変化が，系の状態量変化だけで表されれば，途中経路を気にすることなく計算できるので好都合である．しかし，6-(4) 式の右辺の熱量 $Q_{系}$ は状態量ではない．そこで，もしこの熱のやり取りが定圧過程で行われれば，$Q_{系} = \Delta H_{系}$ となるので，

$$\Delta S_{宇宙全体(孤立系)} = \Delta S_{系(閉鎖系)} - \frac{\Delta H_{系(閉鎖系)}}{T} \qquad 6\text{-}(5)$$

が成り立つ．6-(5) 式の右辺を見てみると，定温・定圧という条件付きの変化であるものの，孤立系である宇宙全体のエントロピー変化を，閉鎖系のエンタルピー変化，エントロピー変化，温度といった系の状態量のみで表すことができた．ここで6-(5) 式の右辺をいちいち書くのは面倒であるので，以下のような新たな熱力学量を定義する．

$$G \equiv H - TS \qquad 6\text{-}(6)$$

この新たに導入された熱力学量 (G) は**ギブズの自由エネルギー (Gibbs's free energy)**，または単純に**ギブズエネルギー (Gibbs's energy)** と呼ばれる．この定義の経緯からわかるように，この時点では，単なる記号の節約であり，新しい意味はない．しかしギブズエネルギーはそれぞれ状態量であるエントロピー，エンタルピーと温度のみで表されるのであるから，これも状態量である．さて定温定圧過程において，状態変化の前後でギブズエネルギーの変化量を求めると，定温過程であることに注意して6-(6) 式は

$$\Delta G = \Delta H - T\Delta S \qquad 6\text{-}(7)$$

となるから，これと6-(5) 式より，

$$\Delta S_{宇宙全体(孤立系)} = -\frac{\Delta G_{系(閉鎖系)}}{T} \qquad 6\text{-}(8)$$

が成り立つ．したがって，定温定圧下という条件のもとであるが，孤立系である宇宙全体のエントロピー変化は，系のギブズエネルギー変化と直接結び

付けられることがわかった．このとき絶対温度Tは0か正であること，また右辺にマイナスが付いていることに注意すると，もし，自発的な変化が起こり得る場合は$\Delta S_{宇宙全体(孤立系)}>0$であるから，系のギブズエネルギー変化では

$$\Delta G_{系(閉鎖系)}<0 \quad （自発変化）（定温定圧過程） \qquad 6\text{-}(9)$$

という条件で判定することができる．ΔGの中身を振り返るため，6-(7)式を眺めると，もし孤立系であれば，そのエントロピー変化だけ考えていれば自発変化か否か判定できたのだが，閉鎖系になると，系のエントロピー変化だけでなく，系のエンタルピー変化も考慮に入れないと，自発変化かどうか判定できないともいえる．逆にいえば，仮に閉鎖系のエントロピーが減少しても，そのときのエンタルピーの変化次第では，自発変化になり得るともいえる．世の中には，一見エントロピーが減少しているような事象が見られるが，結局外界に熱エネルギーを放出し，系と外界を足した宇宙全体としては

使える！Box 6-1

自発変化の判定条件は系の種類や変化の過程で異なる

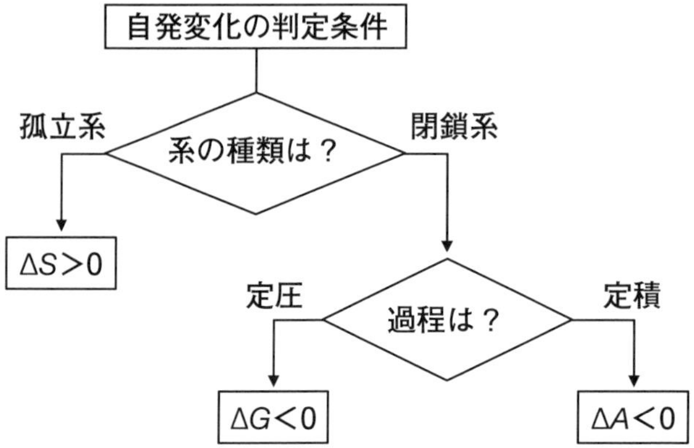

孤立系ならエントロピーの変化量の符号で，閉鎖系なら自由エネルギー変化の符号で判定．孤立系と閉鎖系で正負が逆である点に注意．

エントロピーは増大しているので，熱力学第二法則に矛盾はしていない．このような例として，6-3節のColumnに水素と酸素が反応して水になるケースを紹介しているので参考にしてほしい．いずれにしてもこれで，定温定圧過程における閉鎖系の自発変化の方向性を，系の熱力学量だけで計算できるようになった．では定温定積過程ではどのようになるだろうか？　これについては，次節で定温定積過程を考える際に便利な熱力学量を導入した後で，考えることにしよう．

6-2 定温定積過程の考察とヘルムホルツエネルギーの導入

あなたは自由エネルギー変化の計算をする際，その変化が定圧で行われたのか，定積で行われたのか，まず意識しているだろうか？

先の節では，定温定圧過程におけるギブズエネルギーを導いた．では体積一定の定温定積過程ではどうなるだろうか？　このとき定積過程であるから系は外界に対して膨張仕事はしない．しかし，仕事は膨張仕事だけでなく，電気仕事，光仕事など他の形態もある．そこで系から取り出し得る膨張仕事と別の形態の仕事，**非膨張仕事** (non-expansion work) について考察してみよう．ここで非膨張仕事を$W_{\text{非膨張}}$と表す．定積過程であるので，まず膨張仕事がないときの熱力学第一法則を立式すると以下のようになる．

$$\Delta U = Q + W_{\text{非膨張}} \qquad 6\text{-}(10)$$

また熱力学第二法則を表すクラウジウスの不等式(5-(22)式)より

$$\Delta S \geq \frac{Q}{T} \qquad 6\text{-}(11)$$

が成り立つ．6-(11)式の等号は，系が外界から可逆的に熱を受け取ったときのみ成り立つ．6-(10)式，6-(11)式に共通に含まれるQを介して1つの式にまとめると，以下の不等式を得る．

$$\Delta U - T\Delta S \leq W_{非膨張} \qquad 6\text{–}(12)$$

ここで6–(12)式の左辺の形を受けて，以下の量を新たに定義する．

$$A \equiv U - TS \qquad 6\text{–}(13)$$

ここで定義したAを**ヘルムホルツの自由エネルギー**（Helmholtz's free energy），もしくは単純に**ヘルムホルツエネルギー**（Helmholtz's energy）と呼ぶ．教科書によってはFとも書かれる．Aは内部エネルギーとエントロピー，そして温度が規定されれば求められる量なので，状態量である．定温過程を考えているので，Tが一定であることから，この過程の終状態と始状態の差を考えると，6–(13)式からヘルムホルツエネルギーの変化量に関して以下のように表すことができる．

$$\Delta A = \Delta U - T\Delta S \qquad 6\text{–}(14)$$

したがって6–(12)式と6–(14)式より

$$\Delta A \leq W_{非膨張} \qquad 6\text{–}(15)$$

という関係式が成り立つ．さて我々が実際に興味があるのは，外界が系にする非膨張仕事$W_{非膨張}$ではなく，系が外界にする非膨張仕事$-W_{非膨張}$であるので，6–(15)式の両辺に-1をかけて，$-W_{非膨張}$を用いた式に書き直すと

$$-W_{非膨張} \leq -\Delta A \qquad 6\text{–}(16)$$

となる．6–(16)式は，定温定積過程が進んだときに，系が外界になし得る非膨張仕事$-W_{非膨張}$に上限があることを教えてくれている．等号は可逆過程のときのみ成り立つので，取り出し得る非膨張仕事は可逆過程で最大になり，それが定温定積変化ではヘルムホルツエネルギー変化分である．

しかし，これだけでは今ひとつわかった気がしない．そこで6–(16)式の右辺に定温過程における6–(14)式を戻してみると次のようになる．

$$-W_{\text{非膨張}} \leqq -(\Delta U - T\Delta S) \qquad 6\text{-}(17)$$

6-(17) 式は6-(12) 式からも直接導ける．この式は内部エネルギーの減少分 $-\Delta U$ をすべて非膨張仕事としては取り出せず，内部エネルギーの変化分からあらかじめ $T\Delta S$ 分だけ差し引いたものが，取り出し得る最大の非膨張仕事であることを意味している．このあらかじめ差し引かれる分のエネルギーを**束縛エネルギー（bound energy）**と呼ぶ．第1章で束縛エネルギーの概念を紹介したが，これが定温定積過程における束縛エネルギーの具体的な中身である．これに対して，非膨張仕事として取り出し得る最大のエネルギーを**自由エネルギー（free energy）**という．次の節で，先に求めた膨張仕事を伴う定温定圧過程について同様に考察してみよう．

ここで前節で宿題となっていた，定温定積過程における，閉じた系の自発変化の方向性について考察しておこう．定温定積過程では，膨張仕事はなく，$Q_{\text{系}} = \Delta U_{\text{系}}$ となるので，6-(4) 式より以下の式が成り立つ．

$$\Delta S_{\text{宇宙全体（孤立系）}} = \Delta S_{\text{系（閉鎖系）}} - \frac{\Delta U_{\text{系（閉鎖系）}}}{T} \qquad 6\text{-}(18)$$

ここで，6-(14) 式より，

$$\Delta S_{\text{宇宙全体（孤立系）}} = -\frac{\Delta A_{\text{系（閉鎖系）}}}{T} \qquad 6\text{-}(19)$$

したがって，定温定積過程では，

$$\Delta A_{\text{系（閉鎖系）}} < 0 \quad \text{（自発変化）} \quad \text{（定温定積過程）} \qquad 6\text{-}(20)$$

が自発変化の方向性の判定式となる．定温定圧過程の場合の6-(9) 式と見比べてほしい．閉鎖系の自発変化の方向性は，その変化が定圧過程か定積過程かで変わること，またいずれも閉鎖系では判定の符号が，孤立系のときのエントロピー変化のときとは逆になっていることに注意してほしい．これらの様子を使える！Box 6-1にまとめておいたので，頭の整理に役立ててほしい．

6-3 定温定圧過程における最大非膨張仕事 ― ギブズエネルギー変化 ―

あなたは仕事を考える際，いつも膨張仕事と非膨張仕事に分けて考えているだろうか？

本節では系の温度と圧力を一定に保ったまま状態が変化する定温定圧過程において，取り出せる非膨張仕事を考察してみよう．通常，室温かつ大気圧下で我々は化学反応を行っているので，定温定圧過程は化学の問題を考える際，最も一般的な過程である．体積が変化しない定積過程と異なり，体積変化を許している定圧過程では，膨張仕事の寄与を考慮に入れる必要がある．したがって定圧変化を考察する際，仕事をまず膨張仕事と非膨張仕事とにあらかじめ分けておくと見通しがよくなる．そこで熱力学第一法則において，仕事Wを膨張仕事$W_{膨張}$と非膨張仕事$W_{非膨張}$に分けて表すことにしよう．

$$\Delta U = Q + W_{膨張} + W_{非膨張} \qquad 6\text{-}(21)$$

このとき系と外界の圧力が常に一定圧力Pで，系の圧力と釣り合いを保ちながら膨張したとすると，系が受け取る膨張仕事は次のように表される．

$$W_{膨張} = -P_{外界}\Delta V = -P_{系}\Delta V \qquad 6\text{-}(22)$$

ここで定積過程の項で考察したときと同様に，クラウジウスの不等式6-(11)式と，6-(21)式，6-(22)式を組み合わせると，以下の不等号関係が成り立つ．

$$\Delta U + P\Delta V - T\Delta S \leq W_{非膨張} \qquad 6\text{-}(23)$$

ここで，6-1節で定義したギブズエネルギーGを用いて6-(23)式を整理することを考える．まずエンタルピーの定義式($H \equiv U + PV$)より，ギブズエネルギーは以下の式まで書き下せる．

$$G = U + PV - TS \qquad 6\text{-}(24)$$

さらに定温定圧過程（TとPが一定）を考えているので，6-(24) 式より，変化の前後を考えるとΔGは以下のように表される．

$$\Delta G = \Delta U + P\Delta V - T\Delta S \qquad 6\text{-}(25)$$

ここで6-(23) 式と6-(25) 式より

$$\Delta G \leq W_{非膨張} \qquad 6\text{-}(26)$$

したがって，定温定圧変化においては，系から外界に取り出すことのできる非膨張仕事$-W_{非膨張}$はギブズエネルギー変化量と以下のような関係となる．

$$-W_{非膨張} \leq -\Delta G \qquad 6\text{-}(27)$$

6-(27) 式は，定温定積過程と同様，定温定圧過程が進んだときに，系が外界になし得る非膨張仕事には上限（理論上の最大値）があることを教えてくれている．さらに等号は可逆過程のときに成り立つので，可逆過程で取り出し得る非膨張仕事量は最大になり，それがGの減少分$-\Delta G$である，ということである．定積過程とは異なり，定圧過程における上限はギブズエネルギー変化で与えられることに注意しよう．このことを使える！Box 6-2にまとめた．

では，束縛エネルギーはどうであろうか？　6-(27) 式の右辺の中身を見てみよう．6-(25) 式より6-(27) 式は以下のようになる．

$$-W_{非膨張} \leq -(\Delta U - T\Delta S) - P\Delta V \qquad 6\text{-}(28)$$

定温定圧過程では，内部エネルギーの変化分からあらかじめ束縛エネルギーを引いたものだけでなく，さらに外界への膨張仕事分$P\Delta V$分も差し引いたものが，取り出すことのできる最大の非膨張仕事であることを示している．すなわち，定温定圧過程では定温定積過程に比べて膨張仕事分，系から取り出せる非膨張仕事の最大値がさらに目減りしたということである．

このように，自由エネルギーの変化量は，取り出せる非膨張仕事の理論上の最大値を教えてくれることがわかった．さらにその最大値は可逆過程においてのみ達成されることもわかった．またその値は変化の過程によっても異

使える！Box 6-2

定温定圧変化における関係式

系から取り出せる非膨張仕事 ≦ **系の自由エネルギー変化量**

(等号は可逆過程のときのみ成立)

・仕事全部ではなく非膨張仕事についてのみ論じていることに注意しよう．
・最大値を与える自由エネルギー変化量は変化の過程で異なることに注意しよう．

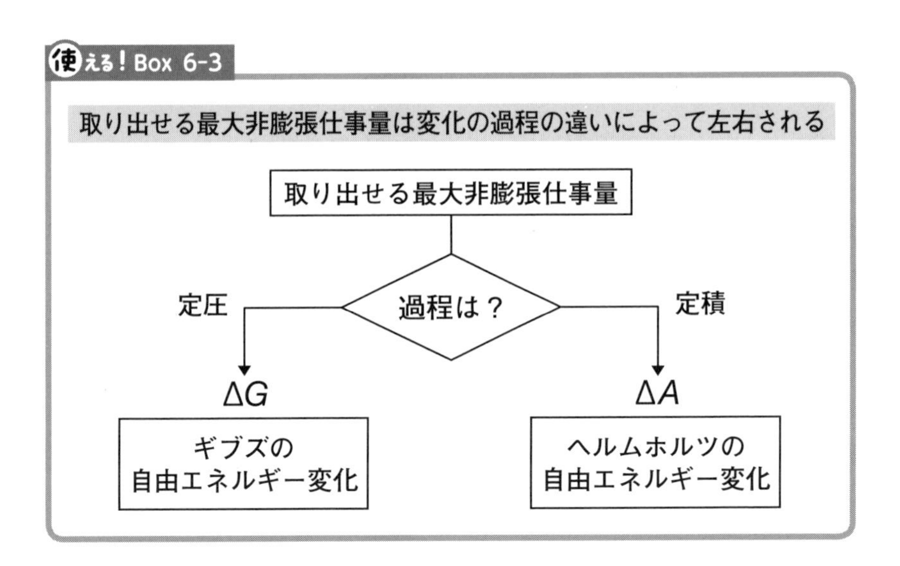

なり，定積過程と定圧過程でそれぞれヘルムホルツエネルギー変化かギブズエネルギー変化かの違いが生まれた．この様子を使える！Box 6-3にまとめておこう．またここで，系のエネルギーの状態を表す4つの状態量すべてがそろったので，**図6-1**に整理しておこう．さらにエントロピーも含めた，系の状態量変化とその意味を**表6-1**にまとめておいたので役立ててほしい．

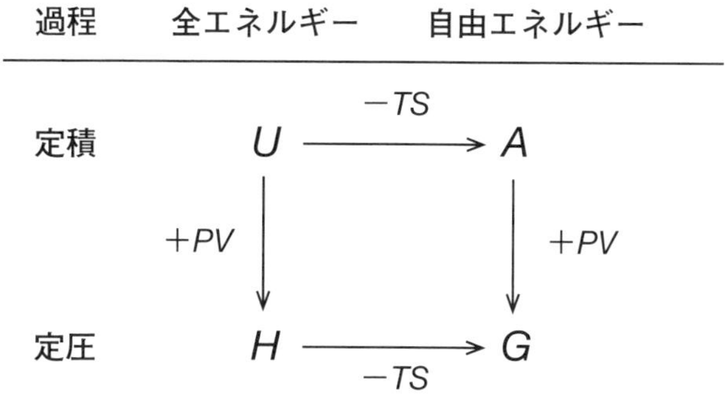

過程	全エネルギー		自由エネルギー
定積	U	$\xrightarrow{-TS}$	A
	$\downarrow +PV$		$\downarrow +PV$
定圧	H	$\xrightarrow[-TS]{}$	G

図6-1 系のエネルギーの状態を記述するのに便利な熱力学量（状態関数）

表6-1 系の状態量変化と対応する熱力学的意味と使い方

状態量変化	意味・使い方
ΔU	定積反応熱
ΔH	定圧反応熱
ΔS	孤立系の自発変化の判定
ΔA	定積変化する閉鎖系の自発変化の判定と理論上取り出せる最大非膨張仕事量
ΔG	定圧変化する閉鎖系の自発変化の判定と理論上取り出せる最大非膨張仕事量

Column　水の生成反応のエントロピー変化は負になるのに，なぜ自発的に進行するのか？

標準状態にある元素の単体から，ある化合物1 molを生成する際の自由エネルギー変化を標準生成自由エネルギー（standard free energy of formation）といい，記号$\Delta_f G^\circ$で表す．ここでGの右上に付いている「◦」は標準状態における値であることを示し，左下の添え字 f は生成（formation）の頭文字をとっている．標準状態（standard condition）とは，圧力が厳密に1 bar（$=10^5$ Pa）で，純粋にその物質だけが存在する状態のことを指す．温度は任意であるが，通常298.15 K（25℃）を採用する．

たとえば液体の水の標準生成ギブズエネルギーは以下のように表される．

$$H_2(g) + \frac{1}{2}O_2(g) \longrightarrow H_2O(l)\ ,\ \Delta_f G^\circ = -237\ \mathrm{kJ\ mol^{-1}}$$

6-(9)式を見れば，ギブズの自由エネルギー変化の符号から本生成反応は自発変化であると判断できる．このとき本反応における標準生成エンタルピー$\Delta_f H^\circ$，標準生成エントロピー$\Delta_f S^\circ$はそれぞれ

$$\Delta_f H^\circ = -286\ \mathrm{kJ\ mol^{-1}}\ ,\ \Delta_f S^\circ = -163\ \mathrm{J\ K^{-1}\ mol^{-1}}$$

である．エントロピー変化は系だけの値を見ると負になっているが，系のエンタルピー変化も負，すなわち発熱反応である．このとき外界のエントロピーの増加分は，少なくとも系のエントロピーの減少分と等しいかそれ以上でないと，この反応は自発変化にならない．したがって，この生成反応に伴う化学結合の改変で開放される熱エネルギー$\Delta_f H^\circ$（$=-286\ \mathrm{kJ\ mol^{-1}}$）中，最低でも$T\Delta_f S^\circ$分は外界のエントロピーの増加分に回さなくてはならず，T=298.15 K（25℃）のときの値は

$$T\Delta_f S^\circ = 298.15 \times -163 = -49\ \mathrm{kJ\ mol^{-1}}$$

と見積もられる．実際6-(7)式にしたがって，残り分$\Delta_f G^\circ$を算出すると

$$\begin{aligned}\Delta_f G^\circ &= \Delta_f H^\circ - T\Delta_f S^\circ = -286\ \mathrm{kJ\ mol^{-1}} - (-49\ \mathrm{kJ\ mol^{-1}}) \\ &= -237\ \mathrm{kJ\ mol^{-1}}\end{aligned}$$

となり，この反応で取り出すことのできる最大非膨張仕事量は，エンタルピー変化に比べて外界のエントロピー増加分にまわされた熱エネルギー分，目減りすることを表している.

このように化学反応に伴う系のエントロピー変化が仮に負であっても，孤立系でなければ，それと同等かそれを上回るエントロピー増加を外界に起こすことができれば，孤立系としての宇宙全体のエントロピー変化は0か正になり，その反応は自発的に起こり得る.

なおここで紹介した水の生成反応において取り出し得る非膨張仕事は，一例として水素と酸素を反応させる燃料電池を組むことで，電気仕事として取り出すことができる．すでにミッションを終えたアメリカのスペースシャトルでは船体の動力源として，また反応によって生成した水は乗組員の飲料水として用いられた．また家庭用の燃料電池は，2005年に日本の総理大臣公邸に世界で初めて導入され，公邸の給湯や発電に使用されている．現在，次世代のエネルギーシステムとして燃料電池と，燃料となる水素を供給するための水素ステーションなどの整備が進んでいる．近い将来，水素を二次エネルギー媒体とする「水素社会」が到来するかもしれない.

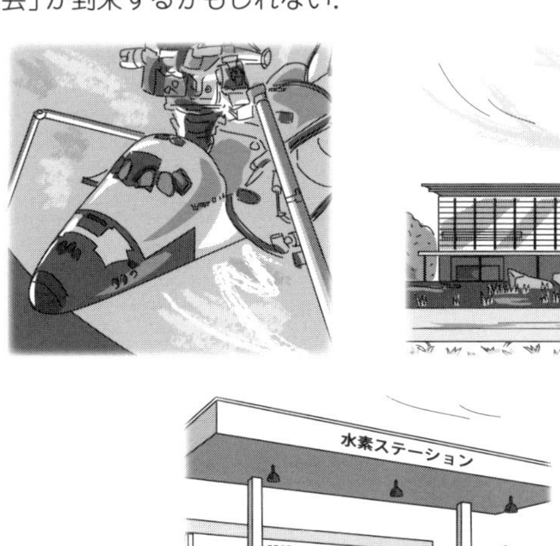

Column　熱を吸収する発熱反応？

先に水素の燃焼で水を生成する反応では，系のエントロピーの減少分，取り出し得る最大の非膨張仕事は，開放される熱エネルギーに比べて目減りした．では以下の炭素の不完全燃焼の例ではどうだろうか？

$$\mathrm{C(s)} + \frac{1}{2}\mathrm{O_2(g)} \longrightarrow \mathrm{CO(g)}$$

$$\Delta_f G^\circ = -137\ \mathrm{kJ\ mol^{-1}} \quad \Delta_f H^\circ = -110\ \mathrm{kJ\ mol^{-1}} \quad \Delta_f S^\circ = 89.3\ \mathrm{J\ K^{-1}\ mol^{-1}}$$

この反応では系のエントロピーは増大し，可逆過程で反応が進行したとすると1 mol当たり

$$T\Delta_f S^\circ = 298.15 \times 89.3 = 26.6\ \mathrm{kJ\ mol^{-1}}$$

の熱量を吸収して反応が進行する．したがって熱化学的にただ反応を起こしてしまったらCO 1 molの生成当たり110 kJの発熱をして反応が終わる．しかし可逆的に本反応を行えば，開放される定圧反応熱分110 kJ に，さらに開放される束縛エネルギー26.6 kJ分上乗せしたエネルギーを，非膨張仕事として取り出し得る，すなわちもしエントロピーが増大するような化学反応であれば，定圧反応熱より大きな非膨張仕事を取り出せることを化学熱力学は教えてくれる．

Column　標準生成自由エネルギーと標準反応自由エネルギー

先のColumnで標準生成自由エネルギーを扱った．標準生成自由エネルギーは1 mol当たりの値であるのでその単位が$\mathrm{J\,mol^{-1}}$であること，さらに標準状態における値であるので，例えば標準生成ギブズエネルギーの場合は，記号の右上に標準状態における値であることを明記する記号「°」が付いて$\Delta_f G^\circ$と表記される．記号「°」は小ぶりだが，標準状態の値かそうでない状態の値かを区別することは，化学平衡における平衡定数を求める際にも決定的に重要になる．

ここでは標準生成ギブズエネルギー$\Delta_f G^\circ$と標準反応ギブズエネルギー$\Delta_r G^\circ$との関係について考察を深めておこう．$\Delta_r G^\circ$の添え字のrは反応reactionを表す．環境負荷の低減が期待される燃料電池の駆動に必要な水素ガスの製造や，廃棄物系バイオマスの熱分解で発生する様々なガスの有効活用などに重要となる水性ガスシフト反応を例にとると，その化学反応式は以下のように記される．

$$CO + H_2O \longrightarrow CO_2 + H_2$$

本反応の標準反応ギブズエネルギー変化$\Delta_r G^\circ$を求めてみよう．Δは終状態と始状態の変化量を表すので以下のように記載されよう．

$$\Delta_r G^\circ = \{G^\circ(CO_2) + G^\circ(H_2)\} - \{G^\circ(CO) + G^\circ(H_2O)\}$$

しかし右辺の各項のG°は絶対値なので一般的に知りようがない．ここで標準生成ギブズエネルギー$\Delta_f G^\circ$を考えることが役に立つ．例えば$\Delta_f G^\circ$ (CO)の場合，標準状態においてCO 1 molの生成に関わる安定な元素単体のギブズエネルギーを0(基準)としているので

$$C(\text{固体}) + \frac{1}{2}O_2(\text{気体}) \longrightarrow CO(\text{気体})$$

$$\Delta_f G^\circ(CO) = G^\circ(CO) - \left\{G^\circ(C\,\text{固体}) + \frac{1}{2}G^\circ(O_2)\right\}$$

$$= G^\circ(CO) - \left\{0 + \frac{1}{2}\times 0\right\} = G^\circ(CO)$$

と表すことができる．反応系，生成系における他の化合物の項も同様に考えられるので，水性ガスシフト反応における標準反応ギブズエネルギーは，反応に関わる各成分の標準生成自由エネルギーと，以下のように結び付けることができる．

$$\Delta_r G^\circ = \{\Delta_f G^\circ(CO_2) + \Delta_f G^\circ(H_2)\} - \{\Delta_f G^\circ(CO) + \Delta_f G^\circ(H_2O)\}$$

したがって反応に関わる各成分の標準生成ギブズエネルギーが分かれば，標準反応ギブズエネルギーが計算できる．水性ガスシフト反応の化学反応式では，反応系も生成系も各成分が1 molずつ反応したが，次に1 molの窒素と3 molの水素が反応して2 molのアンモニアが生成する化学反応

$$N_2 + 3H_2 \longrightarrow 2NH_3$$

を考えてみよう．25 ℃における標準反応ギブズエネルギーを考えると，25 ℃におけるアンモニアの標準生成ギブズエネルギーは，$\Delta_f G^\circ(NH_3) = -16.4\ \mathrm{kJ\ mol^{-1}}$であり，反応系の窒素と水素は$0\ \mathrm{kJ\ mol^{-1}}$であるから

$$\begin{aligned}\Delta_r G^\circ &= 2\ \mathrm{mol} \times -16.4\ \mathrm{kJ\ mol^{-1}} \\ &\quad - \{1\ \mathrm{mol} \times 0\ \mathrm{kJ\ mol^{-1}} + 3\ \mathrm{mol} \times 0\ \mathrm{kJ\ mol^{-1}}\} \\ &= -32.8\ \mathrm{kJ}\end{aligned}$$

と計算できる．標準生成自由エネルギーは常に1 mol当たりで定義されていた（$\mathrm{J\ mol^{-1}}$）のに対し，標準反応自由エネルギーは，考えている化学反応の物質量（mol）に依存するので，常に化学反応式を併せて明記するとともに，その単位にも注意しよう．もし化学反応式が

$$\frac{1}{2}N_2 + \frac{3}{2}H_2 \longrightarrow NH_3$$

と書かれていたら，アンモニア分子1 molの生成反応を意味しており，$\Delta_r G^\circ$の値は$-16.4\ \mathrm{kJ}$となる．この値そのものは標準生成ギブズエネルギー$\Delta_f G^\circ = -16.4\ \mathrm{kJ\ mol^{-1}}$と同じになる．標準反応自由エネルギーの値は，化学反応式に依存するので，その計算の際は化学反応式の係数に常に注意してほしい．

第6章　章末問題

6-1 ベンゼンの沸点は80.1 ℃で気化熱は3.08×10^4 J mol^{-1}である．沸点における蒸発（可逆とみなせる）に伴う，ベンゼン1 molのギブズエネルギー変化ΔG_bを求めよ．ΔG_bが可逆変化では0 Jになることを確認せよ．ベンゼン蒸気は理想気体と仮定し，圧力は1気圧で一定とする．

6-2 大気中の窒素の固定化は，人口肥料の作成，ひいては食糧生産にとってたいへん重要な課題である．そこで身近にあふれた水と窒素のみからアンモニアを合成して窒素を固定化する以下のような夢の反応を思いついた．

$$N_2 + 3H_2O \longrightarrow 2NH_3 + \frac{3}{2}O_2$$

大気圧（1 bar），25℃においてこの夢の反応が自発的に進行するか否かについて論ぜよ．ただし，25℃におけるH_2OとNH_3の標準生成ギブズエネルギーについてはそれぞれ－237 kJ mol^{-1}，－16.4 kJ mol^{-1}であることは別の実験より求められている．また25 ℃で最も安定な形の元素の標準生成エンタルピー変化と標準生成ギブズエネルギー変化は0とされている．

6

第6章　章末問題解答

6-1 温度一定でのギブズエネルギー変化は

$$\Delta G_b = \Delta H_b - T\Delta S_b$$

である．可逆により$Q_{rev} = Q_{vap}$，圧力一定により$\Delta H_b = Q_{rev}$である．
よって，気化熱Q_{vap}はΔH_bに等しい．すなわち，

$$\Delta H_b = 1\ \text{mol} \times Q_{vap} = 3.08 \times 10^4\ \text{J}$$

である．

エントロピー変化ΔS_bは

$$\Delta S_b = \frac{Q_{rev}}{T} = \frac{Q_{vap}}{T} = \frac{3.08 \times 10^4\ \text{J}}{353.3\ \text{K}} = 87.2\ \text{J K}^{-1}$$

であり，よって，ギブズエネルギー変化ΔG_bは

$$\Delta G_b = \Delta H_b - T\Delta S_b = \underline{0\ \text{J}}$$

となる．エントロピー変化とエンタルピー変化のせめぎ合いによって化学状態の

変化が自発的か($\Delta G < 0$)，可逆（平衡）か($\Delta G = 0$)，そうでないか($\Delta G > 0$)，が決まる．

6-2

$$H_2 + \frac{1}{2}O_2 \longrightarrow H_2O,\ \Delta_f G^\circ = -237\ \mathrm{kJ\ mol^{-1}}$$

本式を辺々3倍して

$$3H_2 + \frac{3}{2}O_2 \longrightarrow 3H_2O\ ,\ \Delta G^\circ = -771\ \mathrm{kJ}\ \cdots\cdots①$$

$$\frac{1}{2}N_2 + \frac{3}{2}H_2 \longrightarrow NH_3\ ,\ \Delta_f G^\circ = -16.4\ \mathrm{kJ\ mol^{-1}}$$

本式を辺々2倍して

$$N_2 + 3H_2 \longrightarrow 2NH_3\ ,\ \Delta G^\circ = -32.8\ \mathrm{kJ}\ \cdots\cdots②$$

②－①より

$$N_2 + 3H_2O \longrightarrow 2NH_3 + \frac{3}{2}O_2\ ,\ \Delta G^\circ = -32.8 - (-711) = 678.2\ \mathrm{kJ} > 0$$

よって25℃ではこの夢の窒素固定反応は自発的には起こり得ない，と判定される．

(注意) ①式と②式は，1 mol当たりの生成反応式ではないので添え字のfがないこと，また次元に $\mathrm{mol^{-1}}$がないことに注意してほしい．ただし標準状態における反応であるので，これらは標準反応ギブズエネルギーと呼ばれ，その値は反応する化合物の物質量(mol)に依存する．

第 7 章

状態関数と熱力学の基本式

いろいろな熱力学量が出てきて，そろそろ混乱してきたころかもしれない．このあたりでいったん，これまで出てきた熱力学量の関係式を整理し，使い勝手のよい形にしておこう．こうしておくことで，次章以降で熱力学の化学への応用を定量的に論じる際，しばしば使う式が準備できる．具体的には以下の3つの式を導いておくことが本章の主眼である．

① 熱力学の基本式を導いて，エネルギーに関係するさまざまな計算に対応できるようになる．
② マックスウェルの関係式を導いて，実測の難しい熱力学量を計算で求められるようになる．
③ ギブズ–ヘルムホルツの式を導いて，任意の温度におけるギブズエネルギー変化が求められるようになる．

単なる式変形がしばらく続くように思われるが，辛抱してほしい．このあとは，化学への具体的な応用例が続くことになる．

7-1 状態関数と熱力学の基本式

あなたは考察したい状態関数に適した自然な状態変数の組を選べるだろうか？

ある物質の熱力学的な状態を規定するのに，これまで熱的なものとして温度(T)とエントロピー(S)，力学的なものとして圧力(P)と体積(V)，そしてエネルギー的なものとして内部エネルギー(U)，エンタルピー(H)，ヘルムホルツエネルギー(A)，ギブズエネルギー(G)の合計8つを学んだ．系が熱力学的平衡に達すれば，その状態が実現した経路によらずこれらの量はその値が一意に決まるので，これらは状態量と呼ばれた．

一方，最終的な熱力学的状態が一緒でも，その状態が実現した経路に依存する熱力学量もあった．その代表例である熱量Qと仕事量Wは経路関数もしくは移動量と呼ばれた(2-4節)．そして熱力学第一法則ならびに第二法則は，状態量の「変化量」と「移動量」をつなぐ形で記述された．では，上述した8つの状態量の間にはお互いに関係はないのだろうか？

実は上述した8つの状態量は，互いに独立な状態量の組み合わせで他の状態量を記述できる．このとき組み合わされる状態量を状態変数(state variable)，状態変数により記述された状態量を状態関数(state function)という．そして状態関数を状態変数によって表す数式を状態方程式(equation of state)という．

まず議論したい状態量を決めると，その状態量を表すのに必要な独立な状態変数の最適な組み合わせが決まる．抽象的でわかりにくいと思うので，具体的に議論したい状態量，すなわち状態関数として内部エネルギーUを選んだときに，自然な状態変数の組み合わせが何になるか求めてみよう．

まず内部エネルギーの微小量変化について2-(5)式より，再び同じ式を書くと

$$\mathrm{d}U = \delta Q + \delta W \qquad 7\text{-}(1)$$

このとき可逆的な無限微小状態変化を考えると

$$\delta Q = T\mathrm{d}S \qquad 7\text{-}(2)$$

$$\delta W = -P\mathrm{d}V \qquad 7\text{-}(3)$$

と表される．したがって7-(1)式は可逆という条件付きだが，7-(2)，(3)式を使って以下のように表すことができる．

$$\mathrm{d}U = T\mathrm{d}S - P\mathrm{d}V \qquad 7\text{-}(4)$$

T，Pは一定なので，7-(4)式は変数S，Vがそれぞれ無限微小量$\mathrm{d}S$，$\mathrm{d}V$だけ変化したときに，どれだけ系の内部エネルギーが無限微小変化($\mathrm{d}U$)するかを表す式となる．このとき，独立変数S，VをUの**自然な変数**(**natural variable**)という．

次にエンタルピーHについて考えよう．まずエンタルピーは以下のように定義された．

$$H \equiv U + PV \qquad 7\text{-}(5)$$

したがってその無限微小量変化(微分)$\mathrm{d}H$は以下のように表される．

$$\mathrm{d}H = \mathrm{d}U + \mathrm{d}(PV) \qquad 7\text{-}(6)$$

このとき右辺第二項について

$$\mathrm{d}(PV) = (P + \mathrm{d}P)(V + \mathrm{d}V) - PV = P\mathrm{d}V + V\mathrm{d}P + \mathrm{d}P\mathrm{d}V \qquad 7\text{-}(7)$$

ここで$\mathrm{d}P$や$\mathrm{d}V$は無限小の量を表すので，その積である二次以上の微分量，すなわち$\mathrm{d}P\mathrm{d}V$を無視すると，**7-(6)**式は以下のように表すことができる．

$$\mathrm{d}H = \mathrm{d}U + P\mathrm{d}V + V\mathrm{d}P \qquad 7\text{-}(8)$$

ここで**7-(4)**式を用いて**7-(8)**式を整理すると以下のようになる．

$$\mathrm{d}H = T\mathrm{d}S + V\mathrm{d}P \qquad 7\text{-}(9)$$

まったく同様に，以下のA，Gの定義式から，

$$A \equiv U - TS \qquad 7\text{-}(10)$$

$$G \equiv H - TS \qquad 7\text{-}(11)$$

それぞれdA，dGについて以下の関係式を導くことができる．

$$\mathrm{d}A = -S\mathrm{d}T - P\mathrm{d}V \qquad 7\text{-}(12)$$

$$\mathrm{d}G = -S\mathrm{d}T + V\mathrm{d}P \qquad 7\text{-}(13)$$

7-(4) 式が導ければ，あとは芋づる式に7-(9) 式，7-(12) 式，7-(13) 式は導けるが，特に化学への応用では，7-(13) 式が頻繁に用いられるので，(使っているうちに自然に覚えてしまうが) 覚えておいて損はない．章末問題に7-(13) 式を求める問題を出題・解説しているので参照してほしい．ここで求めた7-(4) 式，7-(9) 式，7-(12) 式，7-(13) 式の4つの関係式を**熱力学の基本式** (basic formula on thermodynamics) という．これらを**表7-1**にまとめておく．このままであると，どのように使えるのか，今ひとつイメージがわかないと思うので，もう少し見える形へ式変形を加えてみよう．

関数Uは変数SとVの状態関数，すなわちその積分は経路によらないので，数学的に関数Uは変数SとVで以下の完全微分の形に表される．このことを数学的に表現すると以下のようになる．

$$\mathrm{d}U = \left(\frac{\partial U}{\partial S}\right)_V \mathrm{d}S + \left(\frac{\partial U}{\partial V}\right)_S \mathrm{d}V \qquad 7\text{-}(14)$$

ここで7-(14) 式と，物理的に導いた7-(4) 式の辺々を比較すると，この両者はいかなるS，Vについても成り立つので，

$$\left(\frac{\partial U}{\partial S}\right)_V = T, \quad \left(\frac{\partial U}{\partial V}\right)_S = -P \qquad 7\text{-}(15)$$

が成立することがわかる．7-(9) 式，7-(12) 式，7-(13) 式についてもdUのときと同様，dH，dA，dGについてそれぞれの完全微分の式との比較から，以下の関係式を得る．

$$\left(\frac{\partial H}{\partial S}\right)_P = T, \quad \left(\frac{\partial H}{\partial P}\right)_S = V \qquad 7\text{–}(16)$$

$$\left(\frac{\partial A}{\partial T}\right)_V = -S, \quad \left(\frac{\partial A}{\partial V}\right)_T = -P \qquad 7\text{–}(17)$$

$$\left(\frac{\partial G}{\partial T}\right)_P = -S, \quad \left(\frac{\partial G}{\partial P}\right)_T = V \qquad 7\text{–}(18)$$

式の対称性の美しさに酔われる諸氏もいるかもしれないが，むしろこれらの式が何に使えるのかわからない，といぶかしがる諸氏のほうが多いのではないだろうか．そこで「見える！」「使える！」の観点から，1つ具体例を抽出してみよう．1つ具体例が見えれば，式の対称性がよいので，あとは同様に応用を考えてもらえればよい．

まず温度・圧力を両方同時に変化させると混乱するので，1つだけ変数を動かして，ギブズエネルギーの圧力依存性を見てみよう．もし温度一定，すなわち温度の微小変化なし（$\mathrm{d}T = 0$）であるならば7–(13) 式は

$$\mathrm{d}G = V\mathrm{d}P \qquad 7\text{–}(19)$$

7

表7-1 状態関数と対応する自然な変数と熱力学の基本式

状態関数	自然な変数	熱力学の基本式
U	S V	$\mathrm{d}U = T\mathrm{d}S - P\mathrm{d}V$
H	S P	$\mathrm{d}H = T\mathrm{d}S + V\mathrm{d}P$
A	T V	$\mathrm{d}A = -S\mathrm{d}T - P\mathrm{d}V$
G	T P	$\mathrm{d}G = -S\mathrm{d}T + V\mathrm{d}P$

熱力学の基本式において状態関数の微小変化は，自然な変数の微小変化を用いると，状態量のみでたいへんシンプルに表現される．

となる．7-(19) 式を xy 平面における傾きが a の直線の式

$$\mathrm{d}y = a\mathrm{d}x \tag{7-(20)}$$

と比較すると，体積 V は，横軸を圧力 P，縦軸を自由エネルギー G にとったときの傾きを表していることがわかる．実際，今は温度一定の条件を考えているので，これはすでに導いている 7-(18) 式の2式目が述べている通りである．見える！Box 7-1 にこの様子を図式化している．

まず体積 V が負のものはこの世に存在しないので，傾き V は常に正である．ここで 7-(18) 式の第2式，もしくは 7-(19) 式は，温度一定のもと圧力を上げればギブズエネルギーはその体積に比例して増加することを示している．すなわちギブズエネルギーの増加の度合いは，その物質の体積そのものに依存することを教えてくれている．体積が大きいものほど，同じだけ圧力を上げた場合，その分ギブズエネルギーの増加の度合いが大きくなるということである．しかしこれが化学にどのように役立つのだろうか？

具体的にグラファイトとダイヤモンドの例で考えよう．今は温度を室温

見える！Box 7-1

P-G 平面において体積 V は傾きとして現れる

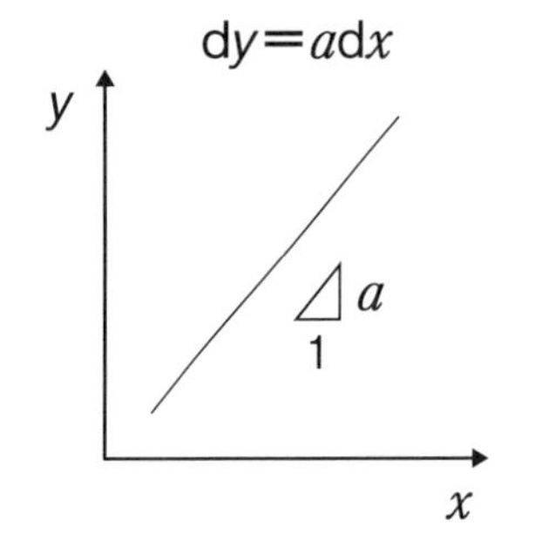

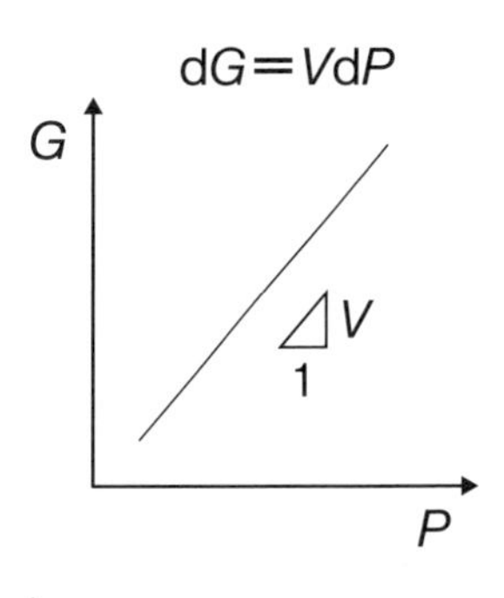

高校において 7-(20) 式を xy 平面で図示すると a は傾きを表した．7-(19) 式を横軸 P，縦軸 G の平面上で表すと，ギブスの自由エネルギーの圧力依存性について，体積の意味が一目瞭然となる．具体的な応用例は図 7-1 を参照してほしい．

(25 ℃)で一定とし，圧力を変化させたときのこれらのギブズエネルギーの変化を見てみよう．まずギブズエネルギーの値は，25 ℃ (298 K)，1気圧で，グラファイトのほうがダイヤモンドより1 mol当たり2830 J低いことがわかっている．しかし同じ物質量のグラファイトとダイヤモンドの体積，すなわち密度を比較すると，ダイヤモンド ($3.51\ g\ cm^{-3}$) のほうがグラファイト ($2.26\ g\ cm^{-3}$) より高い．逆にいえば，同じ質量，たとえば12 gのグラファイトの体積とダイヤモンドの体積を比較すると，グラファイトのほうが大きい．すなわち，圧力を増していくと，グラファイトの自由エネルギーG_gがダイヤモンドの自由エネルギーG_dを上回るような圧力領域が高圧側に存在することが予測される．この様子を**図7-1**に示す．この圧力領域では，グラファイト(始状態)からダイヤモンド(終状態)への変換を考えると，

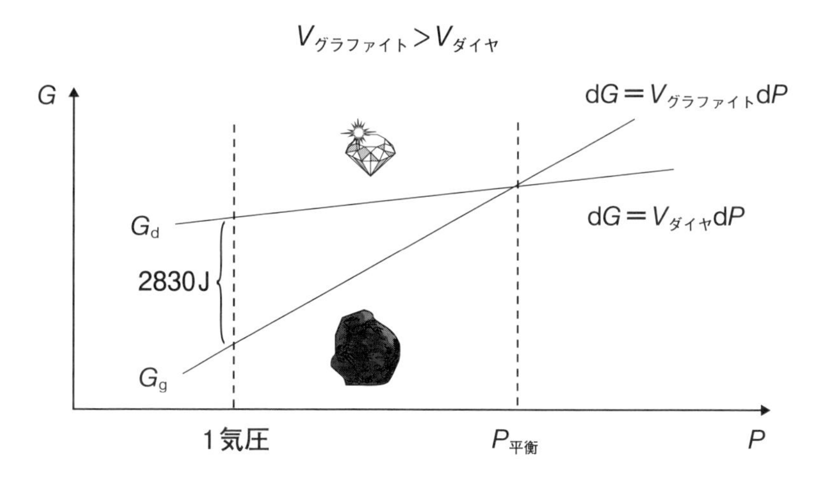

図7-1 ダイヤモンドとグラファイトの1 mol当たりにおけるギブズの自由エネルギーの圧力依存性の比較

同じ1 mol当たりで比較すると，1 atmでは，ダイヤモンドのほうがグラファイトより自由エネルギーが2830 J高いが，グラファイトのほうがダイヤモンドより体積が大きいので，圧力を上げていけば，そのギブズの自由エネルギーはいつかダイヤモンドのそれに追いつき，追い越すと予想される．このような高い圧力領域では，グラファイトがダイヤモンドに変化する反応が自発的に起こり得る．

$$\Delta G = G_d - G_g < 0 \quad (\text{ただし} P_{\text{平衡}} \text{より高圧側}) \qquad 7\text{-}(21)$$

となるので，25℃におけるダイヤモンドとグラファイトが平衡に達する圧力$P_{平衡}$を超えるとグラファイトからダイヤモンドへの変化が自発的に起こり得る．1気圧における自由エネルギー差と，それぞれの直線の傾きが与えられているので，交点の圧力$P_{平衡}$は，中学数学の2つの直線の交点を求める問題に帰着される．実際計算してみると$P_{平衡}$は15,000気圧程度と具体的に求まる．交点の圧力を求める問題と解説を**章末問題7-6**に掲載したので，実際に手を動かして計算してほしい．

いかがだろうか？　同じ重さのダイヤモンドとグラファイトの自由エネルギーと体積を比較するだけで，高圧側で夢のような（？）反応が起こり得ることを定量的に予測できる．7-(13)式や7-(18)式の威力を体感してもらえたのではないだろうか？　さまざまな式を導いて，そのうちの1つを具体的に解説してみたが，他の式も同様に，いろいろな化学的な応用ができる．次節では7-(15)式〜7-(18)式をもう1段階変形して，化学熱力学的に有用な式を導いてみよう．

7-2 マックスウェルの関係式

実験的に求めるのが難しい熱力学量を，実験で求めることが容易な熱力学量から求めよう．

7-(15)式〜7-(18)式をもう少し変形しておこう．7-(15)式の第1式，第2式をそれぞれVとSで偏微分すると，それぞれ以下の2つの式が導ける．

$$\left[\frac{\partial}{\partial V}\left(\frac{\partial U}{\partial S}\right)_V\right]_S = \left(\frac{\partial T}{\partial V}\right)_S, \quad \left[\frac{\partial}{\partial S}\left(\frac{\partial U}{\partial V}\right)_S\right]_V = -\left(\frac{\partial P}{\partial S}\right)_V \qquad 7\text{-}(22)$$

7-(22)式の2つの式のそれぞれの左辺は，関数$U(S, V)$について，SとVの微分の順番を変えただけである．Uが完全微分であるから（状態量であるから経路によらないので），微分の順序によらず互いに等しくなる．したがって以下の式が成り立つ．

$$\left(\frac{\partial P}{\partial S}\right)_V = -\left(\frac{\partial T}{\partial V}\right)_S \qquad 7\text{-}(23)$$

同様に，7-(16) 式～7-(18) 式からそれぞれ以下の式が導ける．

$$\left(\frac{\partial V}{\partial S}\right)_P = \left(\frac{\partial T}{\partial P}\right)_S \qquad 7\text{-}(24)$$

$$\left(\frac{\partial S}{\partial V}\right)_T = \left(\frac{\partial P}{\partial T}\right)_V \qquad 7\text{-}(25)$$

$$\left(\frac{\partial S}{\partial P}\right)_T = -\left(\frac{\partial V}{\partial T}\right)_P \qquad 7\text{-}(26)$$

7-(23) 式～7-(26) 式の4つの式を**マックスウェルの関係式（Maxwell's relation）**といい，今後さまざまな関係式を導くのに有用である．4つの式は

使える！Box 7-1

マックスウェルの関係式

実験的に求めにくい　　実験的に求められる

$$\left(\frac{\partial P}{\partial S}\right)_V = -\left(\frac{\partial T}{\partial V}\right)_S \leftarrow \text{断熱過程}$$

$$\left(\frac{\partial V}{\partial S}\right)_P = \left(\frac{\partial T}{\partial P}\right)_S \leftarrow \text{断熱過程}$$

$$\left(\frac{\partial S}{\partial V}\right)_T = \left(\frac{\partial P}{\partial T}\right)_V \leftarrow \text{定積過程}$$

$$\left(\frac{\partial S}{\partial P}\right)_T = -\left(\frac{\partial V}{\partial T}\right)_P \leftarrow \text{定圧過程}$$

添え字が計測ないしは計算するときの通るべき過程を教えてくれる

いずれも左辺にエントロピー項を含み，実験的には求めにくい．しかし右辺はいずれも，温度，圧力，体積など計測が容易な項からなることから，これらの関係式は実験的に求めにくい熱力学量を求めやすいものから導出することにも使える．このとき偏微分の添え字は，一定にする状態量を表している．たとえばSのときは断熱過程，Vのときは定積過程，Pのときは定圧過程で計測すればよい．これらの様子を**使える！Box 7-1**にまとめておいた．

マックスウェルの関係式について，1つ具体的な応用例を示しておこう．ここでは，第2章で紹介した**ジュールの法則**を導いてみよう．ジュールの法則は温度一定のもと，物質の体積を変化させたときの内部エネルギーの変化量を表す式である．特に理想気体であれば，その内部エネルギーは温度のみに依存し，体積や圧力に依らないという法則であった．

まず**7-(4)**式の両辺を温度一定のもと無限微小体積変化dVで割ると以下のようになる．

$$\left(\frac{\partial U}{\partial V}\right)_T = T\left(\frac{\partial S}{\partial V}\right)_T - P \qquad 7\text{-}(27)$$

ここで温度一定ということを明記するために，偏微分記号を用いている．しかし，この式のままでは，右辺第1項を実験的に求めるのは困難である．そこで，この項を実験的に求めることのできる項に変換するため，マックスウェルの関係式**7-(25)**式を使って**7-(27)**式を整理すると

$$\left(\frac{\partial U}{\partial V}\right)_T = T\left(\frac{\partial P}{\partial T}\right)_V - P \qquad 7\text{-}(28)$$

となる．これで右辺はすべて実測可能な量になった．たとえば，単純な例として理想気体を考えてみると，理想気体の状態方程式は以下のように記述されるので，

$$P = \frac{nRT}{V} \qquad 7\text{-}(29)$$

7-(29)式を**7-(28)**式に適用すると

$$\left(\frac{\partial U}{\partial V}\right)_T = T\left(\frac{nR}{V}\right) - \frac{nRT}{V} = 0 \qquad 7\text{-}(30)$$

となる．理想気体では分子間相互作用が無視できるので，気体分子同士を引

き離すのに仕事がいらない．したがって温度一定のもと，体積を膨張させても，その内部エネルギーは変化しない．この内容は7-(30) 式と一致する．同様に7-(4) 式の両辺を温度一定のもと無限微小圧力変化dPで割ると

$$\left(\frac{\partial U}{\partial P}\right)_T = T\left(\frac{\partial S}{\partial P}\right)_T - P\left(\frac{\partial V}{\partial P}\right)_T \qquad 7\text{-}(31)$$

が成り立つ．ここでマックスウェルの関係式**7-(26) 式**と理想気体の状態方程式より

$$\left(\frac{\partial U}{\partial P}\right)_T = -T\left(\frac{\partial V}{\partial T}\right)_P - P\left(\frac{\partial V}{\partial P}\right)_T$$

$$= -T\frac{nR}{P} - P\left(-\frac{nRT}{P^2}\right) = 0 \qquad 7\text{-}(32)$$

が成り立つ．すなわち温度一定のもとでは圧力を変えて体積を変化させても内部エネルギーは変わらない．この内容は7-(32) 式と一致する．ジュールの法則はもともと実験的に見出されたものだが，マックスウェルの関係式を用いることで7-(30) 式，7-(32) 式のようにその内容を予測することができる．ここで理想気体の内部エネルギーは温度のみに依存するので

$$\mathrm{d}U = C_\mathrm{V}(T)\,\mathrm{d}T \qquad 7\text{-}(33)$$

と表すことができる．カルノーサイクルにおける断熱過程を考察するとき，体積が変わっても定積熱容量C_Vが使えることを奇異に感じるかもしれない．しかし**7-(33) 式**は理想気体においてよく用いられる式なので簡単に説明をしておく．1 molの理想気体を考えると，状態量P，V，Tのうち2つが定まれば，あとは理想気体の状態方程式から残りの1つが自動的に定まるので，式のシンプルさにこだわらなければどれか2つの状態量を状態変数として自由に選ぶことができる．ここで状態関数Uの状態変数としてTとVの組を選ぶと，Uは状態量であるから，その無限微小量変化（微分）dUは以下の完全微分の形に表すことができる[※11]．

$$\mathrm{d}U = \left(\frac{\partial U}{\partial T}\right)_V \mathrm{d}T + \left(\frac{\partial U}{\partial V}\right)_T \mathrm{d}V \qquad 7\text{-}(34)$$

※11　このときdSもdT，dVで表すことができる．章末の数学補講を参照してほしい．

7

ここで7–(30) 式より7–(34) 式の右辺第二項が消え，また以下の定積熱容量の微分形式での定義式

$$\left(\frac{\partial U}{\partial T}\right)_V = C_\mathrm{V}(T) \qquad 7\text{–}(35)$$

より，理想気体であれば体積が変わっても7–(33) 式が成り立つことがわかる．

7–3 定圧反応熱とギブズエネルギー変化の自由変換 — ギブズ — ヘルムホルツの式—

ΔGの計算は定圧下で進行するさまざまな化学プロセスを考察する際にたいへん役に立つ．本節では任意の温度Tにおける$\Delta G(T)$を求める際にたいへん使い勝手のよい式—ギブズ–ヘルムホルツの式を導いておく．まずギブズエネルギーの定義式の両辺を温度Tで割った以下の式を用意する．

$$\frac{G}{T} = \frac{H}{T} - S \qquad 7\text{–}(36)$$

次に，左辺のG/TをTで微分することを考える．Gと$1/T$との積の微分公式と考えれば，以下のように展開できる．

$$\left[\frac{\partial}{\partial T}\left(\frac{G}{T}\right)\right]_P = \frac{1}{T}\left(\frac{\partial G}{\partial T}\right)_P + G\left(-\frac{1}{T^2}\right) \qquad 7\text{–}(37)$$

ここで，右辺は，6–(6)，7–(18) 式を用いて，以下のように整理される．

$$\left[\frac{\partial}{\partial T}\left(\frac{G}{T}\right)\right]_P = -\frac{H}{T^2} \qquad 7\text{–}(38)$$

7–(38) 式は，ギブズエネルギーの温度依存性を表しており，エンタルピーHと1対1に対応している．これを**ギブズ–ヘルムホルツの式 (Gibbs–Helmholtz equation)** という．化学への応用上はΔGを求めることが多いので7–(38) 式を，始状態，終状態それぞれについて立ててみる．

$$\left[\frac{\partial}{\partial T}\left(\frac{G_{\mathrm{i}}}{T}\right)\right]_P = -\frac{H_{\mathrm{i}}}{T^2} \qquad 7\text{-}(39)$$

$$\left[\frac{\partial}{\partial T}\left(\frac{G_{\mathrm{f}}}{T}\right)\right]_P = -\frac{H_{\mathrm{f}}}{T^2} \qquad 7\text{-}(40)$$

7-(40) 式から7-(39) 式を辺々引くと以下のようになる．

$$\left[\frac{\partial}{\partial T}\left(\frac{G_{\mathrm{f}} - G_{\mathrm{i}}}{T}\right)\right]_P = -\frac{H_{\mathrm{f}} - H_{\mathrm{i}}}{T^2} \qquad 7\text{-}(41)$$

ここでΔ記号を使って7-(41) 式を整理すると以下の式を得る．

$$\left[\frac{\partial}{\partial T}\left(\frac{\Delta G}{T}\right)\right]_P = -\frac{\Delta H}{T^2} \qquad 7\text{-}(42)$$

これも，ギブズ-ヘルムホルツの式と呼ばれる．式中のΔG，ΔHともに温度の関数であるので，正確に書くと$\Delta G(T)$，$\Delta H(T)$である．7-(42) 式は任意の温度Tにおける定圧反応熱$\Delta H(T)$から任意の温度Tにおけるギブズエネルギー変化量$\Delta G(T)$を求めるのによく使われる形である．すなわち，ある任意の温度・圧力を規定して，その条件における定圧反応熱$\Delta H(T)$さえ求めることができれば，化学の問題を考察する際にさまざまな恩恵を与える$\Delta G(T)$にただちに変換することができるたいへん便利な式である．この計算プロセスを使える！Box 7-2にまとめたので参照してほしい．

なお，まったく同様にヘルムホルツエネルギーについても

$$\left[\frac{\partial}{\partial T}\left(\frac{A}{T}\right)\right]_V = -\frac{U}{T^2} \qquad 7\text{-}(43)$$

$$\left[\frac{\partial}{\partial T}\left(\frac{\Delta A}{T}\right)\right]_V = -\frac{\Delta U}{T^2} \qquad 7\text{-}(44)$$

が成立する．7-(43) 式，7-(44) 式は体積一定のもと，任意の温度Tで成り

立つ．なお圧力を**標準状態**（10^5 Pa）にとった場合のΔGやΔAの値を特別に**標準自由エネルギー変化**といい，それぞれΔG°やΔA°と表記する．上付きの「◦」の記号は，標準状態における値であることを表しており，この値は化学の問題においてしばしば用いられる．なお，標準状態を表す記号「◦」はしばしば「$\ominus$」とも書かれる．これはプリムソルマークと呼ばれ，船の満載時の喫水線標識が，その由来といわれている．詳しくは第9章のColumnに記載したので参照してほしい．

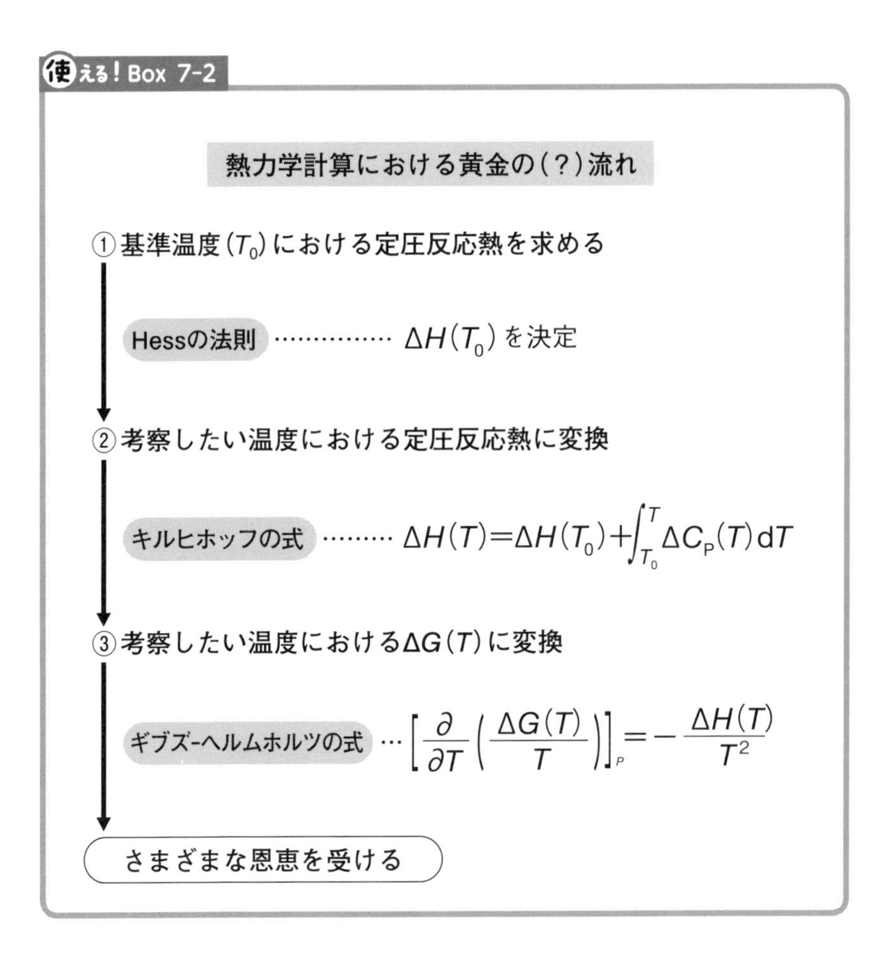

章末数学補講 完全微分の式

化学熱力学ではしばしば状態量を完全微分の形に表す．これは状態量は，それが達成された経路によらないことに基づく．化学熱力学において最もよく用いられる状態量であるギブズエネルギーについて，完全微分の式を図示しながら導いてみよう．

まずギブズエネルギーの無限微小変化量（微分）dGについて考える．**図7–補1**を見てほしい．このとき始点を$G_1(T, P)$，それより温度，圧力をわずかに変えた終点$G_2(T+\mathrm{d}T, P+\mathrm{d}P)$を考える．このとき直接的にはd$G$は以下のように表される．

$$\mathrm{d}G = G_2(T+\mathrm{d}T, P+\mathrm{d}P) - G_1(T, P) \quad \cdots\cdots\cdots\cdots\text{補–(1)}$$

ここで，2変数が同時に動くとわかりにくいので，Gが状態量であることを利用して回り道をすることで，補–(1)式を求めてみる．まず図にあるように，温度を一定にして圧力のみG_2点と一致させた中間点$G'(T, P+\mathrm{d}P)$を準備する．このときP–G平面内での傾き（微分係数）は

$$\left(\frac{\partial G}{\partial P}\right)_T = \frac{G'(T, P+\mathrm{d}P) - G_1(T, P)}{\mathrm{d}P} \quad \text{であるから}$$

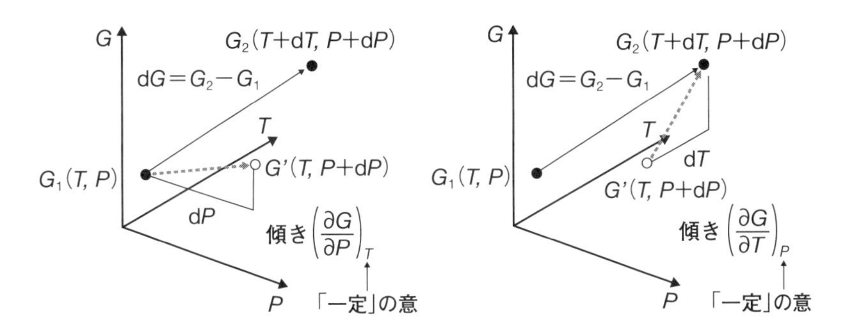

図7–補1 Gが状態量であることを利用して，まず温度一定にして始点G_1から中間点G'に達し，そこから今度は圧力一定にして最終点G_2の値を求める．

$$G'(T, P+\mathrm{d}P) - G_1(T, P) = \left(\frac{\partial G}{\partial P}\right)_T \mathrm{d}P \quad \cdots\cdots\cdots\cdots 補-(2)$$

次に，圧力を一定にして温度を$\mathrm{d}T$だけ変化させて$G'(T, P+\mathrm{d}P)$点からG_2点に達することを考えると，このときT–G平面内での傾きは

$$\left(\frac{\partial G}{\partial T}\right)_P = \frac{G_2(T+\mathrm{d}T, P+\mathrm{d}P) - G'(T, P+\mathrm{d}P)}{\mathrm{d}T} \quad \text{であるから}$$

$$G_2(T+\mathrm{d}T, P+\mathrm{d}P) - G'(T, P+\mathrm{d}P) = \left(\frac{\partial G}{\partial T}\right)_P \mathrm{d}T \quad \cdots 補-(3)$$

ここで〔補-(3)式〕+〔補-(2)式〕を辺々実行すると

$$G_2(T+\mathrm{d}T, P+\mathrm{d}P) - G_1(T, P) = \left(\frac{\partial G}{\partial P}\right)_T \mathrm{d}P + \left(\frac{\partial G}{\partial T}\right)_P \mathrm{d}T$$

すなわち補-(1)式より以下の完全微分の式の形に至る．

$$\mathrm{d}G = \left(\frac{\partial G}{\partial P}\right)_T \mathrm{d}P + \left(\frac{\partial G}{\partial T}\right)_P \mathrm{d}T$$

わかりやすいよう2変数の場合を図示したが，何変数になっても一般化される．

また7-2節で述べた，温度・体積を変数としたときのエントロピー変化の式も導いておこう．7-(4)式の両辺をTで割って，$\mathrm{d}S$について整理すると

$$\mathrm{d}S = \frac{1}{T}\mathrm{d}U + \frac{P}{T}\mathrm{d}V \quad \cdots\cdots\cdots\cdots\cdots\cdots\cdots\cdots 補-(4)$$

ここで理想気体の場合，$\mathrm{d}U = nC_{\mathrm{Vm}}\mathrm{d}T$と理想気体の状態方程式より

$$\mathrm{d}S = \frac{nC_{\mathrm{Vm}}}{T}\mathrm{d}T + \frac{nR}{V}\mathrm{d}V \quad \cdots\cdots\cdots\cdots\cdots\cdots\cdots 補-(5)$$

となり，エントロピーは温度と体積の関数となる．考えている温度・体積の変化する区間で補-(5)式を積分すると，この温度区間で定積モル熱容量C_{Vm}を定数と仮定して，エントロピー変化の温度・体積依存性の式

$$\Delta S = n\left(C_{\mathrm{Vm}}\ln\frac{T_{\mathrm{f}}}{T_{\mathrm{i}}} + R\ln\frac{V_{\mathrm{f}}}{V_{\mathrm{i}}}\right) \cdots\cdots\cdots\cdots\cdots 補-(6)$$

を得る．温度が高くなるほど，また体積が大きくなるほど，エントロピー変化が大きくなることがわかる．

第7章　章末問題

7-1 温度 T Kにおける次の反応の標準自由エネルギー変化 ΔG°_T を求めよ．ここで，(g) は気体であることを示す．

$$N_2(g) + 3H_2(g) \longrightarrow 2NH_3(g)$$

定圧モル熱容量 C_{Pm} [J K^{-1} mol^{-1}]；NH_3：35.14，N_2：29.29，H_2：28.87
NH_3 (g) の標準生成熱：-46.1 k J mol^{-1} (298 K)
NH_3 (g) の標準生成自由エネルギー：-16.5 k J mol^{-1} (298 K)

ヒント　ΔH°_T を求めた上で，ギブズ-ヘルムホルツの式を活用する．モル数に注意する．

$$\Delta H^\circ_{298K} = 2\Delta H^\circ_{f \cdot NH_3} - (\Delta H^\circ_{f \cdot N_2} + 3\Delta H^\circ_{f \cdot H_2})$$

ΔC_P, ΔG°_{298} でも同様．
約束により，1 bar，25 ℃で，その元素の取り得る最も安定な物質形態の標準生成熱 ΔH_f° と標準生成自由エネルギー ΔG_f° は0である．298 Kにおいては，

$$\Delta H^\circ_{298K} = 2\Delta H^\circ_{f \cdot NH_3} - (\Delta H^\circ_{f \cdot N_2} + 3\Delta H^\circ_{f \cdot H_2}) = -92.2 \text{ kJ}$$

$$\Delta G^\circ_{298} = 2\Delta G^\circ_{f \cdot NH_3} - (\Delta G^\circ_{f \cdot N_2} + 3\Delta G^\circ_{f \cdot H_2}) = -33.0 \text{ kJ}$$

である．

7-2 エチレンの水和反応 $C_2H_4 + H_2O \rightleftharpoons C_2H_5OH$ の自由エネルギー変化 ΔG° は下記の式で表される．温度 T における標準反応熱を表す式を導け．

$$\Delta G^\circ = -3.47 \times 10^4 + 26.4T \ln T + 45.2T \quad \text{J mol}^{-1}$$

7-3 熱力学の定義と法則から $dG = VdP - SdT$ を導出せよ．

7-4 P と T で表した自由エネルギー $G(P, T)$ の全微分は，体積 V およびエントロピー S によって①式のように表される．

$dG = VdP - SdT$ ……①式

今，水と氷の G が (1 atm, 0 ℃) の近傍でどのように変化するかを考える．まず，(1 atm, 0 ℃) において水と氷の G は等しい．

$G_{水}$ (1 atm, 0 ℃) $= G_{氷}$ (1 atm, 0 ℃)

そこで，
(1) 温度を0 ℃に保って圧力を変化させる場合

(2) 圧力を1気圧に保って温度を変化させる場合

について，$G_{水}$と$G_{氷}$のグラフを示せ（$G_{水}$と$G_{氷}$の大小関係がわかる程度の模式的なグラフでよい）．また，理由も答えよ．なお，考えている温度範囲で$S_{水}>S_{氷}>0$とする．

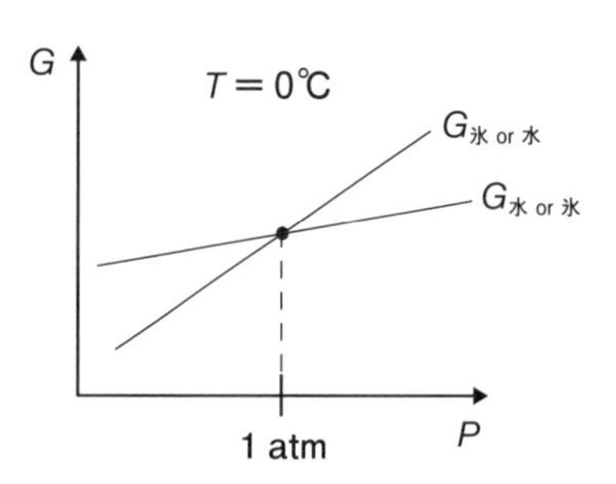

ヒント

$\left(\dfrac{\partial G}{\partial P}\right)_T$と$\left(\dfrac{\partial G}{\partial T}\right)_P$を$V$と$S$で表すとどうなるか．

$\mathrm{d}G=\left(\dfrac{\partial G}{\partial P}\right)_T\mathrm{d}P+\left(\dfrac{\partial G}{\partial T}\right)_P\mathrm{d}T$と①式を比較せよ．

7-5 ある温度Tにおけるシクロヘキサンの蒸気圧がP_1であった．温度T，圧力P_2における蒸発の自由エネルギー変化（1 mol当たり）を求める数式を示せ．ただし，シクロヘキサン（液体）1 mol当たりの体積を$V_{液体}$とし，シクロヘキサン蒸気は理想気体とする．

注）蒸気圧（飽和蒸気圧）：一定の温度において，液相または固相と平衡にある蒸気相の圧力．この問題の場合，温度T，圧力P_1において，液体と蒸気が平衡（$G_{液体}=G_{蒸気}$）．

ヒント　下図のようなP-G図をつくると解きやすい．

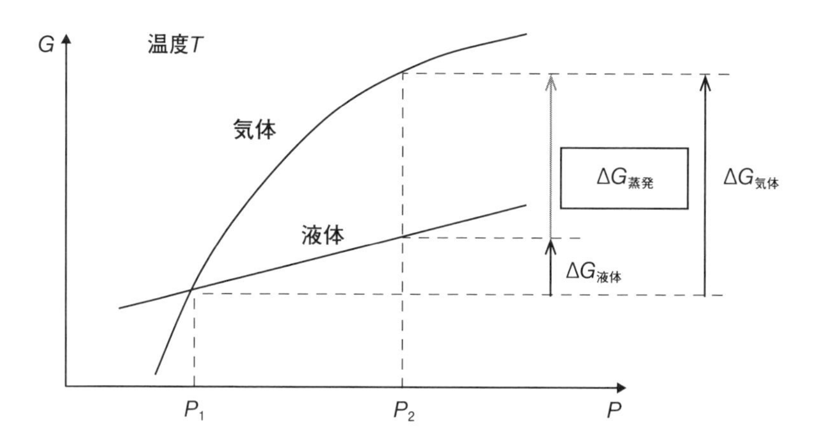

7-6 常温でも圧力を高めると，グラファイトとダイヤモンドの自由エネルギーが等しくなる．

(1) グラファイトとダイヤモンドの自由エネルギーが等しくなる圧力を求めよ．ただし温度は298 Kとする．

(2) 次に圧力を1 atmに保ったまま，温度を変化させることで両者の自由エネルギーを等しくすることは可能か．なお，密度とエントロピーは温度と圧力によらず一定とする．

	G [J mol^{-1}] *	密度 [g cm^{-3}]	S [J K^{-1} mol^{-1}]
グラファイト	0.0	2.26	5.74
ダイヤモンド	2,830	3.51	2.37

＊ 1 atm，298 Kにおける相対値.

ヒント　7-(13) 式について，圧力を一定 ($dP=0$) にして温度を変化させる場合を考える．このとき$dG=-SdT$となる．

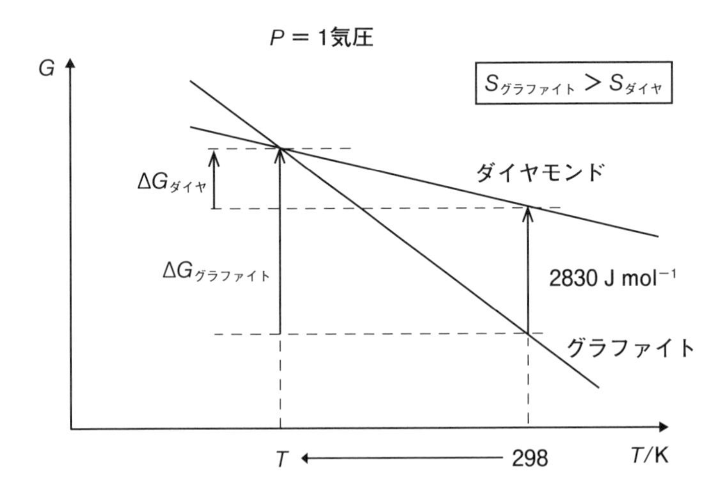

7-7 500 KにおけるCO_2の生成熱を求めよ．CO_2の定圧モル熱容量は，下記の式を用いる．原料の炭素はグラファイトとする．CO_2の標準生成熱は－393.5 kJ mol^{-1}を用いよ．

$$C_{Pm}^{CO_2} = 44.14 + 9.04 \times 10^{-3}T - 8.54 \times 10^5 T^{-2}\ [\mathrm{J\ K^{-1}\ mol^{-1}}]$$
$$C_{Pm}^{C} = 16.90 + 4.77 \times 10^{-3}T - 8.54 \times 10^5 T^{-2}\ [\mathrm{J\ K^{-1}\ mol^{-1}}]$$
$$C_{Pm}^{O_2} = 30.00 + 4.20 \times 10^{-3}T - 1.70 \times 10^5 T^{-2}\ [\mathrm{J\ K^{-1}\ mol^{-1}}]$$

ヒント

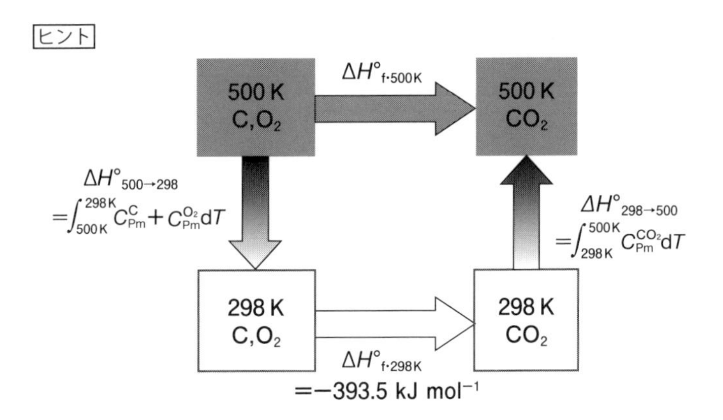

7-8 1 bar, 125℃における下記の反応の$\Delta H°$, $\Delta S°$, $\Delta G°$を求めよ．CO_2, H_2O, CH_4, O_2について，標準生成熱はそれぞれ−393.5, −241.8, −74.8, 0 kJ mol^{-1}，定圧モル熱容量*はそれぞれ44.14, 30.5, 23.6, 30.0 J K^{-1} mol^{-1}を用いよ．標準モルエントロピーは，CO_2, H_2O, CH_4, O_2について，それぞれ213.7, 188.8, 186.3, 205.1 J K^{-1} mol^{-1}を用いよ．

$$CH_4 + 2O_2 \rightleftharpoons CO_2 + 2H_2O$$

＊より正確には，定圧モル熱容量は演習問題7-7で示した式のように温度依存性がある．本問題では，簡略化のために最も寄与の大きな第1項の定数のみを用いて温度依存性を考慮していない．

ヒント　$\Delta G(T) = \Delta H(T) - T\Delta S(T)$

7-9 断熱した炉の中でメタンを燃焼させる．炎の温度を推定せよ．25℃のメタン1 molが下記のように燃焼したとする．そのとき発生した熱がすべて燃焼生成物を加熱することに使われるとする．また，CO_2, H_2O, N_2の定圧モル熱容量は44.14, 30.5, 27.9 J K^{-1} mol^{-1}である．

$$CH_4(g) + 2O_2(g) + 8N_2(g) \longrightarrow CO_2(g) + 2H_2O(g) + 8N_2(g)$$
$$\Delta H°_{298} = -802.2 \text{ kJ}$$

ヒント　定温で反応し，その熱で温度が上昇する2つの過程を考える．

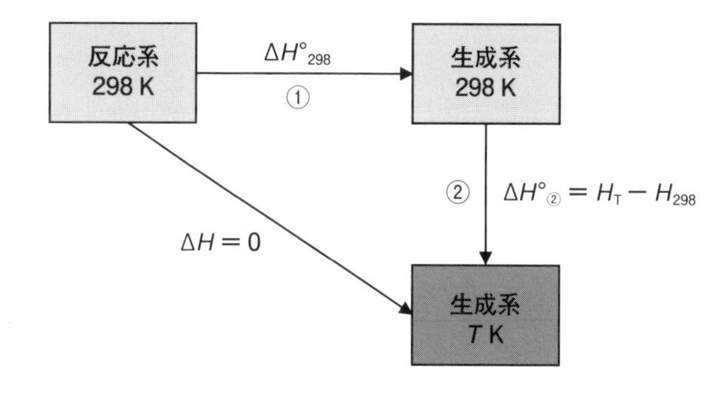

7

第7章　章末問題解答

7-1 ギブズ-ヘルムホルツの式より，

$$\left\{\frac{\partial}{\partial T}\left(\frac{\Delta G^\circ_{\mathrm{T}}}{T}\right)\right\}_P = -\frac{\Delta H^\circ_{\mathrm{T}}}{T^2}$$

$$= -\frac{1}{T^2}\left(\Delta H^\circ_{298\mathrm{K}} + \int_{298}^{T} \Delta C_{\mathrm{Pm}} \mathrm{d}T\right)$$

この問題では，ΔC_{Pm}が定数なので，

$$\left\{\frac{\partial}{\partial T}\left(\frac{\Delta G^\circ_{\mathrm{T}}}{T}\right)\right\}_P = -\frac{1}{T^2}\left\{\Delta H^\circ_{298\mathrm{K}} + \Delta C_{\mathrm{Pm}}(T-298)\right\}$$

$$\Delta H^\circ_{298\mathrm{K}} = 2\Delta H^\circ_{\mathrm{f}\cdot\mathrm{NH_3}} - (\Delta H^\circ_{\mathrm{f}\cdot\mathrm{N_2}} + 3\Delta H^\circ_{\mathrm{f}\cdot\mathrm{H_2}}) = -92.2\ \mathrm{kJ}$$

$$\Delta C_{\mathrm{Pm}} = 2C^{\mathrm{NH_3}}_{\mathrm{Pm}} - (C^{\mathrm{N_2}}_{\mathrm{Pm}} + 3C^{\mathrm{H_2}}_{\mathrm{Pm}}) = -45.62\ \mathrm{J\,K^{-1}}$$

$$\left\{\frac{\partial}{\partial T}\left(\frac{\Delta G^\circ_{\mathrm{T}}}{T}\right)\right\}_P = -\frac{1}{T^2}(-7.8605\times10^4 - 45.62T)$$

であるから，左辺は$\dfrac{\Delta G^\circ_{298}}{298}$から$\dfrac{\Delta G^\circ_{\mathrm{T}}}{T}$まで，右辺は298 Kから$T$Kまで積分する．

$$\frac{\Delta G^\circ_{\mathrm{T}}}{T} - \frac{\Delta G^\circ_{298}}{298} = \int_{298}^{T}\left(\frac{7.8605\times10^4}{T^2} + \frac{45.62}{T}\right)\mathrm{d}T$$

$$\frac{\Delta G^\circ_{\mathrm{T}}}{T} - \frac{\Delta G^\circ_{298}}{298} = -7.8605\times10^4\times\left(\frac{1}{T} - \frac{1}{298}\right)$$

$$+45.62(\ln T - \ln 298)\ \mathrm{J\,K^{-1}} \cdots\cdots ①$$

298 Kにおいては，

$$\Delta G^\circ_{298} = 2\Delta G^\circ_{\mathrm{f}\cdot\mathrm{NH_3}} - (\Delta G^\circ_{\mathrm{f}\cdot\mathrm{N_2}} + 3\Delta G^\circ_{\mathrm{f}\cdot\mathrm{H_2}}) = -33.0\times10^3\ \mathrm{J}$$

となるので，①式に代入して整理すると，

$$\Delta G^\circ_T \cong \underline{-7.86\times10^4 + 45.62T\ln T - 1.07\times10^2 T\ \mathrm{J}}$$

となる．

7-2

ギブズ-ヘルムホルツの式より $\left[\dfrac{\partial(\Delta G^\circ/T)}{\partial T}\right]_P = -\dfrac{\Delta H^\circ}{T^2}$

簡略化のために，与えられた式の係数をa，b，cと置き，

$\Delta G^\circ = a + bT\ln T + cT$とする．両辺を$T$で割り，

$\dfrac{\Delta G^\circ}{T} = \dfrac{a}{T} + b\ln T + c$とする．これをギブズ–ヘルムホルツの式に代入し

$\left[\dfrac{\partial(\Delta G^\circ/T)}{\partial T}\right]_P = -\dfrac{a}{T^2} + \dfrac{b}{T} = -\dfrac{\Delta H^\circ}{T^2}$ とする．よって，

$\underline{\Delta H^\circ = a - bT = -3.47 \times 10^4 - 26.4T\ \mathrm{J\ mol^{-1}}}$となる．

7-3 定義および法則から各熱力学の量は下記のように表される．

$H = U + PV$，$G = H - TS$，$\Delta S = Q_{\mathrm{rev}}/T$，$\Delta U = Q + W$

定圧において，$W = -P\Delta V$

これらの微少量を考える．

$\mathrm{d}H = \mathrm{d}U + \mathrm{d}(PV)$ ……………………… ①

$\mathrm{d}G = \mathrm{d}H - \mathrm{d}(TS)$ ……………………… ②

$\mathrm{d}S = \delta Q_{\mathrm{rev}}/T \rightarrow T\mathrm{d}S = \delta Q_{\mathrm{rev}}$ …… ③

$\mathrm{d}U = \delta Q + \delta W$ ………………………… ④

$\delta W = -P\mathrm{d}V$ …………………………… ⑤

②より$\mathrm{d}G = \mathrm{d}H - T\mathrm{d}S - S\mathrm{d}T$

これに①を代入し，$\mathrm{d}G = \mathrm{d}U + \mathrm{d}(PV) - T\mathrm{d}S - S\mathrm{d}T$

したがって$\mathrm{d}G = \mathrm{d}U + V\mathrm{d}P + P\mathrm{d}V - T\mathrm{d}S - S\mathrm{d}T$

可逆過程を仮定した上で④式を代入し

$\mathrm{d}G = \delta Q_{\mathrm{rev}} + \delta W + V\mathrm{d}P + P\mathrm{d}V - T\mathrm{d}S - S\mathrm{d}T$

③式と⑤式より$\mathrm{d}G = T\mathrm{d}S - P\mathrm{d}V + V\mathrm{d}P + P\mathrm{d}V - T\mathrm{d}S - S\mathrm{d}T$

ゆえに$\underline{\mathrm{d}G = -S\mathrm{d}T + V\mathrm{d}P}$

7-4 関数$G(P,\ T)$の完全微分は，

$$\mathrm{d}G = \left(\frac{\partial G}{\partial P}\right)_T \mathrm{d}P + \left(\frac{\partial G}{\partial T}\right)_P \mathrm{d}T$$

と表される．①式と比較する．

$\left(\dfrac{\partial G}{\partial P}\right)_T = V$………（$T$が一定で$P$が変化 → Gの傾きがV）

$\left(\dfrac{\partial G}{\partial T}\right)_P = -S$ ……（Pが一定でTが変化 → Gの傾きが$-S$）

(1) $T = 0$℃（一定）で圧力が変化する場合，$\underline{V_{\text{氷}} > V_{\text{水}} > 0\text{だから，}1\ \text{atm より圧力}}$

が大きくなると氷が溶ける.

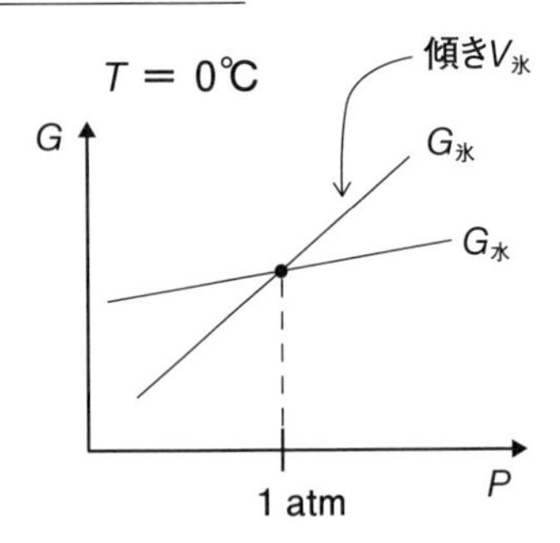

(2) $P = 1$気圧(一定)で温度が変化する場合, $S_{水} > S_{氷} > 0$ だから, 0℃より温度が高くなると氷が溶ける.

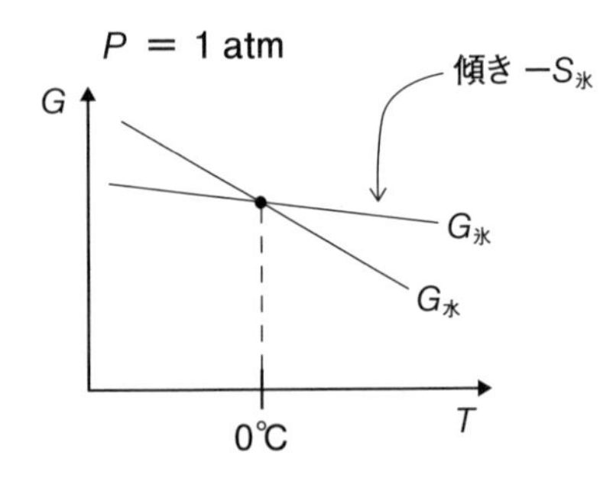

7-5 ヒントの図より, 求める値は, $\Delta G_{蒸発}(P_2) = \Delta G_{気体} - \Delta G_{液体}$である.

$$\Delta G_{気体} = \int_{P_1}^{P_2} V_{気体} \mathrm{d}P, \quad \Delta G_{液体} = \int_{P_1}^{P_2} V_{液体} \mathrm{d}P$$ だから,

$$\Delta G_{蒸発}(P_2) = \int_{P_1}^{P_2} V_{気体} \mathrm{d}P - \int_{P_1}^{P_2} V_{液体} \mathrm{d}P$$

$$= \int_{P_1}^{P_2} \frac{RT}{P} \mathrm{d}P - V_{液体} \int_{P_1}^{P_2} \mathrm{d}P$$

$$= RT \ln \frac{P_2}{P_1} - V_{液体}(P_2 - P_1)$$

となる.

7-6 (1) 図7–1より，圧力を上げるとある圧力($P_{平衡}$)のところでグラファイトとダイヤモンドの自由エネルギーが等しくなり，以下の式が成立する．

$\Delta G_{グラファイト} = \Delta G_{ダイヤ} + 2830\ \mathrm{J\ mol^{-1}}$

したがって，1気圧をP_0とすると，

$$\int_{P_0}^{P_{平衡}} V_{グラファイト}\,\mathrm{d}P = \int_{P_0}^{P_{平衡}} V_{ダイヤ}\,\mathrm{d}P + 2830\ \mathrm{J\ mol^{-1}}$$ となる．

密度が一定であるから，体積も一定であり，

$$V_{グラファイト}(P_{平衡} - P_0) = V_{ダイヤ}(P_{平衡} - P_0) + 2830$$

$$P_{平衡} = \frac{2830}{(V_{グラファイト} - V_{ダイヤ})} + P_0$$

ここで，1 mol当たりの体積は，それぞれ

$$V_{グラファイト} = \frac{12.0\ \mathrm{g/mol}}{2.26\ \mathrm{g/cm^{-3}}} = 5.309\cdots\times 10^{-6}\mathrm{m^3\ mol^{-1}}$$

$$V_{ダイヤ} = \frac{12.0\ \mathrm{g/mol}}{3.51\ \mathrm{g/cm^{-3}}} = 3.418\cdots\times 10^{-6}\mathrm{m^3\ mol^{-1}}$$

であるため，$V_{ダイヤ}$と$V_{グラファイト}$の値を代入すると

$P_{平衡} = 1.496\cdots\times 10^9\ \mathrm{Pa} \approx \underline{1.48\times 10^4\ 気圧}$ (1気圧は1.013×10^5 Pa)

(2) ヒントの図より，温度を下げるとある温度Tのところでグラファイトとダイヤモンドの自由エネルギーが等しくなり，以下の式が成立する．

$\Delta G_{グラファイト} = \Delta G_{ダイヤ} + 2830\ \mathrm{J\ mol^{-1}}$

したがって，$-\int_{298\,\mathrm{K}}^{T\,\mathrm{K}} S_{グラファイト}\,\mathrm{d}T = -\int_{298\,\mathrm{K}}^{T\,\mathrm{K}} S_{ダイヤ}\,\mathrm{d}T + 2830\ \mathrm{J\ mol^{-1}}$となる．

エントロピーが一定という仮定から，

$$(S_{ダイヤ} - S_{グラファイト})\int_{298\mathrm{K}}^{T\mathrm{K}} \mathrm{d}T = 2830\ \mathrm{J\ mol^{-1}}$$

$$(S_{ダイヤ} - S_{グラファイト})(T - 298) = 2830\ \mathrm{J\ mol^{-1}}$$

問題に与えられた$S_{ダイヤ}$と$S_{グラファイト}$の値を代入すると，

$$T = \frac{2830\ \mathrm{J\ mol^{-1}}}{(2.37 - 5.74)\ \mathrm{J\ K^{-1}mol^{-1}}} + 298\ \mathrm{K} \approx -542\ \mathrm{K}$$ となる．

<u>このような温度は実現できない．</u>

7-7 反応式は$C + O_2 \longrightarrow CO_2$である．

$\Delta H^\circ_{f \cdot 298\,K} = -393.5\ kJ\ mol^{-1}$

キルヒホッフの式により

$$\Delta H^\circ_{f \cdot 500\,K} = \Delta H^\circ_{f \cdot 298\,K} + \int_{298\,K}^{500\,K} \Delta C_{Pm} dT \quad \cdots\cdots ①$$

ここで，

$$\Delta C_{Pm} = C_{Pm}^{CO_2} - (C_{Pm}^{C} + C_{Pm}^{O_2}) = -2.76 + 0.07 \times 10^{-3} T + 1.7 \times 10^5 T^{-2}$$

$\Delta H^\circ_{298\,K}$およびΔC_{Pm}を式①に代入し

$$\Delta H^\circ_{500\,K} = -393.5 \times 10^3\ J\ mol^{-1} + \int_{298\,K}^{500\,K} (-2.76 + 0.07 \times 10^{-3} T + 1.7 \times 10^5 T^{-2})\, dT$$

$$= \underline{-393.8\ kJ\ mol^{-1}}$$

7-8 398 K（125℃），1 barでは水は気体なので，$CH_4 + 2O_2 \longrightarrow CO_2 + 2H_2O\,(g)$

Hessの法則より，298 K（25℃）における$\Delta H^\circ_{298\,K}$および$\Delta S^\circ_{298\,K}$は，

$$\Delta H^\circ_{298\,K} = \Delta H^\circ_{f \cdot CO_2} + 2\Delta H^\circ_{f \cdot H_2O\,(g)} - (\Delta H^\circ_{f \cdot CH_4} + 2\Delta H^\circ_{f \cdot O_2})$$

$$= -802.3\ kJ\ mol^{-1}$$

$$\Delta S^\circ_{298\,K} = S^\circ_{CO_2} + 2S^\circ_{H_2O\,(l)} - (S^\circ_{CH_4} + 2S^\circ_{O_2})$$

$$= -5.2\ J\ K^{-1}\ mol^{-1}$$　となる．

次にキルヒホッフの式を用いて$\Delta H^\circ_{398\,K}$を求める．

$$\Delta C_{Pm} = \Delta C_{Pm \cdot CO_2} + 2C_{Pm \cdot H_2O\,(g)} - (C_{Pm \cdot CH_4} + 2C_{Pm \cdot O_2}) = 21.54\ J\ K^{-1}\ mol^{-1}$$

$$\Delta H^\circ_{398\,K} = \Delta H^\circ_{298\,K} + \int_{298\,K}^{398\,K} \Delta C_{Pm} dT \approx \underline{-800.1\ kJ\ mol^{-1}}$$

$\Delta S^\circ_{398\,K}$および$\Delta G^\circ_{398\,K}$は

$$\Delta S^\circ_{398\,K} = \Delta S^\circ_{298\,K} + \int_{298\,K}^{398\,K} \frac{\Delta C_{Pm}}{T} dT \approx \underline{1.03\ J\ K^{-1}\ mol^{-1}}$$

$$\Delta G^\circ_{398\,K} = \Delta H^\circ_{398\,K} - T\Delta S^\circ_{398\,K} \approx \underline{-800.5\ kJ\ mol^{-1}}$$

となる．（$\Delta G^\circ_{398\,K}$はギブズ-ヘルムホルツの式から求めてもよい）

7-9 発生した熱をすべて温度の上昇に使うため，

$\Delta H = \Delta H^\circ_{①} + \Delta H^\circ_{②} = 0$

$\Delta H^\circ_{①} = \Delta H^\circ_{298} = -802.2\ kJ$

$$\Delta H^\circ_{②} = \int_{298}^{T} C_{\mathrm{Pm}} \mathrm{d}T$$

これより，

$$-\Delta H^\circ_{298} = \int_{298}^{T} C_{\mathrm{Pm}} \mathrm{d}T$$

$$802200 = \int_{298}^{T} (C_{\mathrm{Pm\cdot CO_2}} + 2C_{\mathrm{Pm\cdot H_2O}} + 8C_{\mathrm{Pm\cdot N_2}})\,\mathrm{d}T$$

$$T \approx \underline{2.74 \times 10^3\ \mathrm{K}}$$

7

第 8 章

開放系の熱力学 — 化学ポテンシャル — の導入

スポーツ選手が別のチームへ移籍し，周囲のメンバーや環境が変わることで，まったく同じ人物であるにも関わらず活躍ぶり（たとえば得点能力）が大きく変わることがある．実は化学物質でも同様のことが起きる．物質の体積やエントロピー，自由エネルギーなど示量性の状態量は，同じ 1 mol でも置かれた化学的環境によってその値が変わってくる．我々の身の回りの化学物質は，そのほとんどが混合物であり，その組成の違いがさまざまな化学的環境を生み出す．そこで化学的環境に応じた物質 1 mol 当たりの示量性変数を，おかれた環境に応じて変化する量として取り扱う必要が出てくる．

この章ではこの要求を満たす部分モル量の概念を新たに学ぶ．その中でも化学ポテンシャルの概念は，化学熱力学をさまざまな混合物へ応用する際，欠かすことのできないものとなる．

8-1 部分モル量の導入

あなたは，同じ化学物質1 molでも環境が異なれば体積が変わってしまうことがふつう，という感覚をもっているだろうか？

メスフラスコにミョウバン（硫酸カリウムアルミニウム，$AlK(SO_4)_2 \cdot 12H_2O$）の結晶を入れ，その上から標線まで水を静かに注ぐことを考えよう．このときかき混ぜなければメスフラスコの底にミョウバンの固体結晶の塊があり，その上に水がのっている状況である．この時点では両者はほとんど混ざっていない．この状態からメスフラスコをよく振って均一なミョウバン水溶液にすると，ミョウバン水溶液の上面は標線まで達していないことがわかる．メスフラスコのふたは閉めているので，水分子は蒸発などで失われていない．すなわち両者が分子レベルで混ざることで全体の体積が縮んでしまったことになる．これは水をミョウバンと混合することで，同じ物質量であるにも関わらず，その占める体積が変化したことを意味している．この様子を本節末のColumnに紹介しているので参照してほしい．

話を一般化して，物質Aと物質Bを混ぜた場合，この混合物中で物質A 1 molが占める体積をAの**部分モル体積（partial molar volume）**といいV_{mA}，もしくは単にV_Aと表す．このとき添え字のmはmolの頭文字をとっている．混ざる相手の種類や混合物中の組成比が変わると，一般にこの部分モル体積の値も変わる．このような部分モル体積は，混合物全体の体積とどのような関係にあるだろうか？

今，AとBの混合物が多量にあるとし，混合物の全体積をVとする．このときどのくらい多量かというと，この混合物にAを1 mol追加したぐらいでは，混合物中のAとBの組成比にまったく影響がないくらいの量を想定する．ここにAを1 mol加えたとき，全体の体積がV_Aだけ増えたとする．これは，混合物中でA 1 mol分が占める体積に他ならない．中学校や高校の数学において，Xが1増えたときにYがaだけ増えたとき，aは傾きを意味していた．したがって温度や圧力，A以外の成分の物質量の増減はないとすると，V_Aと混合物全体の体積Vの間には次のような関係式が成立する．

$$V_A = \left(\frac{\partial V}{\partial n_A}\right)_{P,T,n_B} \qquad 8\text{–}(1)$$

ここで注意しなければいけないのは，Aの部分モル体積はAを1 mol加えたときの，全体の体積の増分，すなわち傾きで定義されているので，Aを1 mol加えることで全体の体積が逆に縮んでしまうような場合は，「体積」といいつつも，負の値も取り得るということである．この様子を**見える！Box 8-1**に示す．

さていつも1 molの増減が無視できるほどの多量の混合物を実際に扱うことは大変なので，無限微小量を加える方向からも考えてみよう．限りなく微小な量であれば全体の組成の変化は無視できる．ここでAとBの混合物にAとBをそれぞれごくわずか$\mathrm{d}n_A$ mol，$\mathrm{d}n_B$ mol加えたとき，混合物全体の体積がごくわずか$\mathrm{d}V$だけ変化したとする．このとき，部分モル体積は傾きを表

見える！Box 8-1

部分モル体積は負の値をとることもある

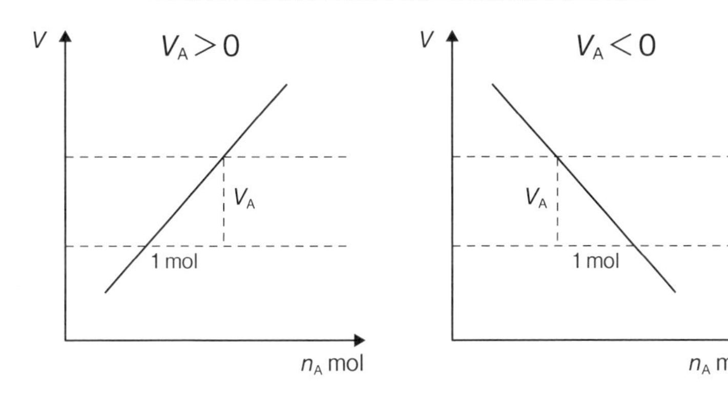

混合物中において成分 A の部分モル体積 V_A が正のときは，混合物に A を 1 mol 添加すると，混合物全体の体積 V は V_A だけ増加する．
一方，部分モル体積 V_A が負のときは，A を 1 mol 添加すると，混合物全体の体積 V は V_A だけ縮む．

すので，8-(1) 式の考察を参照すれば以下の式が成り立つことがわかる．

$$\mathrm{d}V = V_{\mathrm{A}}\mathrm{d}n_{\mathrm{A}} + V_{\mathrm{B}}\mathrm{d}n_{\mathrm{B}} \qquad 8\text{-}(2)$$

このとき，Vは変数n_{A}，n_{B}の関数として表現されているが，Vは状態量であるから，数学的に以下のような完全微分の形で表すこともできる．

$$\mathrm{d}V = \left(\frac{\partial V}{\partial n_{\mathrm{A}}}\right)_{P,T,n_{\mathrm{B}}}\mathrm{d}n_{\mathrm{A}} + \left(\frac{\partial V}{\partial n_{\mathrm{B}}}\right)_{P,T,n_{\mathrm{A}}}\mathrm{d}n_{\mathrm{B}} \qquad 8\text{-}(3)$$

8-(2) 式, 8-(3) 式の右辺の各項を比較すると，たしかに8-(1) 式が成り立っていることがわかる．

さて混合物中にAがn_{A} mol，Bがn_{B} mol入っているとすると，A，Bそれぞれ1 molが混合物中で占める体積はV_{A}，V_{B}であるから，混合物全体の体積Vは以下のように表される．

$$V = n_{\mathrm{A}}V_{\mathrm{A}} + n_{\mathrm{B}}V_{\mathrm{B}} \qquad 8\text{-}(4)$$

このように，部分モル体積を導入すると，全体の体積は混合物中の各成分の物質量と部分モル体積を用いて線形結合の形で表されるので，数学的な取り扱いが容易になる．実際は混合する成分数は何成分でもいいので，8-(3) 式, 8-(4) 式をそれぞれ一般化して表すと以下のようになる．

$$\mathrm{d}V = \sum_i \left(\frac{\partial V}{\partial n_i}\right)_{P,\,T,\,n_j(j\neq i)}\mathrm{d}n_i \qquad 8\text{-}(5)$$

$$V = \sum_i n_i V_{mi} \qquad 8\text{-}(6)$$

当然，量にかかわる他の示量性変数，たとえばエントロピーについても，以下のような関係が成り立つ．

$$S = \sum_i n_i S_{mi} \qquad 8\text{-}(7)$$

ここでS_{mi}は成分iの部分モルエントロピーである．熱力学を化学へ応用する際，我々が最も主眼に置いているのは自由エネルギーであるので，さっそく部分モル自由エネルギーに話を移そう．

Column 部分モル体積を実感しよう

身近に手に入る薬品で部分モル体積を実感できないだろうか？　手前味噌で恐縮だが，筆者は部分モル量の講義に入るときミョウバンと水を準備して，溶液になると全体の体積が縮むのを実際に見てもらっている．なぜミョウバンかというと，これは食品添加物としてよく使われるのでふつうの薬局などで簡単に手に入るからである．

もう1つは，あらかじめそれぞれ体積を計ったエタノールと水を準備して混合して，合計の体積の変化を見るのもいいかもしれない．水とエタノールの混合溶液はお酒のベースともいえる混合溶媒なので，部分モル体積体験カクテルといったところであろうか．

まったくの余談であるが，最初の例であるミョウバン水溶液を学生につくってもらうとき，メスフラスコをまるでカクテルのシェーカーのように振り，友人のウケを狙う学生が毎年必ず出てくるのが面白い．せっかくなので，そのような学生には部分モル体積体験カクテルもつくってもらおうかと思っている今日この頃である．

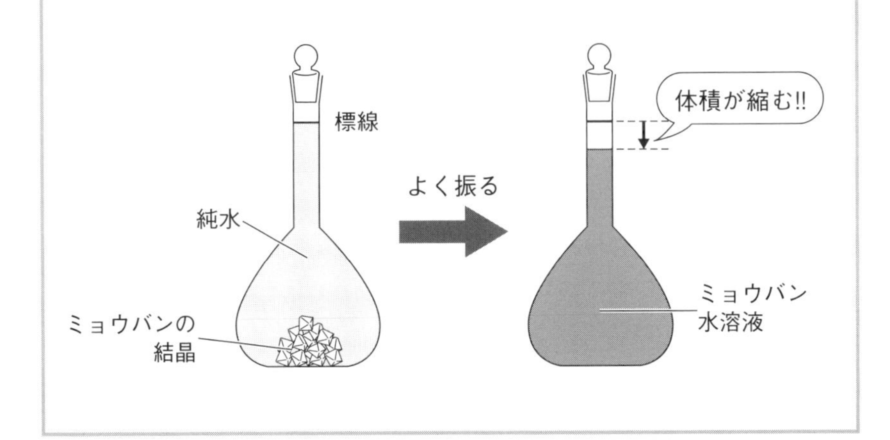

8-2 化学ポテンシャルの導入

あなたは化学ポテンシャルを求める際，状態量U，H，A，Gの中から，考察する過程に応じて適切なものを選ぶことができるだろうか？

本節では最大の関心事である自由エネルギーの部分モル量，すなわち部分モル自由エネルギーについて考察する．系が外界と物質のやり取りをする，もしくは化学反応を起こすと系を構成する物質の組成比が変化する．部分モル自由エネルギーは，このような物質量の変化を許した**開放系**（**open system**）を扱う際，たいへん便利な熱力学量となる．開放系は多くの化学プロセスで一般的な系である．

さて，ある系に，物質Aをごくわずか$\mathrm{d}n_\mathrm{A}$ mol加えるとする．温度や圧力や他の成分量を変化させずAを1 mol加えたときの混合物全体の内部エネルギーの増分をμ_Aとする．これをAの**化学ポテンシャル**（**chemical potential**）という．第2章で学んだ熱力学第一法則の微分形式を用いると，この状況は以下のように記述される．まず，系の内部エネルギーUの無限微小変化量$\mathrm{d}U$を考えよう．開放系であるから，構成物質の物質量の増減を伴うので

$$\mathrm{d}U = \delta Q + \delta W + \mu_\mathrm{A}\mathrm{d}n_\mathrm{A} \qquad 8\text{-}(8)$$

となる．ここで，系に加える成分を1種類に限らず，複数にして一般化する．i = A，B，C，……として，開放系の熱力学第一法則を一般化すると以下のように表される．

$$\mathrm{d}U = \delta Q + \delta W + \sum_i \mu_i \mathrm{d}n_i \qquad 8\text{-}(9)$$

それではこれまでに学んだ状態量U，H，A，Gがμ_iとどのように結び付けられるか見ていこう．ここでは，系の変化をどのような過程を経て実現するかが重要になってくる．

まずは，準静的（可逆）過程で8-(9)式を考察してみよう．話を単純化するために，仕事は化学反応に伴う体積変化，すなわち膨張仕事のみを考える．

このとき8−(9)式は以下のように表せる．

$$\mathrm{d}U_{系} = \delta Q + \delta W_{膨張} + \sum_i \mu_i \mathrm{d}n_i \qquad 8\text{−}(10)$$

このとき，準静的(可逆)変化であるから，

$$\delta Q = T\mathrm{d}S \qquad 8\text{−}(11)$$

$$\delta W_{膨張} = -P\mathrm{d}V \qquad 8\text{−}(12)$$

となる．ここで8−(11)，(12)式を8−(10)式に代入して次式を得る．

$$\mathrm{d}U = T\mathrm{d}S - P\mathrm{d}V + \sum_i \mu_i \mathrm{d}n_i \qquad 8\text{−}(13)$$

内部エネルギー(の微小変化)はエントロピー，体積，そして物質量の微小変化量にそれぞれ比例していることがわかる．さて，この式をもとに成分iの化学ポテンシャルμ_iと内部エネルギーUを関係づけたい．系のエントロピー変化が0(すなわち$\mathrm{d}S = 0$)，系の体積変化が0(すなわち$\mathrm{d}V = 0$)，さらに，成分i以外の物質の増減が0 {すなわち$\mathrm{d}n_j = 0\ (j \neq i)$} だとすると，8−(13)式は以下のように単純化される．

$$\mathrm{d}U = \mu_i \mathrm{d}n_i \qquad 8\text{−}(14)$$

成分i以外の物質量の変化なし，エントロピー，体積の変化なし，ということを偏微分記号を使って表すと，8−(14)式は以下のように表せる．

$$\mu_i = \left(\frac{\partial U}{\partial n_i}\right)_{S,V,n_j(j\neq i)} \qquad 8\text{−}(15)$$

S，Vが一定の過程というのは，具体的には，外界との熱のやり取りがなく，かつ系の体積変化が許されていない断熱定積過程のことである．8−(15)式は，「断熱定積過程であれば，物質iを系に添加したときの系の内部エネルギーの変化から，物質iの化学ポテンシャルμ_iを求めることができる」ということを教えてくれている．本質的には同じであるが，8−(15)式の別の求め方もある．関数$U(S, V, n_i)$を以下の完全微分の形で表してみる．

$$dU = \left(\frac{\partial U}{\partial S}\right)_{V,n_i} dS + \left(\frac{\partial U}{\partial V}\right)_{S,n_i} dV + \sum_i \left(\frac{\partial U}{\partial n_i}\right)_{S,V,n_j(j\neq i)} dn_i \qquad 8\text{–}(16)$$

ここで8–(16)式と8–(13)式を辺々見比べても8–(15)式を導ける.

では，断熱定積過程以外で化学ポテンシャルを見積もるにはどうしたらよいであろうか？　以下，いろいろなバリエーションを考えてみよう.

$$dH = d(U + PV) = dU + PdV + VdP \qquad 8\text{–}(17)$$

と8–(13)式よりエンタルピーと化学ポテンシャルは以下のような式で結び付けられる.

$$dH = TdS + VdP + \sum_i \mu_i dn_i \qquad 8\text{–}(18)$$

内部エネルギーのときとまったく同様に考えると，今度は断熱定圧過程において，

$$\mu_i = \left(\frac{\partial H}{\partial n_i}\right)_{S,P,n_j(j\neq i)} \qquad 8\text{–}(19)$$

となり，化学ポテンシャルはエンタルピー変化から見積もることができる.

同様にヘルムホルツエネルギーについて

$$dA = d(U - TS) = dU - TdS - SdT \qquad 8\text{–}(20)$$

から8–(13)式より

$$dA = -SdT - PdV + \sum_i \mu_i dn_i \qquad 8\text{–}(21)$$

この式から，定温定積過程において

$$\mu_i = \left(\frac{\partial A}{\partial n_i}\right)_{T,V,n_j(j\neq i)} \qquad 8\text{–}(22)$$

となる．すなわち定温定積過程では，成分iの化学ポテンシャルは物質iを系に加えたときのヘルムホルツエネルギー変化を求めれば得ることができ

る．ここまで，断熱定積過程，断熱定圧過程，定温定積過程において，化学ポテンシャルを求めるには，それぞれ物質 i を系に加えたときの U, H, A の変化を考えればよいことがわかった．それでは化学で最も多く使われる定温定圧過程ではどうであろうか？　次にギブズエネルギーを考えよう．8-(17) 式と合わせて考えると

$$\begin{aligned} \mathrm{d}G &= \mathrm{d}(H - TS) \\ &= \mathrm{d}H - T\mathrm{d}S - S\mathrm{d}T \\ &= \mathrm{d}U + P\mathrm{d}V + V\mathrm{d}P - T\mathrm{d}S - S\mathrm{d}T \end{aligned} \qquad 8\text{-}(23)$$

これと 8-(13) 式より，

$$\mathrm{d}G = -S\mathrm{d}T + V\mathrm{d}P + \sum_i \mu_i \mathrm{d}n_i \qquad 8\text{-}(24)$$

すなわち，定温定圧過程においては

$$\mu_i = \left(\frac{\partial G}{\partial n_i}\right)_{T,P,n_j(j\neq i)} \qquad 8\text{-}(25)$$

が成り立つことがわかる．このように，過程によって化学ポテンシャルを求めるのに便利な状態関数が異なるので，注意してほしい．この様子を使える！Box 8-1 にまとめたので参照されたい．

さて，多くの化学プロセスが定温定圧過程で進行することを考えると，必然的に 8-(25) 式を使う機会が多くなる．ここで 8-(25) 式右辺の G の中身をもう少し書き下しておくと，実用上便利である．純物質の場合，第7章の 7-(13) 式より以下の式が成り立った．

$$\mathrm{d}G = -S\mathrm{d}T + V\mathrm{d}P \qquad 8\text{-}(26)$$

ここで示強性変数である T, P は，物質量 n の変化や組成に影響されないことに注意して 8-(26) 式の両辺を成分 i 1 mol 当たりの部分モル量で表現すると，定温定圧過程では成分 i の部分モルギブズエネルギー G_{mi} が μ_i に置き換わることに注意して

8

使える！Box 8-1

化学ポテンシャルの求め方

系のエネルギーを表す状態関数との関係式：過程による違い

μ_i	断熱	定温
定積	$\left(\dfrac{\partial U}{\partial n_i}\right)_{S,\,V,\,n_j(j\neq i)}$	$\left(\dfrac{\partial A}{\partial n_i}\right)_{T,\,V,\,n_j(j\neq i)}$
定圧	$\left(\dfrac{\partial H}{\partial n_i}\right)_{S,\,P,\,n_j(j\neq i)}$	$\left(\dfrac{\partial G}{\partial n_i}\right)_{T,\,P,\,n_j(j\neq i)}$

考える過程によって，化学ポテンシャルを求めるのに便利な状態関数が異なることに注意しよう．化学では等温・定圧下で進行する反応を扱うことが多いので，ギブズの自由エネルギーの計算と結び付けられることが多い．

$$\mathrm{d}G_{mi} = \mathrm{d}\mu_i = -S_{mi}\mathrm{d}T + V_{mi}\mathrm{d}p_i \qquad 8\text{–}(27)$$

となる．ここで圧力の記号が全圧Pではなく成分iの分圧p_iになることに注意しよう．8–(27) 式は多成分系における各成分iについて成り立っており，化学平衡や相平衡，溶液の性質を考える際重要な式になる．さらに定温定圧過程においては$\mathrm{d}T = 0$，$\mathrm{d}P = 0$であるから，8–(24) 式から

$$\mathrm{d}G = \sum_i \mu_i \mathrm{d}n_i \qquad 8\text{–}(28)$$

が成り立つ．ここで定温定圧下では，

$$G = \sum_i n_i G_{mi} = \sum_i n_i \mu_i \qquad 8\text{–}(29)$$

となるので，8–(29) 式の両辺の微分量は以下のように表わせる．

$$\mathrm{d}G = \sum_i \mathrm{d}(n_i\mu_i) = \sum_i (n_i\mathrm{d}\mu_i + \mu_i\mathrm{d}n_i) = \sum_i n_i\mathrm{d}\mu_i + \sum_i \mu_i\mathrm{d}n_i \qquad 8\text{–}(30)$$

ここで，8-(28)式と8-(30)式は常に等しくなるはずであるので

$$\sum_i n_i \mathrm{d}\mu_i = 0 \quad (\text{定温定圧}) \qquad 8\text{-}(31)$$

という関係式が導ける．これを**ギブズ-デュエムの式**(**Gibbs-Duhem equation**)という．これは混合物中の各成分iの化学ポテンシャルは8-(31)式で結び付けられており，混合物中の1つの成分の化学ポテンシャルは，他成分の化学ポテンシャルとは完全に独立には変化させることができないことを意味している．たとえば2成分系であれば8-(31)式は

$$\mathrm{d}\mu_2 = -\frac{n_1}{n_2}\mathrm{d}\mu_1 \qquad 8\text{-}(32)$$

となり，混合物の組成比(n_1/n_2)が決まっていれば，成分1の化学ポテンシャルを変化させた場合，成分2の化学ポテンシャルも8-(32)式にしたがって変化してしまうことを意味している．

さて，本節で導入した化学ポテンシャルは，どのようなイメージで捉えられるのだろうか．このとき，第5章5-1節で学んだ示強性・示量性の観点から捉えるとわかりやすい．温度や圧力で見た通り，もし温度や圧力など示強性変数の異なるものが接すると，示強性変数の高いほうから低いほうへ，対応する示量性変数が移動するかのように見える状態変化を経て，系は最終的に平衡に達する．ここで化学ポテンシャルは考えている物質1 mol当たりで規格化されているので，物質量によらない．したがって示強性変数と考えられる．これとペアとなる示量性変数は物質量(mol)であり，この両者の積はたしかにエネルギーの次元をもっている．

ここで定温定圧下にある物質Aと物質Bの混合物の平衡反応を考える．物質Aと物質Bのそれぞれの化学ポテンシャルの値μ_A，μ_Bは混合物中の物質Aと物質Bの組成比に依存する．もし混合物中で物質Aのギブズエネルギーのほうが物質Bのそれより高ければ，両者のギブズエネルギーが等しくなるまで，ペアとなる示量性変数，すなわち物質量が移動するように見える変化，すなわち化学反応が起こる．見える！Box 8-2を見てほしい．ここでは両者のギブズエネルギーが等しくなる組成比になるまでA→Bへの化学反

8

見える！Box 8-2

化学ポテンシャルは示強性・示量性の観点から捉えるとイメージしやすい

	示強性変数	ペアとなる示量性変数
熱的	T	S
力学的	P	V
化学的	μ	n

〈温度・圧力が一定の場合〉

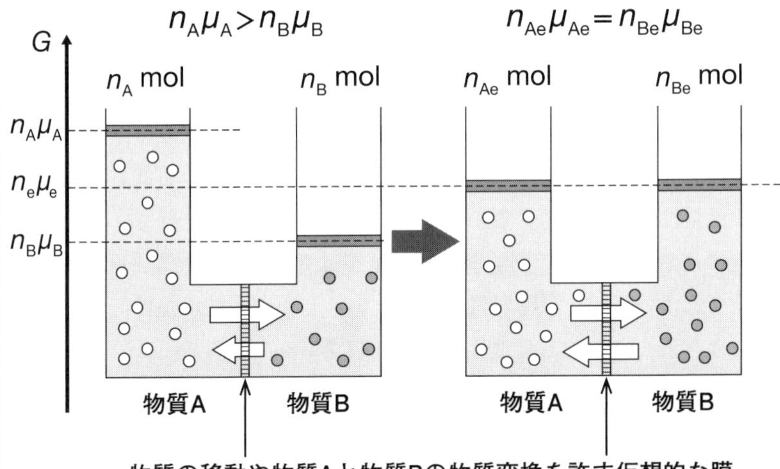

もし A と B のみからなる混合物中で物質 A のギブズエネルギーのほうが物質 B のそれより高ければ，両者のギブズエネルギーが等しくなるまで，それぞれの化学ポテンシャルと，ペアとなる示量性変数，すなわち物質量が移動（化学反応）して状態変化する．

応が起こり，結果としてAの物質量が減り（$n_{Ae} < n_A$），Bの物質量が増加（$n_{Be} > n_B$）することで，化学平衡に達する様子が描かれている．AとBの物質量の増減がわかりやすいよう仮想的な膜を用いて空間的に分離して描いてあるが，実際はAとBを空間的に分離する必要はない．なおμ_{Ae}，μ_{Be}やn_{Ae}，n_{Be}の添え字eは平衡（equilibrium）の頭文字から取っている．混合物の組成比（n_A/n_B）が変わると，A，Bの化学ポテンシャルμ_A，μ_Bも変わる点に注意してほしい．

Column　全圧と分圧

いよいよ多成分系を扱う段階に入った．圧力は系を構成する各粒子（原子・分子・イオン）が系の内壁を押す単位面積当たりの力であるので，もし各粒子の間に引力や斥力などの相互作用がない場合，すなわち理想気体として扱える場合は，系の全圧Pは，単純に系を構成する各成分iの分圧p_iの和として表すことができる．

$$P = p_1 + p_2 + \cdots + p_i = \sum_i p_i$$

後の章で化学平衡論や化学ポテンシャルを扱う際，全圧ではなく，各成分の分圧p_iが大切になるので，本書では全圧を大文字のP，分圧を小文字のpとして区別した．例えば8-(27)式では，系全体の自由エネルギーG[J]の無限微小変化dGではなく，成分iの化学ポテンシャルμ_i[J mol^{-1}]の無限微小変化$\mathrm{d}\mu_i$を考えているので，その圧力については成分iの分圧p_i[Pa]の無限微小変化dp_iと結びついていることに注意しよう．一方温度については，熱平衡に達している系内では温度は一様で均一なので，系全体の温度T[K]の無限微小変化dTのままで良いことに注意しよう．このとき化学ポテンシャルの次元[J mol^{-1}]中のmol^{-1}は，8-(27)式のdT，dp_iのそれぞれの係数である成分iの部分モルエントロピーS_{mi}[J K^{-1}mol^{-1}]ならびに部分モル体積V_{mi}[m^{3}mol^{-1}]に由来する．

8

Column　スポーツ選手と化学ポテンシャル

過程によって異なるがU，A，H，Gから求められる化学ポテンシャルについて，多少はイメージが湧いてきただろうか？　スポーツも化学変化も我々の日常的な環境，すなわち定温・定圧条件下で行われるので，このときは，化学ポテンシャルは混合物中の1 mol当たりのギブズエネルギーGに相当する．もし化学反応が起こった場合，ギブズエネルギー変化は取り出し得る最大の非膨張仕事量を教えてくれる．ここで1 molを「1人」，化学反応を「試合」と見立てると，同じ選手でも，チームの他メンバーや編成（混合する別の物質や組成比に相当）で，その人物の得点能力が変わり得ることと似ている．このとき，その人物の得点能力がチーム（混合物）内での化学ポテンシャルに相当するといえよう．サッカーやバレーボールの監督など，チームを構成する1人ひとりが最大の仕事をするために，チームを構成する選手やポジションを決定するのは，ある意味混合物全体のGの最適化といえる．ちなみにお互いに相性がいいことを英語でケミストリー（化学）が合う，という．フィジックス（物理）が合うとはいわないのもこのあたりから来ているかもしれない．

同じ選手でも……

第8章　章末問題

8-1 重量モル濃度が0.39 mol kg^{-1}のKCl水溶液の密度は1.013 g cm^{-3} (25 ℃) である．この溶液1 mol* 当たりの体積を求めよ．KClの分子量は74.55 g mol^{-1}とする．

＊（溶媒のモル数）＋（溶質のモル数）＝（溶液のモル数）

ヒント　重量モル濃度の定義の理解の問題である．

8-2 25 ℃，重量モル濃度0.9 mol kg^{-1}のKCl水溶液において，KCl（分子量74.55）の部分モル体積は29.79 cm^3 mol^{-1}，密度は1.038 g cm^{-3}である．この水溶液の水の部分モル体積を求めよ．

ヒント　溶媒の水1000 gについて考える．水のモル数は？　このときに含まれるKCl (0.9 mol) の質量は？　合わせた質量は？

8-3 水100 dm^3にメタノール15 dm^3を加えたら全体の体積が113 dm^3になった．メタノールの部分モル体積を推定せよ．なお，メタノールと水の密度 (20 ℃) はそれぞれ0.7928および0.9982 g cm^{-3}で，水の部分モル体積は純粋のそれに等しいとする．

ヒント　それぞれのモル数は？　水の部分モル体積は？　1 dm^3 = 10^3 cm^3

8-4 エタノールを20モル％含むエタノール水溶液100 cm^3をつくるには，エタノールと水を何cm^3ずつ混合すればよいか．ただし，この濃度におけるエタノールと水の部分モル体積はそれぞれ56.0と17.6 cm^3 mol^{-1}で，純粋なエタノールと水の密度はそれぞれ0.7893および0.9982 g cm^{-3}である．エタノールの分子量は46.1とする．

第8章　章末問題解答

8-1 溶液＝溶媒（多）＋溶質（少）

重量モル濃度：溶媒1000 g当たりの溶質のモル数

1 mol当たりの体積＝溶液の体積÷全モル数

溶媒1000 gを含む溶液を考えたとき，KClの質量＝0.39 mol × 74.55 g mol^{-1} = 29.07 g

$$溶液の体積 = \frac{溶液の質量}{溶液の密度} = \frac{1000\ \mathrm{g} + 29.07\ \mathrm{g}}{1.013\ \mathrm{g\ cm^{-3}}} = 1015.9\ \mathrm{cm^3}$$

$$全モル数 = \frac{1000\ \mathrm{g}}{18.0\ \mathrm{g\ mol^{-1}}} + 0.39\ \mathrm{mol} = 55.95\ \mathrm{mol}$$

$$1\ \mathrm{mol}当たりの体積 = \frac{1015.9\ \mathrm{cm^3}}{55.95\ \mathrm{mol}} \approx \underline{18.2\ \mathrm{cm^3\ mol^{-1}}}$$

8-2 溶媒の水1000g（$n_{\mathrm{W}} = 55.56$ mol）について考える．このとき含まれるKCl（0.9 mol）の質量は，$74.55\ \mathrm{g\ mol^{-1}} \times 0.9\ \mathrm{mol} = 67.10\ \mathrm{g}$となる．

	質量	モル数n_x
H_2O	1000 g	55.56 mol
KCl	67.10 g	0.90 mol
計	1067.1 g	56.46 mol

$$液体の体積 V = \frac{1067.1\ \mathrm{g}}{1.038\ \mathrm{g\ cm^{-3}}} = 1028\ \mathrm{cm^3}$$

また，$V = n_{\mathrm{W}}V_{\mathrm{W}} + n_{\mathrm{KCl}}V_{\mathrm{KCl}}$であるから，

$$V_{\mathrm{W}} = \frac{V - n_{\mathrm{KCl}}V_{\mathrm{KCl}}}{n_{\mathrm{W}}}$$ である．

$V = 1028\ \mathrm{cm^3}$，$n_{\mathrm{W}} = 55.56$ mol，$n_{\mathrm{KCl}} = 0.9$ mol，$V_{\mathrm{KCl}} = 29.79\ \mathrm{cm^3\ mol^{-1}}$を代入すると$V_{\mathrm{W}} = \underline{18.02\ \mathrm{cm^3\ mol^{-1}}}$となる．

8-3 水とメタノールの部分モル体積をそれぞれV_{W}およびV_{M}とする．溶液の体積は，

$$V = n_{\mathrm{W}}V_{\mathrm{W}} + n_{\mathrm{M}}V_{\mathrm{M}}$$

となる．次に，n_{W}とn_{M}を計算する．

$$水100\ \mathrm{dm^3}\,(= 100 \times 10^3\ \mathrm{cm^3})のモル数：n_{\mathrm{W}} = \frac{100 \times 10^3\ \mathrm{cm^3} \times 0.9982\ \mathrm{g\ cm^{-3}}}{18.0\ \mathrm{g/mol}} = 5546\ \mathrm{mol}$$

$$メタノール15\ \mathrm{dm^3}\,(= 15 \times 10^3\ \mathrm{cm^3})のモル数：n_{\mathrm{M}} = \frac{15 \times 10^3\ \mathrm{cm^3} \times 0.7928\ \mathrm{g\ cm^{-3}}}{32.0\ \mathrm{g\ mol^{-1}}} = 371.6\ \mathrm{mol}$$

また，V_{W}が純水のモル体積に等しいと仮定すると

$$V_{\mathrm{W}} = \frac{100 \times 10^3\ \mathrm{cm^3}}{5546\ \mathrm{mol}} = 18.03\ \mathrm{cm^3\ mol^{-1}}$$

したがって，$V = 5546 \times 18.03 + 371.6 \times V_{\mathrm{M}}\,[\mathrm{cm^3}]$となる．$V = 113 \times 10^3\ \mathrm{cm^3}$であるから，$V_{\mathrm{M}} = \dfrac{113 \times 10^3 - 5546 \times 18.03}{371.6} \approx \underline{35\ \mathrm{cm^3\ mol^{-1}}}$となる（これは純粋なメタノール$40.36\ \mathrm{cm^3\ mol^{-1}}$より小さい）．

8-4 n_E, n_W：エタノールと水のモル数

V_E, V_W：エタノールと水の部分モル体積

20モル％は$\dfrac{n_E}{n_E + n_W} = 0.2$である．よって$n_E = \dfrac{1}{4}n_W$となる．

溶液の全体の体積Vは

$V = n_E V_E + n_W V_W$に$n_E = \dfrac{1}{4}n_W$を代入し，

$V = \dfrac{1}{4}n_W V_E + n_W V_W$となる．

$$n_W = \frac{V}{\frac{1}{4}V_E + V_W} = \frac{100}{\frac{1}{4}\cdot 56.0 + 17.6} = 3.16\ \mathrm{mol}$$

$$n_E = 0.791\ (\mathrm{mol})$$

水の体積：$\dfrac{3.16\ \mathrm{mol} \times 18.0\ \mathrm{g\ mol^{-1}}}{0.9982\ \mathrm{g\ cm^{-3}}} = \underline{57.0\ \mathrm{cm^3}}$

エタノールの体積：$\dfrac{0.791\ \mathrm{mol} \times 46.1\ \mathrm{g\ mol^{-1}}}{0.7893\ \mathrm{g\ cm^{-3}}} = \underline{46.2\ \mathrm{cm^3}}$

第 9 章

化学ポテンシャルと化学平衡

複数の化学物質が共存して，化学反応によってお互いに変換し合っている系 — 平衡反応系 — に化学ポテンシャルの概念を応用すると，どのような知見が得られるのだろうか？　化学反応のほとんどは平衡反応であり，化学の根本的命題である「物質をほしいものにできるだけ多く変換する」ことを考えた場合，ほしい物質が生成するほうに平衡反応をどれだけ傾けることができるかが最も重要な課題となる．平衡反応系における反応系と生成系の物質量の偏り具合を表す便利なパラメータとして，平衡定数がある．

本章では平衡定数が，生成系と反応系の標準状態における自由エネルギーの差から求められることを学ぶ．どのような温度・圧力条件を設定すれば，平衡反応を生成系にどれだけ偏らせることができるかを知ることができれば，効率的かつ経済的な反応スキームの開発や，それをもとにした化学プラントの設計に大いに役に立つ．

9-1 化学ポテンシャルの圧力依存性と平衡定数

あなたは化学ポテンシャルの計算に全圧を用いてしまっていないだろうか？

今，ある温度Tにおいて，A，B，C，Dの4種類の化学物質が共存して以下のような化学平衡が成立している状態を考える．

$$\mathrm{aA + bB \rightleftharpoons cC + dD} \qquad 9\text{–}(1)$$

このとき，平衡に達しているので，物質A，B，C，Dの各温度T_A，T_B，T_C，T_Dはいずれも等しくTになっているはずである．なぜならもし温度差があれば，温度の高いほうから低いほうへエネルギーが熱という形態で移動するので，まだ平衡状態に達していないからである．したがって

$$T = T_A = T_B = T_C = T_D \qquad 9\text{–}(2)$$

が成り立つ．では圧力はどうであろうか？　圧力の起源は容器内の原子や分子の壁への衝突であり，当然，壁へ及ぼす力は，原子や分子などの粒子数に比例する．平衡反応系においては物質A，B，C，Dの物質量は必ずしも等しくないので，平衡時におけるA，B，C，Dのそれぞれの圧力，すなわち分圧の総和が全体の圧力（全圧）となっていると考えられる．

$$P_{全圧} = p_A + p_B + p_C + p_D \qquad 9\text{–}(3)$$

今，ある一定温度Tにおけるそれぞれの物質の化学ポテンシャルを考える．それぞれの物質の化学平衡時における圧力，すなわち分圧は異なるので，まず化学ポテンシャルがどのように分圧に依存するかを考察しよう．ここではまず簡便化のために，A，B，C，Dがすべて理想気体である場合を考える．まず理想気体Aに関して，Aの化学ポテンシャルμ_Aの圧力依存性を求めてみよう．各成分の化学ポテンシャルと分圧の関係が求まれば，混合物の化学ポテンシャルについて平衡条件を仮定したときに，それぞれの分圧が満たすべき関係式が導かれるものと期待される．

まず最も一般的な条件である定温定圧下での平衡反応を考えよう．

Aの部分モル体積ならびに部分モルエントロピーをそれぞれV_A，S_Aとすると，このときAの化学ポテンシャルは**使える！Box 8-1**と8-(27)式より，Aの分圧p_Aと温度Tの関数であることに注意して，

$$d\mu_A = V_{mA} dp_A - S_{mA} dT \qquad 9\text{-}(4)$$

が成り立つ．さて，温度一定であるから$dT = 0$であるので，

$$d\mu_A = V_{mA} dp_A \qquad 9\text{-}(5)$$

となる．ここで，A 1 mol当たりの理想気体の状態方程式より

$$V_{mA} = \frac{RT}{p_A} \qquad 9\text{-}(6)$$

が成り立つ．さて9-(5)式を分圧p_{Ai}からp_{Af}まで変化させたとき，化学ポテンシャルがμ_{Ai}からμ_{Af}まで変化したとする．このとき9-(6)式から9-(5)式の積分計算は以下のように表すことができる．

$$\int_{\mu_{Ai}}^{\mu_{Af}} d\mu_A = \int_{p_{Ai}}^{p_{Af}} \frac{RT}{p_A} dp_A \qquad 9\text{-}(7)$$

したがって，積分結果は

$$\mu_{Af}(p_{Af}, T) - \mu_{Ai}(p_{Ai}, T) = RT \ln \frac{p_{Af}}{p_{Ai}} \qquad 9\text{-}(8)$$

となる．ここで，始状態のAの分圧を$p_A^\circ = 1$ bar (10^5 Pa)，そのときの化学ポテンシャルをμ_A°，終状態のAの分圧をp_Aとする．ここで1 barは**標準圧力(standard pressure)**※12といわれるものである．この値には定義の歴史的遷移から多少の混乱が続いているので，脚注を参照して注意してほしい．

さて物質Aについて，その分圧が1 barからp_A barまで変化した際，それぞれの分圧における化学ポテンシャルの差は9-(8)式より

※12　以前の標準状態の圧力の定義は，SI単位系では1 atm (1.01325×10^5 Pa)であった．しかし1982年，IUPACは標準状態における圧力の定義を従来の1 atm (1.01325×10^5 Pa)から1 bar (10^5 Pa)に変更するよう推奨し，各種データーベースはこの推奨によって変更された．しかし現在でも標準状態のatm (1.01325×10^5 Pa)の値が使われていることが多いので，計算には注意を要する．

$$\mu_A(p_A, T) - \mu^\circ{}_A(p^\circ_A, T) = RT\ln\frac{p_A}{p^\circ_A} \qquad 9\text{-}(9)$$

と表される．さらに，シンプルに以下のように表される。

$$\mu_A = \mu^\circ_A + RT\ln\frac{p_A}{p^\circ_A} \qquad 9\text{-}(10)$$

$p_A{}^\circ = 1$ barを代入して，もっとシンプルに

$$\mu_A = \mu^\circ_A + RT\ln p_A \qquad 9\text{-}(11)$$

と表すことも多い．ただし右辺の対数の真数部分は「割る1」が省略されていることに注意してほしい．9-(11)式は気体Aの分圧が1 barのときの化学ポテンシャルに，$RT\ln p_A$という補正項を加えれば，任意の分圧p_A barにおける物質Aの化学ポテンシャルが求められることを表している．

9-2 標準自由エネルギー変化と平衡定数

あなたは平衡定数の計算にΔGを用いてしまっていないだろうか？

さて，反応系と生成系の物質量の増減が見かけ上なくなった状態が化学平衡状態であるから，定温定圧下の平衡状態においては，反応系と生成系において両者のギブズの自由エネルギーが等しくなる．

$$G_{生成系} = G_{反応系} \qquad 9\text{-}(12)$$

ここで9-(12)式の左辺と右辺それぞれの中身を考える．平衡状態における物質A，B，C，Dのそれぞれの物質量をn_A，n_B，n_C，n_Dとし，辺々の中身を化学ポテンシャルを用いて表すと9-(12)式は8-(29)式を用いて

$$n_C\mu_C + n_D\mu_D = n_A\mu_A + n_B\mu_B \qquad 9\text{-}(13)$$

と表される．ここで$n_A\mu_A$の項について9-(11)式より

$$n_A\mu_A = n_A\mu_A^\circ + n_ART\ln p_A \quad 9\text{–}(14)$$

となる．9–(1)式における化学量論式の量論比を用いて表すと，a, b, c, dはそのままでは無次元なので，たとえばn_A = a × 1 molとすると，9–(14)式は

$$\mathrm{a}\mu_A = \mathrm{a}\mu_A^\circ + RT\ln p_A^{\mathrm{a}} \quad 9\text{–}(15)$$

となる．B, C, Dについても9–(15)式と同様に表される．したがって，生成系と反応系のギブズの自由エネルギー差$\Delta G = G_{生成系} - G_{反応系}$は

$$\Delta G = \Delta G^\circ + RT\ln\frac{p_C^{\,c}p_D^{\,d}}{p_A^{\,a}p_B^{\,b}} \quad 9\text{–}(16)$$

と表される．このとき，9–(16)式の右辺第2項の対数の真数部分は**分圧商**(**reaction quotient，記号Q**)と呼ばれ，以下のように表される．

$$Q = \frac{p_C^{\,c}p_D^{\,d}}{p_A^{\,a}p_B^{\,b}} \quad 9\text{–}(17)$$

さて，生成系と反応系が平衡に達していると，定温定圧の環境下，生成系と反応系のギブズの自由エネルギー差($\Delta G = G_{生成系} - G_{反応系}$)が0になる(9–(12)式)．このとき平衡状態における分圧商Qを特別に**平衡定数**(**equilibrium constant**)と呼び，それを記号K_Pで表すと9–(16)式から

$$0 = \Delta G^\circ + RT\ln K_P \quad 9\text{–}(18)$$

という関係式が導かれる．すなわち平衡定数は，すべての構成成分が1 barの分圧を占めているときの生成系と反応系の自由エネルギー差ΔG°と関係づけられることがわかる．9–(18)式を変形して

$$\Delta G^\circ = -RT\ln K_P \quad 9\text{–}(19)$$

または，以下の関係式が成立する．

$$K_P = \exp\left(-\frac{\Delta G^\circ}{RT}\right) \quad 9\text{–}(20)$$

9-(19) 式ならびに9-(20) 式は，熱力学を化学平衡に応用した際の最も重要な式の1つである．すなわち平衡定数を求めたい場合は，平衡時ではなく，各成分気体の分圧がそれぞれ標準状態 (1 bar) のときの生成系と反応系のギブズの自由エネルギー差を求めればよいことがわかる．このときΔGとΔG°は別物であることに注意しよう．学生諸氏がこの点をよく混同しているのを見かけるので，使える！Box 9-1で強調しておく．

また，9-(20) 式の右辺から平衡定数は温度の関数でもあることに注意しよう．温度を上げていくと，指数の中の数値は小さくなっていく．すなわち，平衡定数は1へ近づいていく．すなわち温度を上げていくと生成系と反応系の偏りがなくなる方向へ平衡が移動する．

注意点としては，ここでは与えられた平衡反応式の係数a, b, c, dにそのままmolの次元をもたせるためa, b, c, dにそれぞれ1 molを乗じたが，仮にn molを乗じて計算すると，平衡定数の値はn乗の$K_P{}^n$になってしまう．しかし，このときの計算されるΔG°の値がn倍になるので，係数の比さえ変わらなければ，結局同じ9-(19) 式に落ち着く．平衡定数の値そのものや，考えている反応式でのΔG°そのものを議論するときは，考えている反応式を必ず明示して，それに対するΔG°を求めたり，平衡定数K_Pを求めたりするように注意しよう．係数と物質量molの関係について，より詳しくはColumnにまとめたので参照してほしい．

使える！Box 9-1

平衡定数と標準自由エネルギー変化

$$K_P = \exp\left(-\frac{\Delta G^\circ}{RT}\right)$$

平衡定数と結びつくのはΔGではなくΔG°であることに注意しよう

Column　標準状態を明記する重要性

化学平衡論を扱うようになり，標準状態を示す記号「°」が出てきた．それが何であれ，自然界を数値で定量的にとらえようとしたときに基準が必要になることが分かる．富士山の高さを3776 mといっても情報不足で，海面の高さが基準（0 m），という記述が必要である．たとえば成分iの化学ポテンシャルは

$$\mu_i = \mu_i^\circ + RT\ln\frac{p_i}{p_i^\circ}$$

と記述できる．この式において，μ_i°が基準における値，すなわち標準状態における値を示しており，温度T，分圧p_iのときの化学ポテンシャルμ_iが，我々が定めた基準値からどれくらいズレているかを表している．基準は明確化する必要はあるが，あらかじめ定義・明記さえしておけば，実用上便利なように，どこにとってもよい．ここでは気体を中心に話を進めてきたので圧力$p_i^\circ = 1$ bar（$= 10^5$ Pa）の値を標準状態としたが，物質の化学状態（液体，固体など）に応じて種々の便利かつ一般的な基準の取り方がある．第11章のColumnや，第12章の表12-1にまとめてあるので，適宜参照してほしい．

さて，標準状態の記号として「°」ではなく，中心に横線の入った「$\ominus$」もよく見る．じつはこの表記の方が，記号の由来となった船舶の喫水線（きっすい）記号（プリムソルマーク）の形をよくとどめている．喫水線とは，船に荷物を積んだとき，海面がこの線より上まってはいけない線で，船の沈没を防ぎ，航行の安全を守る基準記号である．海洋の塩分濃度は地域により異なるなど，どこを通るかで，安全な線の高さ（基準）が異なり，それが明記されている点が面白い．

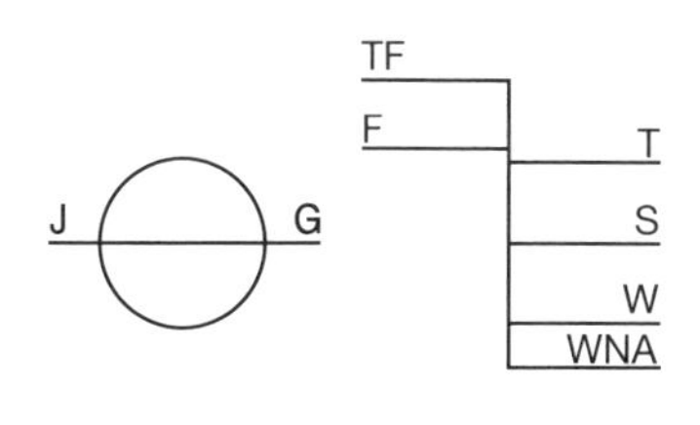

図　標準状態の記号の原型と言われるプリムソルマークの例

円の左右は検査機関のイニシャル．TF：熱帯淡水，F：夏季淡水，T：熱帯海水，S：夏期，W：冬期，WNA：冬期北大西洋．淡水，海水の別だけでなく季節によっても安全基準が変動するのが興味深い．

Column　量論係数，量論数，そして反応進行度

高等学校で化学平衡論を既に学んでこられた方も多いと思うので，ここで高校化学と大学の化学熱力学の間で，記号と用語のレベルから高大接続をはかりたい．まず9-(1)式で書かれた平衡反応の係数a, b, c, dは，**量論係数(stoichiometric coefficient)**と呼ばれ，常に正の値をとり物理的には無次元である．これが高校化学で学んだ平衡反応の係数である．これらの量論係数は9-(13)式における化学ポテンシャルの係数である物質量n_A, n_B, n_C, n_D [mol]とどのように結びつくのであろうか．

大学では平衡反応を同じく無次元の**量論数(stoichiometric number)**，記号はギリシア文字のν(ニュー)を用いて表すことが多い．量論数を用いて9-(1)式を表すと

$$\nu_A A + \nu_B B \rightleftarrows \nu_C C + \nu_D D$$

となる．一見記号が変わっただけのように見えるが量論数は正負の値を取ることが許される．反応の進行に伴い物質量が減る反応系では負の値，一方，物質量が増える生成系では正の値を取る．したがって上記の例では量論係数は量論数と以下のように結びつけられる．

$$\nu_A = -a\ (<0),\ \nu_B = -b\ (<0),\ \nu_C = c\ (>0),\ \nu_D = d\ (>0)$$

次に，無次元の量論係数と量論数を，molの次元をもった物質量とを結びつけよう．ここで**反応進行度(extent of reaction)** ξ(グザイ) [mol]を導入する．ξは反応進行の度合を表す共通単位のようなもので，ξが1単位分(＝1 mol分)進んだときに，9-(1)式で表される平衡反応において，反応系がそれぞれ$a\xi$, $b\xi$ mol分減少し，生成系が$c\xi$, $d\xi$ mol分増加する，という風に定義する．平衡を議論する際，各成分の化学ポテンシャルは平衡系を構成する混合物の各成分の比率に依存するので，$a\xi$, $b\xi$, $c\xi$, $d\xi$ mol分物質量が変化しても，系全体の組成比の変化が無視できるほど，混合系全体の物質量が多量にあると考える．もしくは混合物の組成比の変化が無視できるほどξを無限微小量$d\xi$ [mol]だけ平衡反応を進めると考えても良い．実際に平衡反応が反応系から

生成系に向かって無限微小量dξ [mol] だけ進んだとすると，9-(13) 式における反応系の物質量n_A, n_Bの無限微小量変化dn_A, dn_B [mol] は，それぞれ以下のように表される．

$$dn_A = \nu_A d\xi = -a d\xi \quad , \quad dn_B = \nu_B d\xi = -b d\xi$$

一方，生成系の物質量n_C, n_D [mol] の無限微小量変化についても同様に

$$dn_C = \nu_C d\xi = c d\xi \quad , \quad dn_D = \nu_D d\xi = d d\xi$$

と表される．ここで系全体の温度，圧力を一定に保つとすると，化学ポテンシャルはギブズエネルギーと結び付けて議論するのが適切である．そこで平衡反応が無限単位微小量dξ molだけ進んだときの系全体のギブズエネルギーの無限微小変化量dGを考えると

$$dG = \Sigma_i \mu_i dn_i = \{-\mu_A \times a d\xi - \mu_B \times b d\xi\} + \{\mu_C \times c d\xi + \mu_D \times \mathrm{d} d\xi\}$$

と表される．上式の両辺をdξで割り，系の温度T，圧力P（全圧）が一定という条件を明記するために偏微分記号を用いると，以下のように表される．

$$\left(\frac{\partial G}{\partial \xi}\right)_{T,\ P} = -\mathrm{a}\mu_A - \mathrm{b}\mu_B + \mathrm{c}\mu_C + \mathrm{d}\mu_D \ [\mathrm{J\ mol^{-1}}]$$

部分モル量である化学ポテンシャルは傾き（J $\mathrm{mol^{-1}}$），高校化学で学んだ量論係数a, b, c, dは無次元だったので，右辺と左辺の物理的な次元は確かに合っている．ここで9-(1) 式で表される平衡反応がξ 1 mol分だけ進んだときの系全体（混合物）のギブズエネルギー変化 [J $\mathrm{mol^{-1}}$] は，部分モル量（傾き）であることに注意して，反応rの添え字をつけて

$$\Delta_r G = G_{\text{生成系}} - G_{\text{反応系}} = \mathrm{c}\mu_C + \mathrm{d}\mu_D - \mathrm{a}\mu_A - \mathrm{b}\mu_B \quad [\mathrm{J\ mol^{-1}}]$$

と表される．これらの式を比較すると，量論係数と化学ポテンシャルで記述される右辺は同じものであることが分かる．化学平衡が成り立つとき$G_{\text{生成系}} = G_{\text{反応系}}$であるから

$$\left(\frac{\partial G}{\partial \xi}\right)_{T,\ P} = \Delta_r G = 0 \quad [\mathrm{J\ mol^{-1}}]$$

が成り立つ．縦軸を混合物全体のギブズエネルギーG[J]，横軸を反応進行度ξ[mol]にとると，平衡状態においては，傾き$\Delta_r G$が0になり，Gは極小値をとることが分かる（下図参照）．純物質においては，ある温度・圧力において，想定している状態変化が自発的におこりうるか否かを判定したが，平衡反応においては，もし傾き$\Delta_r G < 0$であれば反応系から生成系に（正反応），$\Delta_r G > 0$であれば反応系から生成系に（逆反応）が，最も安定な平衡組成に向かって自発的に起こりうる，と意味づけることができる．

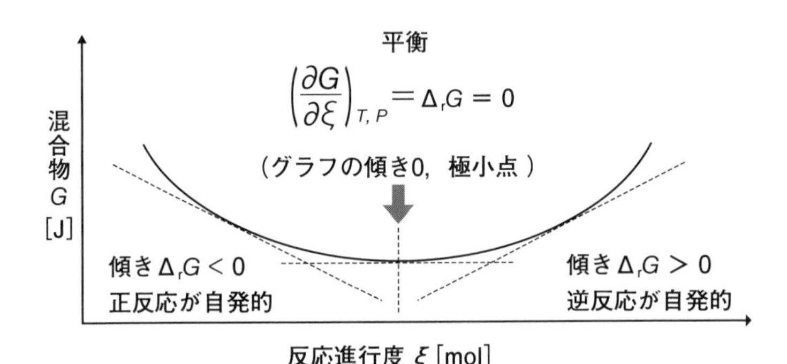

図　反応進行度ξと平衡系をなす混合物全体のギブズエネルギーGの関係

グラフの傾き$\Delta_r G$が0になるところで平衡に達し，混合物全体のギブズエネルギーGが極小値となる．

Column　圧平衡定数と標準圧平衡定数，無次元化された平衡定数

高大接続の観点から，高等学校で学んだ圧平衡定数と，今学びつつある圧平衡定数との違いを整理しておこう．高等学校では，例えば以下の平衡反応における圧平衡定数は，反応速度論に基づいて，正反応と逆反応の速度が等しくなった状態として，各成分の分圧を用いて以下のように定義された．

$$H_2(g) + I_2(g) \rightleftharpoons 2HI(g) \qquad K_P = \frac{p_{HI}{}^2}{p_{H_2}{}^1\, p_{I_2}{}^1} \quad \text{次元 なし}$$

$$N_2(g) + 3H_2(g) \rightleftharpoons 2NH_3(g) \qquad K_P = \frac{p_{NH_3}{}^2}{p_{N_2}{}^1\, p_{H_2}{}^3} \quad \text{次元 [Pa}^{-2}\text{]}$$

しかし，このままだと考えている平衡反応やその量論係数よって圧平衡定数の次元がいろいろ変わってしまう．一方，使える！BOX9-1の中の圧平衡定数K_pの式を見ると，その右辺の指数関数の中身は，エネルギーの次元をもつΔG°を，同じくエネルギーの次元をもつRTで割っているので常に無次元である．本章で扱った議論のどこが，高等学校で学んだ圧平衡定数と違ったのだろうか．

まず，本章（大学）では化学平衡は速度論的にではなく，エネルギー論的に扱われている．すなわち9-(13)式のように，定温定圧条件下では，反応系と生成系のギブズエネルギーのつり合いとして導かれている．ギブズエネルギーを構成している個々の成分の化学ポテンシャルの式中の対数の真数部分を見てみると，9-(10)式のように，平衡に関与する各成分iの分圧p_iは常に標準状態の圧力p°で割られていて，対数の真数部分（p_i / p°）は常に無次元になる．p°は一般的に1 bar＝10^5 Paに取られることが多いが，どこを基準としてとっても，圧力を圧力で割っているので無次元となる．さらに無次元の量を量論係数で何乗しても，無次元は無次元のままであることがポイントである．

ここで，高等学校と大学で学ぶ圧平衡定数について，平衡定数を記述するのに便利な直積記号Π（パイ，積productの頭文字pの大文字のギリシア文字）を用いて，その違いをより見やすくしておこう．先のヨウ化水素とアンモニアの生成における，それぞれの単体との平衡反応の圧平衡定数はそれぞれ，

$$K_P = p_{H_2}{}^{-1}\, p_{I_2}{}^{-1}\, p_{HI}{}^2$$

$$K_P = p_{N_2}{}^{-1}\, p_{H_2}{}^{-3}\, p_{NH_3}{}^2$$

と表される．先のColumnで導入した，正負の値をとれる量論数νを用いると，

$K_p = \prod_i p_i{}^{\nu_i}$ （p_iは各成分iの平衡時の分圧，次元は量論数によって変わりうる）

と一般化される．一方，本章で学んだエネルギー論的に導入された圧平衡定数

は，どの化学成分の分圧も共通の標準圧力p°で割られている（規格化されている）ので，

$$K_p = \prod_\mathrm{i} \left(\frac{p_\mathrm{i}}{p^\circ} \right)^{\nu_\mathrm{i}} \quad （常に無次元）$$

となる．IUPAC（International Union of Pure and Applied Chemistry，国際純正・応用化学連合）では，このように熱力学で用いられる無次元化された平衡定数を特に標準平衡定数といい，記号「◦」を付けて区別して表記している．圧平衡定数の場合は，その名称も標準圧平衡定数となり，その記号はK_p°となる．したがって国際的な表記法に則ると，

$$K_p^\circ = \prod_i \left(\frac{p_i}{p^\circ} \right)^{\nu_i} \quad （標準圧平衡定数）$$

となる．したがって使える！Box 9-1内の式は，使える！Box 9–2内の式のように書くのが国際的には最も推奨された表式となる．平衡定数を求める際，**標準状態における**ギブズエネルギーの差が重要であるので，ΔG°の標準状態を表す記号「◦」は決して省略できないが，一方のK_p°の記号「◦」は省略されることも多い．しかし式の右辺を見て無次元であれば，化学熱力学を用いてエネルギー論的に導入された無次元の標準圧平衡定数であることを見抜くことができる．

では，平衡反応に気体だけではなく，液体や固体が関与した場合の平衡定数の標準状態は，どのようにして無次元化されているのだろうか．どのような化学状態にあっても，化学平衡に関わる各成分の化学ポテンシャルを用いて平衡定数を求めることには変わらない．化学ポテンシャルを求める際に，それが圧力であれ濃度であれ，何を基準（標準状態）に決めたかが明記されていれば，実際の計算は，基準の値との比で計算されるので，同様に化学ポテンシャルの対数の真数部分は無次元となる．液体や固体の扱いでは，活量という概念が重要になる．詳しくは第11章以降を参照してほしい．

使える！Box 9-2

標準圧平衡定数と標準自由エネルギー変化
（IUPACの推奨表記編）

ΔG°の計算の際，各成分の分圧が標準圧力p°で規格化されており，無次元化された圧平衡定数（標準圧平衡定数）であることを明記する記号を入れた場合

$$K_p^\circ = \exp\left(-\frac{\Delta G^\circ}{RT}\right)$$

Column　無次元化された標準濃度平衡定数と標準質量平衡定数

本章では，混合気体における化学平衡について，考察しやすい気体を用いて，無次元化された圧平衡定数，すなわち標準圧平衡定位数K_p°を各成分iの分圧p_iを用いて

$$K_p^\circ = \prod_\mathrm{i}\left(\frac{p_\mathrm{i}}{p^\circ}\right)^{\nu_\mathrm{i}} \quad \text{（標準圧平衡定数）}$$

と表せた．エネルギー論で平衡定数を語るときは，反応系，生成系の各成分iの化学ポテンシャルが重要であり，気体の場合，成分iの化学ポテンシャルを求める際は

$$\mu_\mathrm{i} = \mu_\mathrm{i}^\circ + RT\ln\frac{p_\mathrm{i}}{p_\mathrm{i}^\circ}$$

のように，成分iの標準状態における分圧p_i°と，平衡到達時の分圧p_iの比が重要であった．常に標準状態の圧力との比を問題にしているので，対数の中の真数部は無次元である．比が重要になるので，基準となる標準状態は統一的に決めておけば，どこにとってもよい．気体の場合，一般に，基準となる圧力は$p_\mathrm{i}^\circ = 1$ bar［$= 10^5$ Pa］に取られる．では，気体ではなく，溶液中や固体中の成分iの体積濃度や質量濃度では，どこに基準を置かれるだろうか．それぞれ記号を

9

濃度（concentration）と質量（mass）の頭文字をとって表そう．基準となる値は，基本どこにとっても自由であるが，体積濃度の場合は混合物（溶液1 L中の成分iの物質量（mol）で，すなわち次元はc_i [mol L^{-1}] で，質量濃度の場合は混合物1 kg（キログラム）中の物質量（mol）で，すなわち次元はm_i [mol kg^{-1}] でとられることが多いので，$c^0 = 1$ [mol L^{-1}]，$m^0 = 1$ [mol kg^{-1}] とされるのが一般的である．したがって，無次元化された標準濃度平衡定数$K_c{}^\circ$，同じく標準質量濃度平衡定数$K_m{}^\circ$は，それぞれ平衡反応の量論数を用いて，以下のように表すことができる．

$$\mu_i = \mu_i{}^\circ + RT\ln\frac{c_i}{c_i^\circ} \quad \Rightarrow \quad K_c{}^\circ = \prod_i\left(\frac{c_i}{c^\circ}\right)^{\nu_i}$$

$$\mu_i = \mu_i{}^\circ + RT\ln\frac{m_i}{m^\circ} \quad \Rightarrow \quad K_m{}^\circ = \prod_i\left(\frac{m_i}{m^\circ}\right)^{\nu_i}$$

混合物中における，各成分iの1 molあたりの全体の熱力学量への寄与，すなわち混合物全体のエネルギーへの各成分の部分モルエネルギー量である化学ポテンシャル [J mol^{-1}] の導入によって，気体・液体・固体に関わらず，平衡定数は無次元化された．ただし，いずれも標準状態の定義が重要になるので注意しよう．このあとの章では，化学ポテンシャルを通じて，さまざまな相が関与する化学平衡へと議論を展開する．

9-3 自由エネルギーの平衡反応への応用 — ファント・ホッフの式 —

ΔG°ではなくΔH°から平衡定数を求めることはできるだろうか？

さて，定温定圧下で平衡定数はΔGではなくΔG°と密接に関係していることがわかったものの，そう簡単にΔG°は求まるものであろうか．実際の化学の現場ではΔG°ではなく，ΔH°から求められることがほとんどである．また逆に，異なる温度における平衡定数を複数点求めることで，ΔH°を求めることもある．本節では，平衡定数とΔH°の関係を表す，ファント・ホッフの式を求めよう.

定圧反応熱ΔH°は実測からも求められるし，エンタルピーが状態量であることを利用して，Hessの法則から代数計算により理論的に求めることもできる．9–2節で，ΔG°と平衡定数K_pの関係式を求めた．ここまで求めれば，あとはΔGとΔHの変換式であるギブズ–ヘルムホルツの式〔7–(42) 式〕を用いればただちに求めることができる．9–(19) 式の両辺をTで割ると，

$$\frac{\Delta G^\circ}{T} = -R\ln K_\mathrm{P} \qquad 9\text{–}(21)$$

となる．一方，標準状態におけるギブズ–ヘルムホルツの式は以下のように表せる．

$$\left[\frac{\partial}{\partial T}\left(\frac{\Delta G^\circ}{T}\right)\right]_P = -\frac{\Delta H^\circ}{T^2} \qquad 9\text{–}(22)$$

今ΔG°を考えているので，各成分気体の分圧はすべて標準状態 (1 bar)，全圧が一定であることから，ギブズ–ヘルムホルツの式が計算上仮定している$P=$一定という条件を満たしている．そこで9–(21) 式を9–(22) 式の左辺に代入し，かつRが定数であることに注意すると

$$-R\left(\frac{\partial}{\partial T}\ln K_\mathrm{P}\right)_P = -\frac{\Delta H^\circ}{T^2} \qquad 9\text{–}(23)$$

が得られる．さらに整理すると，以下の関係式が導かれる．

$$\left(\frac{\partial \ln K_\mathrm{P}}{\partial T}\right)_P = \frac{\Delta H^\circ}{RT^2} \qquad 9\text{–}(24)$$

ここで，9–(20) 式で見た通り，左辺のK_Pは温度Tの関数であり，またキルヒホッフの式〔3–(29)〕で見た通り，右辺の標準エンタルピー変化ΔH°も温度Tの関数となる．このようにして導いた平衡定数の温度依存性に関する9–(24) 式を**ファント・ホッフの式 (van't Hoff equation)** という．第12章に，浸透圧に関する別のファント・ホッフの式があるので，混同しないように気を付けよう．

ここで，気体定数Rは値が正の定数，温度Tは絶対温度であるので値が正であることに注意すると，9–(24) 式から次のことがいえる．

(1) 吸熱反応 ($\Delta H^\circ > 0$) のとき平衡定数K_Pの温度依存性は正になる．すなわち温度上昇に伴い，平衡定数K_Pは増加する．

(2) 発熱反応 ($\Delta H^\circ < 0$) のとき平衡定数K_Pの温度依存性は負になる．すなわち温度上昇に伴い，平衡定数K_Pは減少する．

このような平衡定数の温度依存性は，工業化学的，環境化学的に重要な意味をもつ．たとえば (1) の例としては，ジェットエンジンにおける窒素の酸化による一酸化窒素 (NO) の生成反応が挙げられる．

$$\mathrm{N_2(g) + O_2(g) \longrightarrow 2NO(g)} \quad [\Delta H^\circ = 180\ \mathrm{kJ}\ (\text{吸熱})] \qquad 9\text{–}(25)$$

ジェットエンジンは大気中の空気を取り込み高温で反応させる内燃機関である．このとき大気中の空気に窒素と酸素が多く含まれるため，吸熱反応である **9–(25)** の反応は高温の排気ガス中で効率的に進行してしまい，硝酸などの生成につながり酸性雨の原因の1つとなっていると考えられている．

一方，(2) の例として窒素の水素による還元反応の1つ，アンモニアの合成反応を見てみよう．

$$\mathrm{N_2(g) + 3H_2(g) \longrightarrow 2NH_3(g)} \quad [\Delta H^\circ = -92\ \mathrm{kJ}\ (\text{発熱})] \qquad 9\text{–}(26)$$

この反応は窒素の固定化反応であり，生成物からさらに人工肥料の原料である硫酸アンモニウムがつくられる．この反応は発熱反応であるので，平衡定数は温度の上昇とともに減少する．

Column　空気からパンをつくる反応

高校化学の平衡の単元でもおなじみのアンモニアの合成反応

$$N_2(g) + 3H_2(g) \longrightarrow 2NH_3(g)$$

は別名「空気からパンをつくった反応」ともいわれている．これまで大気中の窒素の固定化反応は，微生物に頼っていたので，その生産量には自ずと限界があった．この反応で生成したアンモニアはさらに肥料となる硫酸アンモニウムに使われ，初めて人工的に合成された肥料となった．この反応の開発と工業化により，食糧生産の観点から地球上の人口の上限を当時の25億人から50億人まで引き上げることができた，とまでいわれている．本反応を開発したフリッツ・ハーバー（Fritz Haber，ドイツ）はアンモニア合成法の開発で1918年に，その工業化に成功したカール・ボッシュ（Carl Bosch，ドイツ）は，高圧化学的方法の開発と発明で1931年にそれぞれノーベル化学賞を受賞している．

本文中で述べた通り，この反応は発熱反応なので，温度を下げたほうが平衡が生成系，すなわちアンモニア側へ傾く．しかし，反応の速度論の観点から，温度を低下させると反応そのものが遅くなり，単位時間当たりの生産量が重要になる工業的目的には温度を下げるわけにはいかない．一方，圧力を上げるとルシャトリエの原理より平衡は生成系のほうへ傾くことがわかる．温度制御が主流であった当時，別の角度，すなわちもう1つの制御パラメータである圧力に着目し，苦労の末，高圧をかけられる容器を独自に開発したことでハーバーはこのジレンマを克服した．他者とは違う観点からのアプローチが功を奏した例としても教訓的でもある．

9-4 ファント・ホッフプロット

ファント・ホッフプロットをつくれれば平衡定数と標準状態における定圧反応熱の関係がたいへん見やすくなる.

前節で，平衡定数は温度に依存することを学んだ．では，任意の温度における平衡定数を求めるにはどうしたらよいか．これは反応容器の条件と，生成物の量の関係を知る上で最も重要な問題である．しかし9-(24) 式が微分形式のままでは直感的に理解しづらいので，これを積分した形に表してみよう．ここでは温度をT_1からT_2まで変化させることを考える．このとき温度T_1における平衡定数をK_{P1}，温度T_2ではK_{P2}とする．あまり温度範囲が広くなければ，その間の標準エンタルピー変化ΔH°の温度依存性が無視できるものとして，ΔH°を定数とみなすと，9-(24) 式は温度で簡単に積分でき，以下の式が導かれる．

$$\ln K_{P2} - \ln K_{P1} = -\frac{\Delta H^\circ}{R}\left(\frac{1}{T_2} - \frac{1}{T_1}\right) \qquad 9\text{–}(27)$$

ファント・ホッフの式の意味

$$\ln K_{P2} - \ln K_{P1} = -\frac{\Delta H^\circ}{R}\left(\frac{1}{T_2} - \frac{1}{T_1}\right)$$

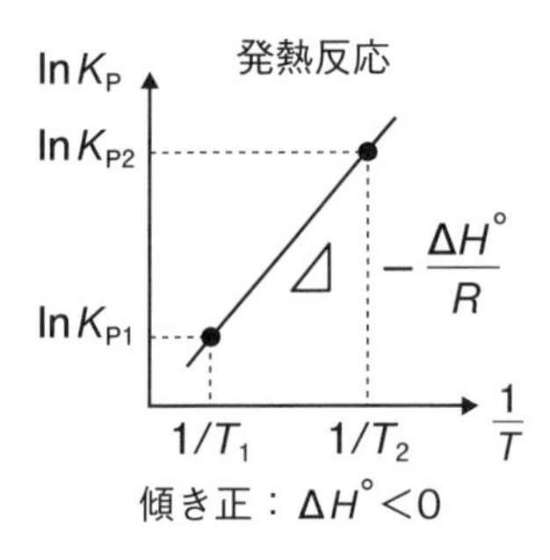

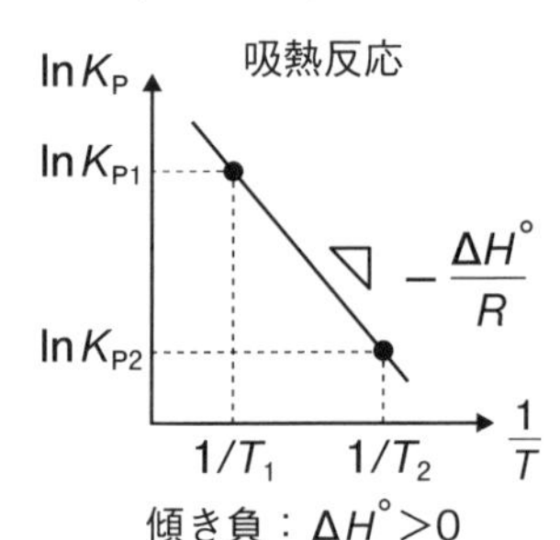

プロットの傾きから発熱反応か吸熱反応か判別できる.

ここで縦軸を平衡定数の自然対数$\ln K_P$，横軸を温度の逆数である$1/T$としたプロットを考える．見える！Box 9-1を見てほしい．このときΔH°の符号によって，直線の傾きが正になったり，負になったりする．逆に，温度を変えながら，各温度での平衡定数をプロットしていくと，ΔH°の温度依存性が無視できるほどの比較的狭い温度範囲ではプロットは直線にのる．その直線の傾きの符号から発熱反応か吸熱反応か，さらにはその傾きの値から定圧反応熱ΔH°を求めることができる．この様子を使える！Box 9-3にまとめたので参照してほしい．このように縦軸を平衡定数の自然対数$\ln K_P$，横軸を温度の逆数である$1/T$としたプロットを**ファント・ホッフプロット（van't Hoff plot）**という．ファント・ホッフプロットは任意の温度における平衡定数を求めるときや，定圧反応熱を実験的に求めるときによく使用される．一見複雑なファント・ホッフの式も，ファント・ホッフプロットを作成すれば，中学校の数学で学んだ直線の問題に帰着できることがわかる．

使える！Box 9-3

ファント・ホッフプロットの使い方

$$\ln K_{P2} - \ln K_{P1} = -\frac{\Delta H^\circ}{R}\left(\frac{1}{T_2} - \frac{1}{T_1}\right)$$

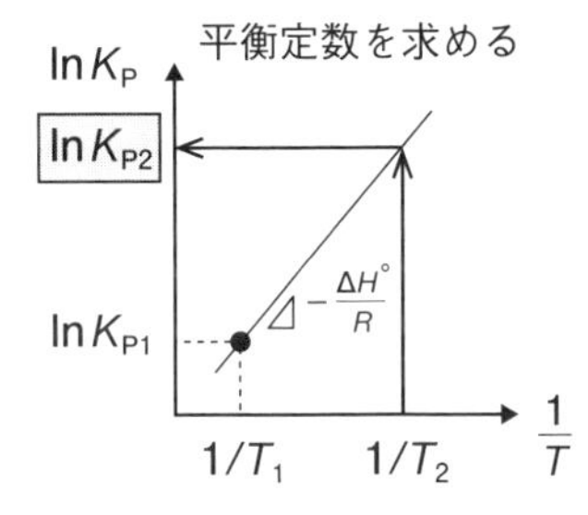

通る1点と傾きから，別の通る点（任意の温度での平衡定数）を求める．

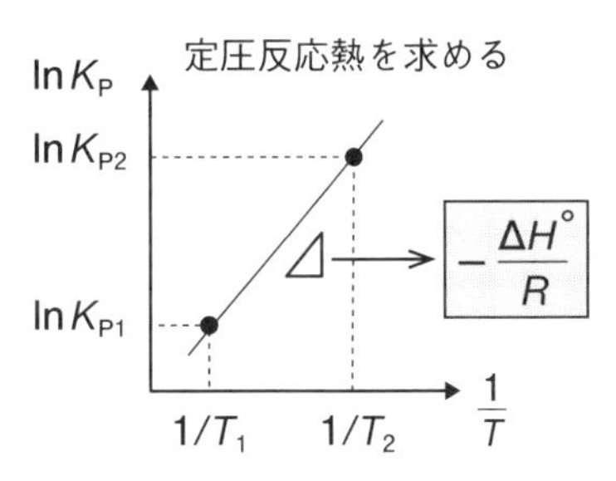

通る2点から傾き（定圧反応熱）を求める．

実際にプロットして中学数学の直線の方程式の問題へ帰着すると計算が楽．

第9章　章末問題

9-1 (1) ある反応の平衡定数を，温度T_1とT_2においてそれぞれK_{P1}とK_{P2}とする．ファント・ホッフの式を用いて，この反応の反応熱$\Delta H°$とT_1，T_2，K_{P1}，K_{P2}の関係式を導出せよ．$\Delta H°$は温度によらず一定としてよい．

(2) NH_3の生成反応の平衡定数K_Pは，温度350℃と450℃においてそれぞれ26.6×10^{-3}と6.59×10^{-3}である．(1)で求めた関係式から反応熱を求め，さらにそれを用いてファント・ホッフプロット（傾きがわかる定性的な図）を示せ．また，発熱反応であるか吸熱反応であるかを明記せよ．

$$\frac{1}{2}N_2 + \frac{3}{2}H_2 \longrightarrow NH_3$$

9-2 SO_2を空気中で800 Kに加熱したとき，平衡状態における生成物と反応物のモル比n_{SO_3}/n_{SO_2}を求めよ．ただし，空気中の酸素分圧を0.210 barとする．

800 Kにおける標準生成自由エネルギー

$\Delta G°_{SO_2}$：$-608.8\ \mathrm{kJ\ mol^{-1}}$

$\Delta G°_{SO_3}$：$-655.2\ \mathrm{kJ\ mol^{-1}}$

9-3 次のような解離を行う物質Aがある．

$$3A \rightleftharpoons B + C$$

A，B，Cはいずれも理想気体である．①圧力1 bar，300 Kにおいて，Aの40%が解離することが観測された．②圧力を1 barに保ったまま，温度を10 K高めたところAの解離は41%に増えた．

(1) ①と②の場合の，平衡定数を求めよ．

(2) この系の標準反応熱を求めよ．

9-4 ある反応の平衡定数は次の通りである．この反応の反応熱を求めよ．$\Delta H°$は温度によらず一定としてよい．

温度	400℃	600℃
K_P	4.00×10^3	3.00×10^5

9-5 エチレンの水和反応

$$C_2H_4 + H_2O \rightleftharpoons C_2H_5OH$$

の自由エネルギー変化$\Delta G°$は下記の式で表される．573 Kにおける平衡定数を求めよ．

$$\Delta G° = -3.47 \times 10^4 + 26.4T\ln T + 45.2T \quad \mathrm{J\ mol^{-1}}$$

第9章　章末問題解答

9-1 (1) ファント・ホッフの式を変形して

$$\left(\frac{\partial \ln K_{\mathrm{P}}}{\partial T}\right)_P = \frac{\Delta H°}{RT^2}$$

$$\mathrm{d}(\ln K_{\mathrm{P}}) = \frac{\Delta H°}{RT^2}\mathrm{d}T$$

とする．$\frac{\mathrm{d}(1/T)}{\mathrm{d}T} = -\frac{1}{T^2}$より$\mathrm{d}\left(\frac{1}{T}\right) = -\frac{1}{T^2}\mathrm{d}T$であるから，

$\mathrm{d}(\ln K_{\mathrm{P}}) = -\frac{\Delta H°}{R}\mathrm{d}\left(\frac{1}{T}\right)$となる．

これを温度T_1からT_2まで，平衡定数K_{P1}からK_{P2}まで積分する．$\Delta H°$が温度によらず一定と仮定できるため，

$$\int_{\ln K_{\mathrm{P1}}}^{\ln K_{\mathrm{P2}}} \mathrm{d}(\ln K_{\mathrm{P}}) = -\frac{\Delta H°}{R}\int_{1/T_1}^{1/T_2} \mathrm{d}\left(\frac{1}{T}\right)$$

$$\ln K_{\mathrm{P2}} - \ln K_{\mathrm{P1}} = -\frac{\Delta H°}{R}\left(\frac{1}{T_2} - \frac{1}{T_1}\right) \cdots\cdots\cdots ①$$

が得られる．

(2) ①式に温度623 K (350 ℃)，723 K (450 ℃)，平衡定数26.6×10^{-3}と6.59×10^{-3}の値を入力すると

$$\ln\frac{6.59 \times 10^{-3}}{26.6 \times 10^{-3}} = -\frac{\Delta H°}{R}\left(\frac{1}{723} - \frac{1}{623}\right)$$

$$\Delta H° \approx -52.3\ \mathrm{kJ\ mol^{-1}}$$

となる．ファント・ホッフプロットは$\Delta H°$が負であるため，傾き$(-\Delta H°/R)$は正になり，右上がりのグラフになる．すなわち発熱反応である．

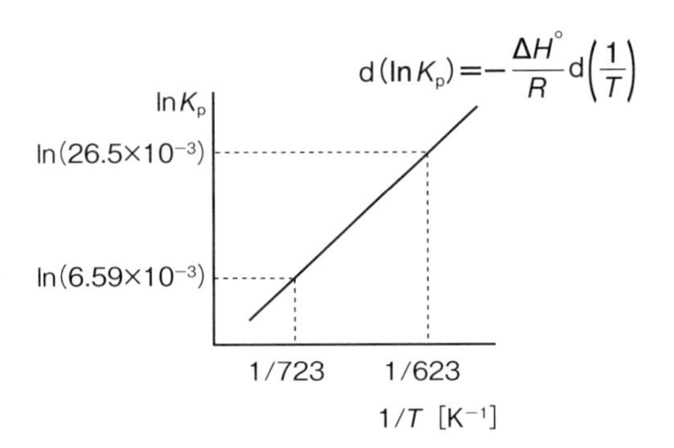

9-2 反応式は$SO_2(g) + \frac{1}{2}O_2(g) \longrightarrow SO_3(g)$である．

自由エネルギー変化は

$$\Delta G^\circ = \Delta G^\circ_{f\cdot SO_3(g)} - \left(\Delta G^\circ_{f\cdot SO_2(g)} + \frac{1}{2}\Delta G^\circ_{f\cdot O_2(g)}\right)$$
$$= -655.2 - \left\{(-608.8) + \frac{1}{2}\times 0\right\}$$
$$= -46.4\ \mathrm{kJ/mol}$$

である．

$\Delta G^\circ = -RT\ln K_P = -RT\ln\left(\frac{p_{SO_3}}{p_{SO_2}p_{O_2}^{0.5}}\right)$より，$\frac{p_{SO_3}}{p_{SO_2}p_{O_2}^{0.5}} = e^{-\frac{\Delta G^\circ}{RT}}$である．

$$\frac{P_{SO_3}}{P_{SO_2}} = \frac{n_{SO_3}}{n_{SO_2}} = P_{O_2}^{0.5}e^{-\frac{\Delta G^\circ}{RT}} = \underline{\sqrt{0.210}\times e^{\frac{46400}{8.314\times800}} \cong 491}$$

$2SO_2(g) + O_2(g) \longrightarrow 2SO_3(g)$で計算しても答えは同じ．

9-3 (1) Aの解離度をαとする．

$$3A \rightleftharpoons B + C$$
$$3(1-\alpha) \quad\quad \alpha \quad \alpha$$

平衡定数は$K_P = \frac{p_B p_C}{p_A^3}$で与えられる．各物質の分圧は

$$p_A = \frac{3(1-\alpha)}{3(1-\alpha)+\alpha+\alpha}\times 1\ \mathrm{bar}$$
$$= \frac{3(1-\alpha)}{3-\alpha}$$

$p_B = p_C = \frac{\alpha}{3-\alpha}$となる．

Aの40 %が解離している場合①は

$\alpha = 0.40$

$p_A = 0.6923$

$p_B = p_C = 0.1538$

$K_{P①} = 0.0713\cdots\cdots \approx \underline{0.071}$

Aの41 %が解離している場合②は

$\alpha = 0.41$

$p_A = 0.6834$

$p_B = p_C = 0.1583$

$K_{P②} = 0.0785\cdots\cdots \approx \underline{0.079}$

(2) ファント・ホッフの式 $\left(\frac{\partial \ln K_P}{\partial T}\right)_P = \frac{\Delta H^\circ}{RT^2}$ より，300 Kから310 Kまで積分する．

$$\ln\frac{K_{P②}}{K_{P①}} = -\frac{\Delta H^\circ}{R}\left(\frac{1}{T_②} - \frac{1}{T_①}\right)$$

$$\ln\frac{0.0785}{0.0713} = -\frac{\Delta H^\circ}{8.314}\left(\frac{1}{310} - \frac{1}{300}\right)$$

$$\Delta H^\circ \approx \underline{7.4\ \text{kJ mol}^{-1}}$$

9-4 ファント・ホッフの式より，

$$\left(\frac{\partial \ln K_P}{\partial T}\right)_P = \frac{\Delta H^\circ}{RT^2}$$

ΔH°が温度によらず一定と仮定できるため，両辺を673 K (400 ℃) から873 K (600 ℃) まで積分すると〔問題9-1の (1) を参照〕，

$$\int_{\ln K_{P(673K)}}^{\ln K_{P(873K)}} d(\ln K_P) = -\frac{\Delta H^\circ}{R}\int_{1/673}^{1/873} d\left(\frac{1}{T}\right)$$

となり，したがって，

$$\ln\frac{K_{P\cdot 873K}}{K_{P\cdot 673K}} = -\frac{\Delta H^\circ}{R}\left(\frac{1}{873} - \frac{1}{673}\right)$$

$$\ln\frac{3.0\times 10^5}{4.0\times 10^3} = -\frac{\Delta H^\circ}{R}\left(\frac{1}{873} - \frac{1}{673}\right)$$

$$\Delta H^\circ = \underline{105\ \text{kJ/mol}}$$

9-5 $T = 573$ Kにおいて，$\Delta G^\circ = 8.727\cdots\times 10^4\ \text{J mol}^{-1}$である．

$\Delta G^\circ = -RT\ln K_P$ より

$$K_P = \exp\left\{\frac{-\Delta G^\circ}{RT}\right\} \approx \exp(-18.32) \approx \underline{1.11\times 10^{-8}}$$

9

第10章

自由エネルギーの化学への応用 ― 相平衡 ―

あなたは水の沸点は常に100 ℃であると思い込んでいないだろうか？　地上より圧力の低い高い山の上では水の沸点は100 ℃よりも低くなり，高温の水を必要とする調理は工夫が必要となる．また，我々が比較的身近に見ることのできるグラファイトとダイヤモンドは，同じ炭素原子からなる同素体であるが，どうしてこのような異なった形態を選び取るのだろうか？　さらにもう一歩考えを進めて，何らかの方法でグラファイトをダイヤモンドに変換することはできないだろうか？　前章までに学んできた自由エネルギーや化学ポテンシャルの概念は，このような夢のような物質変化の道しるべを与えてくれる．

本章では水（液体）と水蒸気（気体）やグラファイトとダイヤモンドなど，異なる相が平衡に達して共存している相境界の温度・圧力条件を記述するクラペイロンの式を学ぶ．クラペイロンの式は相図上で，地図でいうところの国境線を表すようなものであり，物質の相変化を考察する際たいへん重要かつ便利な式である．

10-1 純物質の相平衡

なぜ液体の水と気体の水は共存できるのだろうか？

物質には，固体・液体・気体の3つの**相**(phase)がある．ある特定の物質を考えた場合，温度と圧力によって，どの相が熱力学的に安定となるかが決まる．ここで熱力学的に安定とは，考えている温度・圧力条件下で，その相の自由エネルギーが最も低い値をとる，ということである．このとき考えている温度・圧力条件で，最も熱力学的に安定な相を温度・圧力の地図のように示したのが，**相図**(phase diagram)である．

図10-1に水の相図の例を示す．温度，圧力を決定したら，その交点を示す座標のある相が，その温度･圧力において熱力学的に最も安定な相である．我々の生活する日常的な圧力(10^5 Pa)下で，低温から徐々に温度を上げていくと，水はまず固体であるが(A点)，ある温度(B点＝融点)で液体になり，さらに温度を上げていくと，ある温度(C点＝沸点)で気体になることが相図から読み取れる．一方，低圧(611.66 Pa未満)であると，水は液体状態を経ずに，固体から直接気体になることが読み取れる．もし凍った状態から液

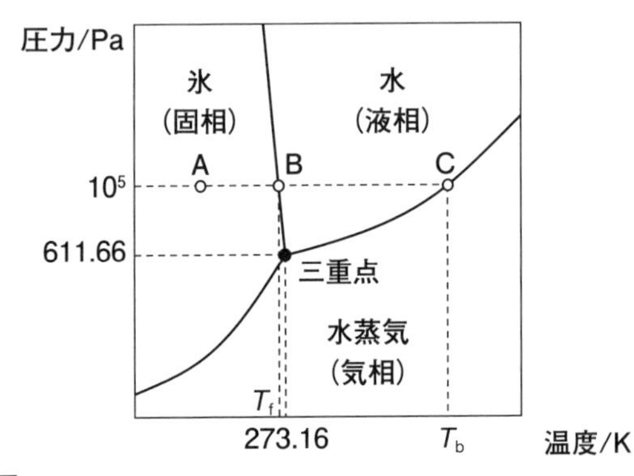

図10-1 水の相図

図中のB点，C点はそれぞれ，考えている気圧(図中では1 bar＝10^5 Pa)における融点T_f，沸点T_bを表す．圧力によってこれらの値は変化する．三重点における温度(273.16 K)・圧力(611.66 Pa)の値は『平成23年理科年表』(国立天文台編)を参照した．

体状態を経ずに水分子を取り除きたければ，低圧条件で乾燥すればよいことがわかる．これは凍結乾燥という化学でよく用いられる乾燥操作の基本原理となっている．

さて，地図においては，国や地方同士の境界線が示されていることが重要である．相図においては相同士の境界線，すなわち**相境界 (phase boundary)** が示されていることが重要である．相境界では，この境界をまたぐ2つの相が平衡状態として存在し得る．ここではまず相境界を求めることを考えよう．

まず純物質で，お互いに平衡にある2つの相からなる単純な系を考える．たとえば容器に閉じ込めて，ある温度・圧力に保たれた水（液相）と水蒸気（気相）の間の相平衡を考えてみる．この2つの相間は，物質（ここでは水分子）を自由にやり取りできるので，この2つの相はそれぞれ開放系であるといえる．開放系の熱力学的平衡は，化学ポテンシャルを考察すればよいことを第9章で学んだ．そしてそれは定温定圧のもとでは当該物質1 mol当たりの系全体のギブズエネルギーへの寄与分に他ならなかった．さて温度と圧力を一定に保ったまま両相の間で水分子を微小量dn molだけ移動させたとする．この過程における系全体でのギブズエネルギーの微小変化量は以下のように表される．

$$\mathrm{d}G = \mu_\mathrm{g}\mathrm{d}n_\mathrm{g} + \mu_\mathrm{l}\mathrm{d}n_\mathrm{l} \qquad 10\text{–}(1)$$

ここでgは気相（gas），l は液相（liquid）を表すものとする．さて，水と水蒸気を入れた容器は密閉されており，かつ電気分解などの化学反応で水分子が失われることがないと考えると，水分子の総量が減ったり増えたりすることはないので，たとえば液相中の水分子の物質量（n_l）の減少は，気相中の水分子の物質量（n_g）の増加に他ならない．したがって

$$\mathrm{d}n_\mathrm{g} = -\,\mathrm{d}n_\mathrm{l} \qquad 10\text{–}(2)$$

が成り立つ．10–(2) 式より，温度・圧力一定のもと，10–(1) 式をdn_gで整理すると次の式が成り立つ．

$$\mathrm{d}G = (\mu_\mathrm{g} - \mu_\mathrm{l})\,\mathrm{d}n_\mathrm{g} \qquad 10\text{–}(3)$$

もしこの系が平衡に達しているならば，系全体のギブズエネルギーGは極小値をとり，その無限微小変化量dGは0となる（第9章Column参照）．このときいかなるdn_g（すなわち$dn_g > 0$ないしは$dn_g < 0$）についても$dG = 0$になるための条件は10–(3)式において以下の式が成立することである．

$$\mu_g = \mu_l \qquad 10\text{–}(4)$$

もし気相と液相が平衡に達していない場合は，次のように考えることができる．仮に気相の水分子の化学ポテンシャルのほうが液相の化学ポテンシャルより高いものとする．

$$\mu_g - \mu_l > 0 \qquad 10\text{–}(5)$$

このとき自発変化の方向性は$dG < 0$であるから，10–(3)式より$dn_g < 0$となる．すなわち気相の水分子は減少して液相へ移動する．逆に液相の水分子の化学ポテンシャルのほうが気相の化学ポテンシャルより高い場合，つまり

$$\mu_g - \mu_l < 0 \qquad 10\text{–}(6)$$

のときは，今度は逆に液相の水分子は減少して気相へ移動する（$dn_g > 0$）．このように，もし気相と液相の化学ポテンシャルが異なると，いずれの場合でも化学ポテンシャルが高いほうから低いほうに物質量が移動することがわかる．μが化学ポテンシャルと呼ばれるのはこのように物質量の移動の方向性を規定していることに由来する．このことを示強性変数・示量性変数の観点から第12章の**表12–1**にまとめているので参考にしてほしい．

10–2 クラペイロンの式

クラペイロンの式の2つの形を自在に使いこなそう．

グラファイトやダイヤモンドは，それぞれ同じ炭素原子から成り立っている純物質であるが，見た目はもちろん電気的･光学的性質もまったく異なる．

これらは温度・圧力条件によって，どちらの化学状態が熱力学的に安定かが決まる．このときどの温度・圧力でどの化学状態が最も安定か一目でわかるような地図のようなものがあると便利である．そこで横軸，縦軸にそれぞれ温度・圧力をとり，相図をつくることを考える．ここでは温度・圧力を軸とした相図上で，純物質の相と相の境界線の傾きを決定できる**クラペイロンの式**(Clapeyron's equation)を導いてみよう．

考え方は前章までとまったく同じであるので話を一般化しよう．たとえば炭素を例にとり，ダイヤモンドをα相，グラファイトをβ相としてもいいし，水を例にとり，水蒸気(気体)をα相，水(液体)をβ相としてもいい．相間で物質のやり取りがあるので，各相は開放系である．したがって，考える熱力学的平衡条件には化学ポテンシャルを用いる．

まず，純物質でも異なる相であるα相とβ相の境界線を考える．境界線上ではα相とβ相が平衡に達しており，両相の化学ポテンシャルが等しいという条件が成り立っている．ある温度，圧力の座標$(T,\ P)$が境界線上にのっているとすると10-(4)式と同様，以下の関係式が成り立つ．

$$\mu_\alpha(T, P) = \mu_\beta(T, P) \qquad 10\text{-}(7)$$

さて，温度，圧力をわずかに$(\mathrm{d}T,\ \mathrm{d}P)$だけ動かして，境界線に沿って少しだけ進んでみよう．温度，圧力の座標が$(T + \mathrm{d}T,\ P + \mathrm{d}P)$で，$\alpha$相，$\beta$相の化学ポテンシャルがそれぞれ$\mathrm{d}\mu_\alpha$，$\mathrm{d}\mu_\beta$だけ変化しても境界線上であれば平衡が成り立つので，

$$\mu_\alpha + \mathrm{d}\mu_\alpha = \mu_\beta + \mathrm{d}\mu_\beta \qquad 10\text{-}(8)$$

となる．10-(8)式から10-(7)式を引くと

$$\mathrm{d}\mu_\alpha = \mathrm{d}\mu_\beta \qquad 10\text{-}(9)$$

となる．第8章の8-(27)式から，10-(9)式は次のように表せる．

$$V_{\mathrm{m}\alpha}\mathrm{d}P - S_{\mathrm{m}\alpha}\mathrm{d}T = V_{\mathrm{m}\beta}\mathrm{d}P - S_{\mathrm{m}\beta}\mathrm{d}T \qquad 10\text{-}(10)$$

ここで純物質を考えているので分圧pが全圧Pと表されることに注意しよ

う．次に10–(10) 式を温度，圧力の無限微小変化量dP，dTで辺々整理すると次式を得る．

$$(V_{m\alpha} - V_{m\beta})\,dP = (S_{m\alpha} - S_{m\beta})\,dT \qquad 10\text{–}(11)$$

さらにα相とβ相の値の差をΔ記号を用いて辺々整理すると

$$\frac{dP}{dT} = \frac{S_{m\alpha} - S_{m\beta}}{V_{m\alpha} - V_{m\beta}} = \frac{\Delta S_m}{\Delta V_m} \qquad 10\text{–}(12)$$

となる．10–(12) 式を見ると，相境界線上のある温度，圧力 (T，P) における傾きは，その温度，圧力におけるα相とβ相の1 mol当たりのエントロピー差と体積差，すなわち部分モルエントロピー差と部分モル体積差の比で求められることがわかる．体積差は比較的簡単に計ることができそうだが，エントロピー差はそう簡単にはわかりそうにない．そこで10–(12) 式をもう少し使いやすい形にしておこう．

相境界上ではα相，β相の2相が化学平衡に達しているのだから，

$$\Delta\mu = \mu_\alpha - \mu_\beta = 0 \qquad 10\text{–}(13)$$

が成り立つ．したがって

$$\Delta\mu = \Delta G_m = \Delta H_m - T\Delta S_m = 0 \qquad 10\text{–}(14)$$

となる．ここで，ΔH_mはβ相がα相へ相転移する際の部分モルエンタルピー変化 (1 mol当たりの定圧反応熱)，ΔS_mはβ相がα相へ相転移する際の部分モルエントロピー変化である．ここで10–(14) 式より

$$\Delta S_m = \frac{\Delta H_m}{T} \qquad 10\text{–}(15)$$

の関係式が成り立つので，これを10–(12) 式に代入して次の式を得る．

$$\frac{dP}{dT} = \frac{\Delta H_m}{T\Delta V_m} \qquad 10\text{–}(16)$$

体積変化と同様，ある温度，圧力において相変化に伴う定圧反応熱は計測しやすいので，10−(12) 式より 10−(16) 式の形のほうが実際にはよく使われる．10−(12) 式, 10−(16) 式をクラペイロンの式という．クラペイロンの式は，この2つの形を状況に応じて使い分けよう．このことを使える！Box 10−1，使える！Box 10−2にまとめたので参照してほしい．

使える！Box 10-1

相境界の傾きを求めるクラペイロンの式

$$\frac{\mathrm{d}P}{\mathrm{d}T} = \frac{\Delta S_\mathrm{m}}{\Delta V_\mathrm{m}} = \frac{\Delta H_\mathrm{m}}{T\Delta V_\mathrm{m}}$$

2つの式の形を自在に使いこなそう！

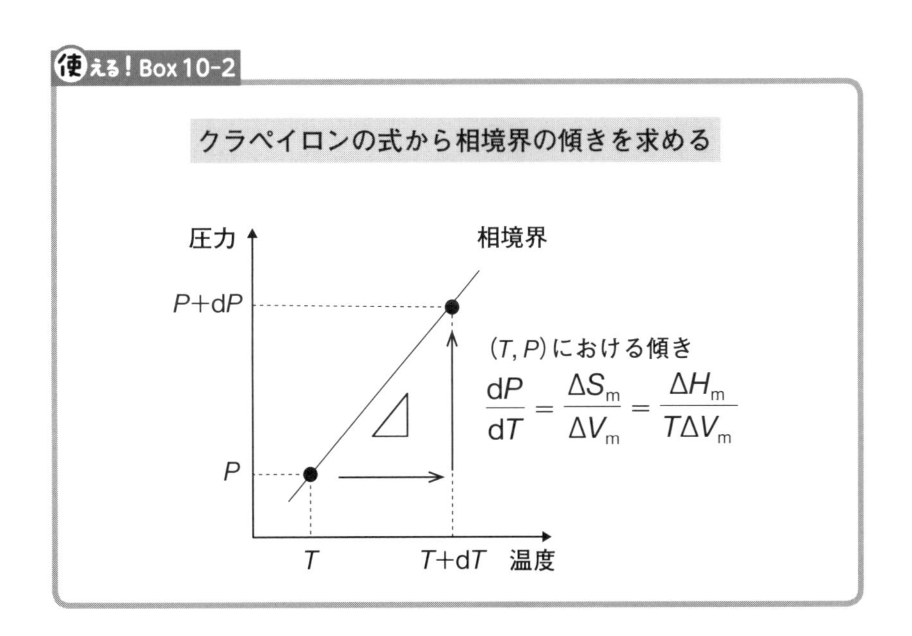

Column ちょっと不思議な水の相図

一般の物質は，固相が液相になると，エントロピーも体積も増加するので，クラペイロンの〔10-(12)式〕から，固相と液相の相境界の傾きは正になる．しかし**図10-1**の水の相図を眺めてみると，固相(氷)と液相(水)の間の相境界線の傾きが負であることに気が付く．氷が水になるときエントロピーは増えるのであるが，一方の体積について，氷が水になるとき小さくなるという水の特殊性に起因している．

10-3 クラウジウス-クラペイロンの式

蒸気圧と蒸発熱を結びつける便利な関係式，クラウジウス-クラペイロンの式を導こう．

クラペイロンの式は，どのような純物質の相境界にも使えるたいへん強力な式である．ここでは身近な水の沸騰の問題を考えよう．沸騰とは，液体の平衡蒸気圧が大気圧と等しくなったときに液体の内側から気体への相転移が起こる現象である．しかし，圧力が変われば当然，沸点も変わる．

液体の水と気体の水の体積が1 mol当たりで大きく異なるような，日常的な圧力を考えよう．ここで液体の平衡蒸気圧と温度の関係を求めてみよう．まず，ΔH_{m}は水1 mol当たりの蒸発熱に相当するので$\Delta H_{\mathrm{m_vap}}$とする．このとき，気体1 molの占める体積は，液体のそれに比べて圧倒的に大きい($V_{\mathrm{m\_gas}} \gg V_{\mathrm{m\_liquid}}$)ので以下のような近似式を得る．

$$\frac{\mathrm{d}P}{\mathrm{d}T} = \frac{\Delta H_{\mathrm{m\_vap}}}{T\left(V_{\mathrm{m\_gas}} - V_{\mathrm{m\_liquid}}\right)} \cong \frac{\Delta H_{\mathrm{m\_vap}}}{TV_{\mathrm{m\_gas}}} \qquad 10\text{-}(17)$$

気体は，圧力がそれほど高くない領域では理想気体として近似できるので，気体1 mol当たりについて温度Tにおける平衡蒸気圧をPとすると

$$V_{\mathrm{m\_gas}} \cong \frac{RT}{P} \qquad 10\text{–}(18)$$

が成り立つ．10–(17)式に10–(18)式を入れて，圧力，温度をそれぞれ左辺，右辺に整理すると以下のようになる．

$$\frac{1}{P}\mathrm{d}P = \frac{\Delta H_{\mathrm{m\_vap}}}{RT^2}\mathrm{d}T \qquad 10\text{–}(19)$$

このように，2つの変数を右辺，左辺にそれぞれ分けて整理する方法は，化学熱力学でよく用いる計算技法なので，他の場面でも使いこなしてほしい．

ここである温度・圧力(T_1, P_1)から別の温度圧力(T_2, P_2)までの積分を考える．第3章ではキルヒホッフの式でΔHの温度依存性を学んだが，ここでは計算を簡単にするため，考えている温度・圧力の積分区間において1 mol当たりの蒸発熱がほとんど温度に依存せず，定数としてみなせる程度の温度差，圧力差を考えると，10–(19)式の積分は以下のように表せる．

$$\int_{P_1}^{P_2}\frac{1}{P}\mathrm{d}P = \frac{\Delta H_{\mathrm{m\_vap}}}{R}\int_{T_1}^{T_2}\frac{1}{T^2}\mathrm{d}T \qquad 10\text{–}(20)$$

10–(20)式の積分計算を実行すると以下のようになる．

$$\ln P_2 - \ln P_1 = -\frac{\Delta H_{\mathrm{m\_vap}}}{R}\left(\frac{1}{T_2} - \frac{1}{T_1}\right) \qquad 10\text{–}(21)$$

この式を**クラウジウス–クラペイロンの式**（Clausius–Clapeyron equation）という．この式を使ってエベレスト山頂での沸点を推測すると，67 ℃となり，地上の100 ℃と大きく異なることがわかる．なおこの式をファント・ホッフの式から導く方法もあるので参照してほしい（**章末問題10–1**）．クラウジウス–クラペイロンの式はたいへん便利な式であるが，以下の3つの近似の末に導いた式なので，圧力が高いときなど，いつでも使えるわけではないことには注意しよう．

(1) 気体のモル体積に対して液体のモル体積を無視したこと．

(2) 気体を理想気体として取り扱ったこと．

(3) $\Delta H_{\mathrm{m_vap}}$の温度依存性を無視したこと．

また，クラウジウス-クラペイロンの式の主な使い方は次の2通りである．

(1) ある温度T_1における平衡蒸気圧P_1を測っておいて，別の温度T_2における平衡蒸気圧P_2を推定する．

(2) 2点の温度T_1，T_2における平衡蒸気圧P_1，P_2を測っておいて，1 mol当たりの蒸発熱$\Delta H_{\mathrm{m_vap}}$を推定する．

ここで10-(21)式を

$$\frac{\ln P_2 - \ln P_1}{\left(\dfrac{1}{T_2} - \dfrac{1}{T_1}\right)} = -\frac{\Delta H_{\mathrm{m\_vap}}}{R} \qquad 10\text{-}(22)$$

と変形し，$\ln P$をy，$1/T$をxとすると，以下のように表せる．

$$\frac{y_2 - y_1}{x_2 - x_1} = -\frac{\Delta H_{\mathrm{m\_vap}}}{R} \qquad 10\text{-}(23)$$

ここで右辺はXY平面上での傾きに他ならない．すなわち先に述べた主な2つの使い方は，通る1点と傾きから直線を求める問題，もしくは通る2点から直線の傾きを求める中学数学の問題と本質的には何ら変わらないことがわかる．これらの使い方を使える！Box 10-3にまとめたので参照してほしい．化学熱力学の式は一見複雑でも作図すれば簡単にその意味と使い方をつかめることが多い．読者の皆さんには化学熱力学の問題を考える際，ぜひ作図する習慣を身につけてほしい．

なお本節では水蒸気（気体）と水（液体）の問題を考えたが，水（液体）と氷（固体）の間の相転移の圧力依存性の問題も重要である．これらは氷河がなぜ流れるか，またアイススケートではなぜなめらかに滑れるか，などの問題に関係する可能性がある．詳しくは**章末問題10-4**を参照してほしい．

使える！Box 10-3

クラウジウス-クラペイロンの式は $\frac{1}{T}$ vs $\ln P$ の図にプロットして直線の方程式の問題へ帰着すると扱いが楽

$$\ln P_2 - \ln P_1 = -\frac{\Delta H_{m\_vap}}{R}\left(\frac{1}{T_2} - \frac{1}{T_1}\right)$$

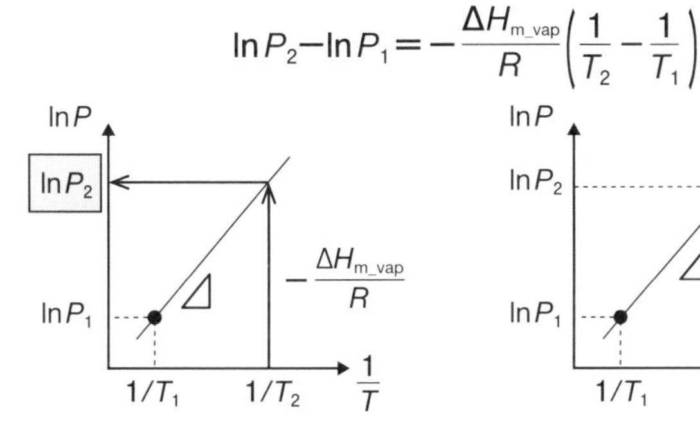

通る1点と傾きから，別の通る点（任意の温度での蒸気圧）を求める

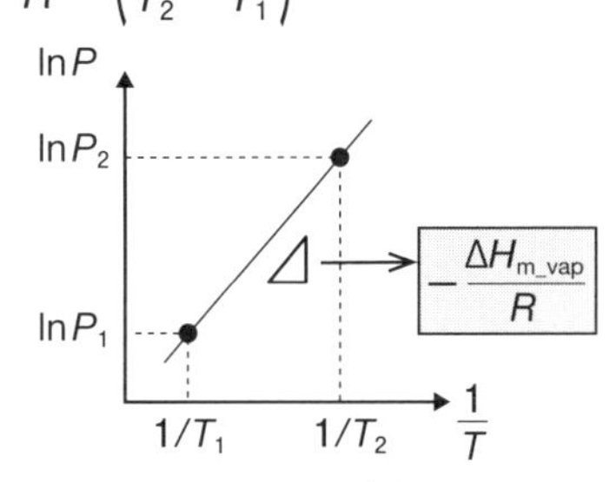

通る2点から傾き（定圧反応熱を気体定数で割ったもの）を求める

Column 「そこにいつもクラペイロン」

大学の講義では，「彼女（彼氏）と夏に山登りして頂上でお湯を沸かしたとき，冬に一緒にスケートを滑りながら楽しんでいるとき，婚約してプロポーズの瞬間にダイヤモンドを贈ったとき，新婚旅行でヨーロッパアルプスで氷河を見て感動したとき，そこにいつもクラペイロン」といって，クラペイロンの式の便利さを伝えようとしている．その瞬間の講義室の雰囲気は読者の想像にお任せしよう．

10-4 ギブズの相律

純物質2相系はわかった．しかし多成分多相系になったらどうなるのであろうか？

クラペイロンの式で1成分からなる純物質の2相間の相平衡境界について扱ってきた．相境界については，すでに2相が相平衡に達している状態から温度が変わっても，クラペイロンの式にしたがって圧力を変えれば再び相平衡が保たれた．すなわち相平衡を保つために，温度もしくは圧力どちらか1つの示強性変数の**自由度**（degree of freedom, *f*）が残されていた．どれだけ示強性変数の自由度が残されているか，ということは示強性変数の変化に対して安定な製品を開発する上で重要である．なぜならば，もし示強性変数に自由度がまったく残されていない場合，考えている相平衡が成立する温度・圧力はただ1つの値に定まってしまい，その温度・圧力条件以外では，相平衡が成り立たなくなってしまうからである．

最も簡単な純水について考えてみよう．再び**図10-1**を見てみると，3相が平衡に達している点，**三重点**（triple point）が存在することがわかる．このとき，系は純水なので，成分数（c）は1，3相が平衡に達しているので相の数（p）は3となる．しかし三重点は厳密に273.16 K，611.66 Paでしか成り立たず，三重点の自由度（f）は0になる．

では，この概念をより一般化してc成分からなる物質のp相の相平衡が成り立つ条件において，示強性変数にどれだけの自由度fが残されるのだろうか．

まず考えられる示強性変数について，その数を考えよう．ある温度・圧力で複数成分が混ざっているとき，物質は濃度の高いところから低いところに向かって自発的に拡散する．したがって，温度・圧力の他に濃度という示強性変数を考えなくてはいけない．濃度をモル分率で考えると，$c-1$個の成分のモル分率を決定すると，全部のモル分率の和は1になるので，残りの1つのモル分率は自動的に決定される．したがって，ある相において独立な示強性変数は，温度，圧力，組成（モル分率）で$1+1+c-1=c+1$となる．

ここで平衡に達している相の数はpであるから，系全体の示強性変数の総数は$p(c+1)$になる．

ここで相平衡を考える．物質内で共存する各相は，熱力学的平衡に達しているので，温度・圧力・化学ポテンシャルについてそれぞれ以下の平衡条件が成立する．

<熱的平衡条件>　$T^{(1)} = T^{(2)} = \cdots\cdots = T^{(p)}$　10–(24)

<力学的平衡条件>　$P^{(1)} = P^{(2)} = \cdots\cdots = P^{(p)}$　10–(25)

<化学的平衡条件>　各成分 i について（$\mathrm{i} = 1, 2, \cdots\cdots, c$）

$$\mu_{\mathrm{i}}^{(1)} = \mu_{\mathrm{i}}^{(2)} = \cdots\cdots = \mu_{\mathrm{i}}^{(p)} \qquad 10\text{–}(26)$$

したがって，温度について$p-1$個の等号，圧力について$p-1$個の等号，化学組成について$(p-1)\times c$個の等号が成立するので，平衡に達するためには$(p-1)(1+1+c)=(p-1)(c+2)$の数の条件式が成立していなくてはいけない．ゆえに，我々に残されている示強性変数の自由度は，先に求めた総数からこれらの数を引いたものになる．したがって

$$f = p(c+1) - (p-1)(c+2) = c - p + 2 \qquad 10\text{–}(27)$$

という関係式が成り立つ．この式は**相律**（phase rule）と呼ばれ，ギブズによって導出された．10–(27)式は多成分多相系を扱う上できわめて重要である．たとえば1成分だが3相が共存する純水の三重点について，$c=1$，$p=3$を10–(27)式に代入すると$f=0$になり，たしかに純水の三重点では温度・圧力に自由度は残されていない（一意に決まる）ことがわかる．

なお世の中の工業製品はほとんどが多成分系であり，その製造工程における温度・圧力・組成の制御において，相図と相律の理解は欠かせない．また多成分系である混合物から目的の成分を分離する蒸留や分留といった重要な化学分離操作の理解にも，相図と相律の理解が根幹となる．これらについての詳細は本書の末尾に紹介した成書を参考にしてほしい．

第10章　章末問題

10-1 ファント・ホッフの式からクラウジウス-クラペイロンの式を導け.

10-2 (1) 以下の表に示した値を用いて, n-プロピルアルコールの蒸発熱を求めよ.

温度	43.5 ℃	82.0 ℃
蒸気圧	60 mmHg	400 mmHg

(2) 以下の表に示した値から, 水の蒸発熱を求めよ.

温度	290 K	310 K
蒸気圧	1.9192 kPa	6.2282 kPa

10-3 1気圧における1 mol当たりの水と氷のエントロピー差 ($S_{水}-S_{氷}$) は 22.01 J K^{-1} mol^{-1}である. 真空にすると, 氷の融点は何K変化するか. なお, エントロピー差は−2〜0 ℃で一定とする (高真空では, 液体は存在できず固体から気体への昇華が起きる. ここでは, 低真空を考える).
密度；水：0.9999 g cm^{-3}, 氷：0.9168 g cm^{-3}.

ヒント

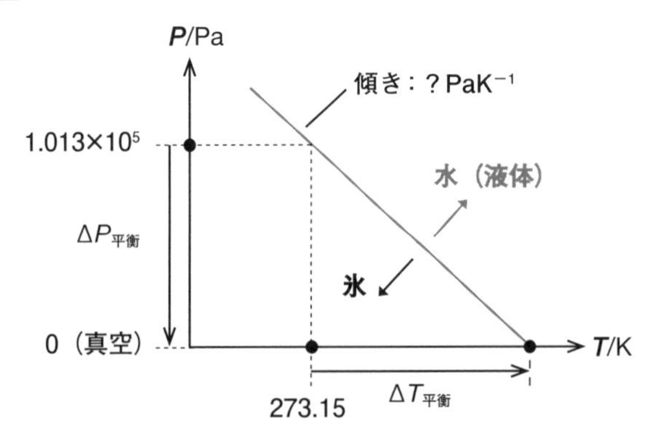

10-4 アイススケートについて考える. スケートの刃にかかった圧力がその下の氷を溶かしてよくすべる薄い水の膜をつくるといわれている. 60 kgの人が, 200 mm × 1.0 mmの刃のついたスケートを履いている場合, このスケートの刃の下の氷の融点はどれだけ変化するか. ただし, 片足で滑っている瞬間を想定し, 圧力は均一にかかっているものとする. また, この計算結果はどのように評価できるか？　273 Kにおける氷1 mol当たりの融解のエンタ

ルピー変化は$\Delta H_{\mathrm{m_融解}}(273\ \mathrm{K}) = 6008\ \mathrm{J\ mol^{-1}}$である．重力加速度9.81 $\mathrm{m\ s^{-2}}$とする．
密度：水：$0.9999\ \mathrm{g\ cm^{-3}}$，氷：$0.9168\ \mathrm{g\ cm^{-3}}$

ヒント　相転移による体積変化と刃から受ける圧力を考える．

第10章　章末問題解答

10-1　気体と液体の平衡を考える．平衡定数は気体成分のみの分圧で決まるため$K_{\mathrm{P1}} = p_1$，$K_{\mathrm{P2}} = p_2$，$\Delta H = \Delta H_{\mathrm{m_vap}}$に注意して，9-(27)式より

$$\ln p_2 - \ln p_1 = -\frac{\Delta H_{\mathrm{vap}}}{R}\left(\frac{1}{T_2} - \frac{1}{T_1}\right)$$

となり，ファント・ホッフの式からただちに分圧と部分モル蒸発エンタルピー変化を関係づけるクラウジウス-クラペイロンの式を求めることができる．

10-2　(1) クラウジウス-クラペイロンの式に与えられた値を代入して

$$\ln\frac{P_{355.15\ \mathrm{K}}}{P_{316.65\ \mathrm{K}}} = -\frac{\Delta H_{\mathrm{m\_vap}}}{R}\left(\frac{1}{355.15} - \frac{1}{316.65}\right)$$

$$\ln\frac{400}{60} = -\frac{\Delta H_{\mathrm{m\_vap}}}{R}\left(\frac{1}{355.15} - \frac{1}{316.65}\right)$$

$$\Delta H_{\mathrm{m\_vap}} \cong \underline{46.1\ \mathrm{kJ\ mol^{-1}}}$$

(2) クラウジウス-クラペイロンの式より

$$\ln\frac{P_{310\ \mathrm{K}}}{P_{290\ \mathrm{K}}} = -\frac{\Delta H_{\mathrm{m\_vap}}}{R}\left(\frac{1}{310} - \frac{1}{290}\right)$$

$$\ln\frac{6.2282}{1.9192} = -\frac{\Delta H_{\mathrm{m\_vap}}}{R}\left(\frac{1}{310} - \frac{1}{290}\right)$$

$$\Delta H_{\mathrm{m\_vap}} \cong \underline{44.0\ \mathrm{kJ\ mol^{-1}}}$$

10-3　クラペイロンの式$(\mathrm{d}P/\mathrm{d}T = \Delta S_{\mathrm{m}}/\Delta V_{\mathrm{m}})$の応用問題．

上式から，$\dfrac{\mathrm{d}P_{平衡}}{\mathrm{d}T_{平衡}} = \dfrac{\Delta S_{融解}}{\Delta V_{融解}}$である．密度から$\Delta V_{融解}$を求めると，

$$\Delta V_{融解} = \left(\frac{18}{0.9999} - \frac{18}{0.9168}\right) \times 10^{-6}\ \mathrm{m^3\ mol^{-1}} = -1.632 \times 10^{-6}\ \mathrm{m^3\ mol^{-1}}$$

また，$\Delta S_{融解} = 22.01\ \mathrm{JK^{-1}\ mol^{-1}}$

10

したがって，$\dfrac{dP_{平衡}}{dT_{平衡}} = \dfrac{22.01\ \mathrm{JK^{-1}\ mol^{-1}}}{-1.632 \times 10^{-6}\ \mathrm{m^3 \cdot mol^{-1}}} = -1.349 \times 10^7\ \mathrm{Pa\ K^{-1}}$となる．

この式は，T-P状態図における固液平衡線が傾き$-1.349 \times 10^7\ \mathrm{Pa\ K^{-1}}$の直線であることを示す．

上図より，$\Delta P_{平衡} = -1.349 \times 10^7\ \mathrm{Pa\ K^{-1}} \times \Delta T_{平衡}$

ΔTについて解くと$\Delta T \approx \underline{7.51 \times 10^{-3}\ \mathrm{K}}$となる．

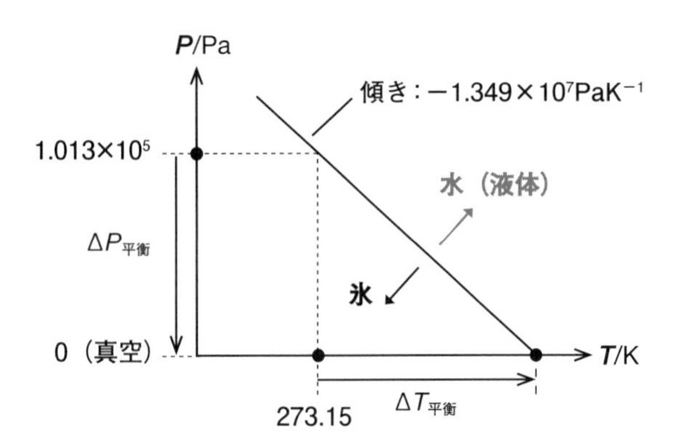

10-4 相転移による体積変化は

$$\Delta V_{\mathrm{m}} = 18.0 \times 10^{-3}\ \mathrm{kg \cdot mol^{-1}} \times \left(\frac{1}{0.9999 \times 10^3\ \mathrm{kgm^3}} - \frac{1}{0.9168 \times 10^3\ \mathrm{kgm^3}}\right)$$

$$= -1.63 \times 10^{-6}\ \mathrm{m^3mol^{-1}}$$

$$\frac{dP}{dT} = \frac{\Delta H_{\mathrm{m}}}{T\Delta V_{\mathrm{m}}} = \frac{6008\ \mathrm{J \cdot mol^{-1}}}{273\mathrm{K} \times -1.63 \times 10^{-6}\ \mathrm{m^3mol^{-1}}} = -1.35 \times 10^7\ \mathrm{Pa \cdot K^{-1}}$$

スケートの刃の下の圧力変化は

$$\Delta P = \frac{60\ \mathrm{kg} \times 9.81\ \mathrm{m \cdot s^{-2}}}{0.2\ \mathrm{m} \times 0.001\ \mathrm{m}} = 2.94 \times 10^6\ \mathrm{Pa}$$

よって，この圧力により，-0.22 Kの融点の変化が計算できる．ただし，狭い温度範囲で傾きは直線としている．現実問題として，これではまだ氷が解けるとは考えられない．スケートの刃の先端は，ミクロなスケールでは凸凹しており，実際の接触面積はここで仮定したものよりもはるかに少ないと考えられる．氷河などについても，氷の重みがかかり大きな圧力となって，氷河と山の岩肌との間の氷が解けることで，解けては凍りを繰り返して少しずつ進むものと考えられる．

第11章

溶液の性質と化学ポテンシャル

我々の身の回りを見ると，食品・医薬品・化粧品・電池における電解液など数多くの製品は，液体中に化学成分が溶けた，いわゆる溶液の形態をとっているものが多い．本章では化学ポテンシャルの概念を溶液に応用することで，溶液の示すさまざまな特徴的な性質を化学ポテンシャルの観点から定量的に理解することを目的とする．

具体的には，溶質と溶媒のモル分率をそれぞれの蒸気圧と結びつける，ラウールの法則とヘンリーの法則を学ぶ．さらに，溶液の束一的性質である沸点上昇と凝固点降下，そして浸透圧を定量的に取り扱う．最後に非理想的な系に議論を展開するために，実効的な分圧やモル分率であるフガシティと活量の概念を導入する．

11-1 液体の化学ポテンシャル

液体の化学ポテンシャルは，液体と平衡に達している蒸気の圧力から間接的に知ることができる．

液体を構成する各成分の化学ポテンシャルを求めるのは実は簡単である．液体中のある成分iに着目すると，相が異なっても平衡に達していれば，それが液相にあっても気相にあっても成分iの化学ポテンシャルは等しい．溶液中での成分iの化学ポテンシャルを μ_{i_sol}，気相中での化学ポテンシャルを μ_{i_gas} とすると，成分iに関する平衡の条件は以下のようになる．

$$\mu_{i\_sol} = \mu_{i\_gas} \qquad 11\text{-}(1)$$

気相における化学ポテンシャルはすでに第9章（9-(11)式）で求めており，

$$\mu_{i\_gas} = \mu^{\circ}_{i\_gas} + RT\ln\frac{p_{i\_gas}}{p^{\circ}_{i\_gas}} \qquad 11\text{-}(2)$$

ここで標準圧力は1 barにとっている．したがって溶液中の成分iの化学ポテンシャルは，それと平衡に達している気相中の成分iの蒸気圧から求めることができる．

$$\mu_{i\_sol} = \mu^{\circ}_{i\_gas} + RT\ln\frac{p_{i\_gas}}{p^{\circ}_{i\_gas}} \qquad 11\text{-}(3)$$

さて，液相・気相ともに成分iからしか構成されない，純粋な相を考える．純粋であることを示すために記号の右上に＊（アスタリスク）をつけておく．

$$\mu^{*}_{i\_liq} = \mu^{\circ}_{i\_gas} + RT\ln\frac{p^{*}_{i\_gas}}{p^{\circ}_{i\_gas}} \qquad 11\text{-}(4)$$

ここで11-(3)式から11-(4)式を辺々引くことで以下の式を得る．

$$\mu_{i\_sol} = \mu^{*}_{i\_liq} + RT\ln\frac{p_{i\_gas}}{p^{*}_{i\_gas}} \qquad 11\text{-}(5)$$

11-(5)式は溶液中の成分iの化学ポテンシャルを求める際によく使われる式である．すなわち，成分i以外の成分jを混ぜる前に，純粋な成分iの化学ポテンシャルと，そのときの蒸気圧 $P^{*}_{i\_gas}$ を求めておく．そして，目的の混合を行い，溶液にしたときの成分iの蒸気圧p_{i_gas}を求めれば，溶液中の成分iの化学ポテンシャルが求められる，ということである．このように溶液の化学ポテンシャルは直接求めるのではなく，間接的ではあるが溶液と平衡に達している気体中の成分iの蒸気圧p_{i_gas}を求めればよいことがわかる．

11-2 ラウールの法則とヘンリーの法則

あなたはラウールの法則とヘンリーの法則を希薄溶液以外にも適用しようとしていないだろうか？

前節では，純粋な液体のときと溶液中の成分iの蒸気圧の比が溶液中の成分iの化学ポテンシャルを求める際に重要であることを学んだ．ではこれらの蒸気圧の間に何らかの関係はないだろうか．溶液の大半の組成を成分iが占めるとして，他の成分jを徐々に混ぜていくことを考える．このとき成分iのモル分率をx_i $(0 \leq x_i \leq 1)$とする．$x_i = 1$のとき成分iが100%，すなわち成分iのみからなるとする．

ラウール（François Raoult）は，溶液と平衡に達している蒸気における各成分の蒸気圧，すなわち**蒸気分圧**（partial vapor pressure）の測定をさまざまな溶液に対して行うことにより，溶液の成分の違いを問わず，成分iのモル分率の1に近いところで，成分iのモル分率x_iと蒸気圧p_{i_gas}の間に以下のような関係式が成り立つことを実験的に見出した．

$$p_{i\_gas} = x_i p^*_{i\_gas} \qquad 11\text{-}(6)$$

これを**ラウールの法則**（Raoult's law）という．x_i $(0 \leq x_i \leq 1)$であることからわかるように，混ぜものをすると成分iのモル分率が下がり，それに伴い蒸気圧も下がる．このとき11-(5)式の対数中の蒸気圧の比は1以下になるので，右辺の第2項の値は負になる．すなわちある成分iの化学ポテンシャルは，溶液になると純粋のときに比べて必ずその化学ポテンシャルが下がることを意味している．このことは，のちに沸点上昇や凝固点降下を考える際に重要になる．ここで注意点として，一般には11−(6) 式の法則はx_iが1に近いところでしか成立しないが，混合溶液の中には，たとえばベンゼンとトルエンの混合溶液のように，$0 \leq x_i \leq 1$の範囲すべてで成立するものもある．ラウールの法則が$0 \leq x_i \leq 1$のすべての範囲で成立するような溶液を**理想溶液 (ideal solution)** という．いずれにしてもラウールの法則が成り立つ範囲で11−(5) 式は，11−(6) 式を用いてもう少し簡単に表現すると，以下のようになる．

$$\mu_{i\_溶液} = \mu^*_{i\_純溶媒} + RT \ln x_i \qquad 11-(7)$$

11−(7) 式は，ラウールの法則が成り立つ範囲であれば，溶液のモル分率から化学ポテンシャルを見積もることができる，ということを意味している．さらにx_iが必ず1以下であることを考えると，右辺第2項が$x_i = 1$のとき最大で0，$x_i < 1$のときは負になるので，溶質が混ざることで，溶液中の溶媒成分iの化学ポテンシャルはそれが純粋のときの化学ポテンシャルより必ず低くなることがわかる．

ラウールの法則ではモル分率の高い主成分（溶媒）にわずかな量の混ぜものをした場合の，溶媒についての蒸気圧を考えた．もう一方の，少しずつ混ぜていったモル分率の低い成分（溶質）については，その蒸気圧とモル分率の間に何らかの関係が成り立つのだろうか？

ヘンリー (William Henry) は溶質のモル分率x_j（すなわち0に近い）とその蒸気圧P_jの間に次のような法則が成り立つことを実験的に見出した．

$$P_{j\_gas} = x_j K_H \qquad 11-(8)$$

11−(8) 式で表される法則を**ヘンリーの法則 (Henry's law)** という．式中に出てくる係数K_Hはヘンリー係数と呼ばれ，溶質と溶媒の組み合わせによって決まる定数である．一般に11−(8) 式は，x_jが0に近いところでしか成立しないが，K_Hはこの直線関係を外挿し$x_j = 1$のときのjの蒸気圧として求められる．**図11-1**を参照してほしい．ヘンリーの法則は，環境や生態系で重要となる，河川水の中の酸素濃度や血液中の二酸化炭素濃度など，気体の液体への溶解度を求める際によく使用される．

縦軸を蒸気圧p，横軸をモル分率xにした際，ラウールの法則とヘンリーの法則を示す直線と，一般的な溶液中の成分iが示す曲線を**図11-1**に模式的に示す．xが0に近いときには漸近的にヘンリーの法則を表す直線に，xが1に近いときは漸近的にラウールの法則を表す直線に，収束していく様子を読み取ってほしい．

しかし溶液がすべて希薄溶液とは限らない．ラウールの法則が成り立たなければ，実際に純溶媒の蒸気圧p_i^*と溶質を混ぜた場合の成分iの蒸気圧の値p_iを測定すればよい．そしてその2つの値の比を**活量（activity）**として定義し，記号a_iを用いて表すと

$$a_i = \frac{p_i}{p_i^*} \qquad 11\text{-}(9)$$

であるので，11-(5)式は

$$\mu_{i\_sol} = \mu^*_{i\_liq} + RT \ln a_i \qquad 11\text{-}(10)$$

と表せる．ラウールの法則が成り立つ理想溶液の場合の11-(7)式と比較すると一目瞭然であるが，活量はモル分率と同じ次元であり，実効的なモル分率（濃度）といえる．実際の溶液ではラウールの法則が成り立たないことが

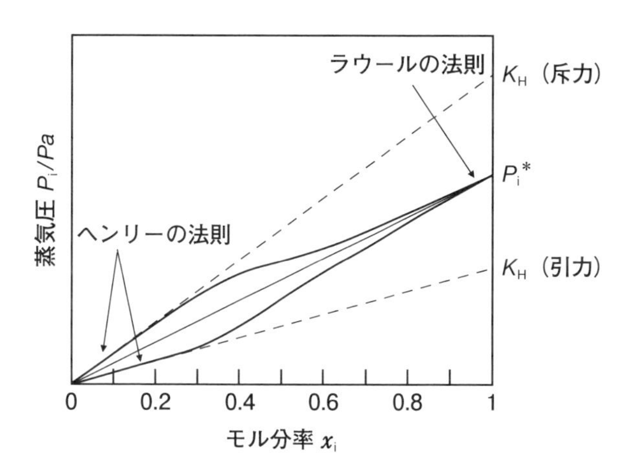

図11-1 ラウールの法則とヘンリーの法則
低濃度極限ではヘンリーの法則に，高濃度極限ではラウールの法則に収束する様子を読み取ってほしい．

多いので，実測に基づく活量が用いられることが多い．たとえば，非膨張仕事の代表格である電池による電気仕事を求める際には，濃度やモル分率の代わりに活量が用いられるのがふつうである．

11-3 溶液の束一的性質（1）沸点上昇と凝固点降下

なぜ逆の沸点降下と凝固点上昇が起こらないか，あなたは説明できるだろうか？

純粋な液体に他の成分を混ぜると，その液体の蒸気圧は低下する．沸騰は蒸気圧が外気圧と等しくなったときに起こる現象である．したがって，もし蒸気圧が低下したら，その液体を沸騰させるには，すなわち蒸気圧を外気圧と等しくするには，純粋なときに比べてさらに温度を上げなくてはいけない．これを**沸点上昇**（boiling-point elevation）という．いくつかの仮定を置くが，化学ポテンシャルを用いれば，沸点上昇の度合いを定量的に見積もることができる．

今，ある成分iからなる純粋な液体に，ごくわずかに成分jを溶質として混ぜることを考える．このとき成分jを不揮発性とすると，溶液と平衡に達している気体の成分は純粋に成分iのみからなる．この成分iについて溶液と気体が平衡に達しているので以下の関係式が成り立つ．

$$\mu^*_{\mathrm{i\_気体}} = \mu_{\mathrm{i\_溶液}} \qquad 11\text{-}(11)$$

このとき11-(11)式について，11-(7)式を使ってx_{i}について整理すると

$$\ln x_{\mathrm{i}} = \frac{\mu^*_{\mathrm{i\_気体}} - \mu^*_{\mathrm{i\_純溶媒}}}{RT} \qquad 11\text{-}(12)$$

となる．話を簡単にするため，溶液は溶質と溶媒の2成分系を考え，かつ希薄溶液とする．このときx_{i}を溶媒のモル分率，x_{j}を溶質のモル分率とすると

$$x_{\mathrm{i}} + x_{\mathrm{j}} = 1 \qquad 11\text{-}(13)$$

が成り立つ．このとき希薄溶液であるので，$x_{\mathrm{i}} \gg x_{\mathrm{j}}$，すなわち$1 \gg x_{\mathrm{j}}$であることに注意する．成分iの蒸発に伴う化学ポテンシャル変化は

$$\Delta\mu_{\mathrm{i\_蒸発}} = \mu^*_{\mathrm{i\_気体}} - \mu^*_{\mathrm{i\_純溶媒}} \qquad 11\text{-}(14)$$

であるので，11-(12)式は以下のように表せる．

$$\ln(1 - x_{\mathrm{j}}) = \frac{\Delta\mu_{\mathrm{i\_蒸発}}}{RT} \qquad 11\text{-}(15)$$

このとき$x_{\mathrm{j}} \ll 1$において以下の近似式が成り立つ．

$$\ln(1 - x_{\mathrm{j}}) \approx -x_{\mathrm{j}} \qquad 11\text{-}(16)$$

11-(16)式が，xが小さなところで成り立つ様子を使える！Box 11-1に示しておいた．この近似式を用いて，11-(15)式を整理すると次の式を得る．

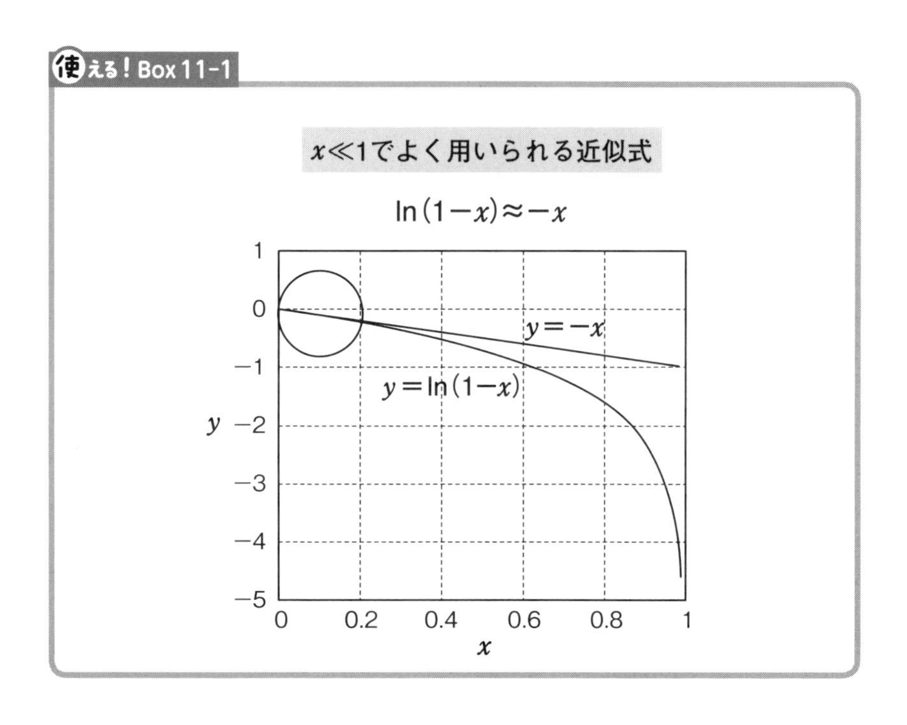

$$-x_{\mathrm{j}} = \frac{\Delta\mu_{\mathrm{i\_蒸発}}}{RT} \qquad 11\text{-}(17)$$

11-(17) 式右辺の蒸発における化学ポテンシャル変化は求めにくいが，部分モルエンタルピー変化，すなわち溶媒1 mol当たりの蒸発熱$\Delta H_{\mathrm{m_蒸発}}$であれば，種々の求める方法がある．ギブズ-ヘルムホルツの式を用いて11-(17) 式を変形すると以下のようになる．

$$\left[\frac{\partial}{\partial T}\left(\frac{\Delta\mu_{\mathrm{i\_蒸発}}}{T}\right)\right]_P = \left[\frac{\partial}{\partial T}(-x_{\mathrm{j}}R)\right]_P = -\frac{\Delta H_{\mathrm{m\_蒸発}}}{T^2} \qquad 11\text{-}(18)$$

ここで，辺々を温度Tについて，純粋のときの沸点T^*から溶質を混ぜたときの沸点Tまでの区間で積分すると，通常，この2つの温度範囲は狭いので，この積分区間では$\Delta H_{\mathrm{m_蒸発}}$は定数とみなせて以下のように計算できる．

$$\begin{aligned} x_{\mathrm{j}} &= -\frac{\Delta H_{\mathrm{m\_蒸発}}}{R}\left(\frac{1}{T} - \frac{1}{T^*}\right) \\ &= \frac{\Delta H_{\mathrm{m\_蒸発}}}{R}\left(\frac{T - T^*}{TT^*}\right) \\ &\approx \frac{\Delta H_{\mathrm{m\_蒸発}}}{R}\left(\frac{T - T^*}{T^{*2}}\right) \qquad 11\text{-}(19) \end{aligned}$$

このときTとT^*はあまり変わらないので，TT^*をT^{*2}と近似した．したがって純粋のときに比べて，溶質を混ぜたときの沸点の上昇$\Delta T = T - T^*$は以下のように表せる．

$$\Delta T = \left(\frac{RT^{*2}}{\Delta H_{\mathrm{m\_蒸発}}}\right)x_{\mathrm{j}} \qquad 11\text{-}(20)$$

T^*と$\Delta H_{\mathrm{m_蒸発}}$は溶媒固有に決まる値であるので，11-(20) 式は「希薄溶液の場合，沸点の上昇度は溶質の種類によらず，そのモル分率x_{j}に比例する」ことを示している．次に凝固点降下を考えよう．こちらも同様に，溶液と固体が平衡に達しており，かつ溶液中の溶質成分は固体には混ざらないものとする．実際塩分が混ざっている海水を凍らせると，純粋の氷が析出する．このとき，溶媒分子iと固体となった溶媒分子iの間には平衡が成り立っているので，

$$\mu^*_{\mathrm{i\_固体}} = \mu_{\mathrm{i\_溶液}} \qquad 11\text{-}(21)$$

が成り立つ．11-(11)式と11-(21)式を見比べると，気体が固体に変わっているだけなので，式変形は沸点上昇のときとまったく同じである．このとき，

$$\Delta\mu_{\mathrm{i\_凝固}} = \mu^*_{\mathrm{i\_固体}} - \mu^*_{\mathrm{i\_液体}} \qquad 11\text{-}(22)$$

になることに注意して，沸点上昇のときの**11-(19)**式に相当する凝固点降下の式は以下のように表される．

$$x_{\mathrm{j}} = -\frac{\Delta H_{\mathrm{m\_凝固}}}{R}\left(\frac{1}{T} - \frac{1}{T^*}\right) \approx \frac{\Delta H_{\mathrm{m\_凝固}}}{R}\left(\frac{T - T^*}{T^{*2}}\right) \qquad 11\text{-}(23)$$

溶質のモル分率x_{j}は正，凝固する際のΔH_{m}の変化は発熱反応であるので負であるから，$\Delta T = T - T^*$は負，すなわち凝固する温度は，純粋のときの凝固する温度T^*に比べて低くなることがわかる．したがって凝固点降下度を表す式は，ΔTが負であることに注意して

$$\Delta T = \left(\frac{RT^{*2}}{\Delta H_{\mathrm{m\_凝固}}}\right) x_{\mathrm{j}} \qquad 11\text{-}(24)$$

と表すことができる．以上の式変形と11-(20)式，11-(24)式のそれぞれの右辺の中身の正負から，沸点上昇や凝固点降下は起こっても，その逆の沸点降下や凝固点上昇は起こらないことがわかる．

定性的であれば，もっと見た目にわかる方法がある．**見える！Box 11-1**を見てほしい．横軸を温度，縦軸を化学ポテンシャルにとると，そのグラフの傾きは8-(27)式より圧力一定では部分モルエントロピーになり，その値は負となる．さらにこのとき，固体より液体，液体より気体の方が部分モルエントロピーが大きくなるので，この順で負の傾きがどんどん大きくなっていることに注意しよう．11-(7)式について考察した通り，溶媒分子の化学

11

ポテンシャルは純粋のときより溶液になったとき必ず低下する．**見える！Box 11-1**において，溶媒分子が純粋な固体のときの化学ポテンシャルの温度依存性を表す直線と，溶液との交点(A)はより低温側に，一方，溶媒分子が純粋な気体のときの化学ポテンシャルの温度依存性を表す直線と，溶液との交点(B)は高温側に，それぞれシフトすることがわかる．このそれぞれの交点の温度こそが，凝固点と沸点であるから，たしかに，凝固点は降下する方向に，沸点は上昇する方向にしか起こらないことがわかる．また11-(20)，(24)式に溶媒の蒸発熱や凝固熱は出てくるが，溶質についての熱力学量はそのモル分率のみで，溶質固有の値が出てこないことにも注目しよう．すなわち沸点上昇度も凝固点降下度も溶質の種類によらず，そのモル分率のみに依存することがわかる．溶質の種類によらず統一的に溶液の性質が決まるので，これを溶液の**束一的性質**(colligative property)という．次の節では，もう1つの重要な束一的性質である浸透圧を見てみよう．

見える！Box 11-1

純溶媒に不揮発性の溶質をごく微量混ぜて希薄溶液にすると必ず化学ポテンシャルが低下する

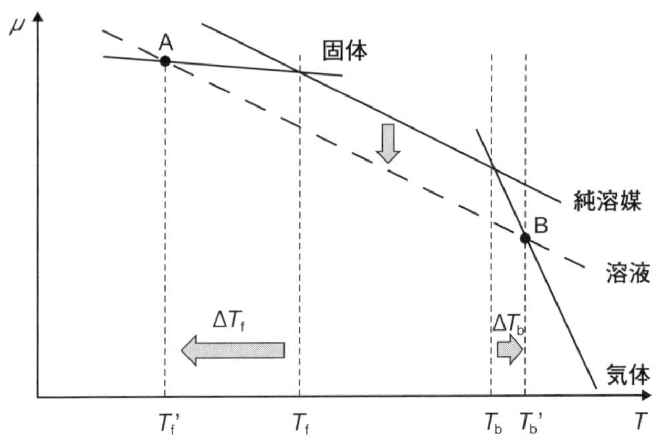

凝固点降下，沸点上昇は自然の帰結である．その逆は起こらない．なお溶質が揮発性であったり，分子間相互作用の無視できない混合溶液の場合はこの限りでないので注意しよう．

11-4 溶液の束一的性質 (2) 浸透

浸透の原理も化学ポテンシャルから理解できる.

浸透 (osmosis, **ギリシア語の「押す」に由来**) は, 溶液と純溶媒を半透膜で隔てたときに, 純溶媒側から溶液のほうに向かって溶媒分子が浸透する現象である. ここで半透膜とは, 溶媒分子 (水分子など) を通すが, 溶質分子は通さない性質をもった膜である. このような現象が起こるのは,「溶液中の溶媒分子の化学ポテンシャルは, 純溶媒中の溶媒分子の化学ポテンシャルに比べて必ず低いことから, 化学ポテンシャルの高いほうから低いほうへ溶媒分子が移動するため」と説明できる.

図11-2を見てほしい. このとき, 溶液側の大気圧Pに加えて追加の圧力Πをかけ, 溶液側の圧力を高めることで, 溶媒分子が溶液側へ浸透する圧力と釣り合わせ, 溶媒の浸透をおさえることができる. 追加圧力Πは, 溶媒分子が半透膜を介して溶液側へ浸透してくる圧力と等しいと考えられる. この圧力Πを**浸透圧** (osmotic pressure) という. 浸透圧を計ることで, 溶液中の分子, 特に巨大な分子のモル質量 (分子量) を計測することができる.

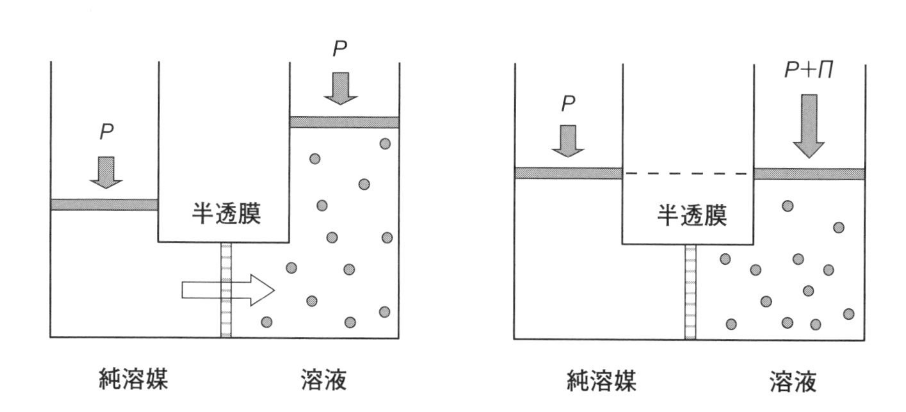

図11-2 浸透圧

化学ポテンシャルの概念を使ってさっそく浸透圧Πを定量的に求めてみよう．溶液側の溶媒分子のモル分率を$x_{溶媒}$とすると釣り合いの条件は

$$\mu^*_{純溶媒}(P) = \mu_{溶媒\,in\,溶液}(x_{溶媒}, P + \Pi) \qquad 11\text{-}(25)$$

と表される．ここで11-(25)式の左辺は純溶媒側の溶媒分子の化学ポテンシャルを，右辺は溶液側の溶媒分子の化学ポテンシャルを表す．11-(25)式の右辺は，11-(7)式を使うと以下のように表される．

$$\mu_{溶媒\,in\,溶液}(x_{溶媒}, P + \Pi) = \mu^*_{純溶媒}(P + \Pi) + RT\ln x_{溶媒} \qquad 11\text{-}(26)$$

ここで温度一定であれば，8-(27)式より$\mathrm{d}T = 0$なのでV_mを溶媒の部分モル体積とすると$\mathrm{d}\mu = V_\mathrm{m}\mathrm{d}P$が成り立つ．ここで9-1節の積分方法を用いると

$$\mu^*_{純溶媒}(P + \Pi) = \mu^*_{純溶媒}(P) + \int_P^{P+\Pi} V_\mathrm{m}\mathrm{d}P \qquad 11\text{-}(27)$$

となる．したがってこの圧力範囲でV_mが一定とすると11-(27)式は

$$\mu^*_{純溶媒}(P + \Pi) = \mu^*_{純溶媒}(P) + V_\mathrm{m}\Pi \qquad 11\text{-}(28)$$

となる．ここで11-(25)，(26)，(28)式より以下の式が成り立つ．

$$0 = V_\mathrm{m}\Pi + RT\ln x_{溶媒} \qquad 11\text{-}(29)$$

ここで$x_{溶媒} = 1 - x_{溶質}$，かつxが十分小さいとき$\ln(1 - x)$は$-x$と近似できるので，希薄溶液において以下の式を得る．

$$RTx_{溶質} \approx V_\mathrm{m}\Pi \qquad 11\text{-}(30)$$

希薄溶液であるので$n_{溶媒} \gg n_{溶質}$であるから以下の近似式が成り立つ．

$$V = n_{溶媒}V_\mathrm{m} + n_{溶質}V_{\mathrm{m}\,溶質} \approx n_{溶媒}V_\mathrm{m} \qquad 11\text{-}(31)$$

また合わせて以下の近似式も成り立つ．

$$x_{溶質} = \frac{n_{溶質}}{n_{溶媒} + n_{溶質}} \approx \frac{n_{溶質}}{n_{溶媒}} \qquad 11\text{-}(32)$$

ここで11-(31)式，11-(32)式を用いて11-(30)式を整理すると以下の式を得る．

$$n_{溶質}RT \approx V\Pi \qquad 11\text{-}(33)$$

もしくは溶質の体積モル濃度$[C_{溶質}]$を用いて

$$\Pi \approx \frac{n_{溶質}}{V}RT = [C_{溶質}]RT \qquad 11\text{-}(34)$$

という近似式を得る．あらかじめ質量を計った溶質を，体積Vの溶媒に希薄溶液としての条件を満たすよう少しだけ溶かし，その浸透圧を計れば溶質の分子量が測定できる．これは高分子など，分子量が測定しにくい巨大分子の分子量を決定するのに有効な方法である．他にも浸透の原理が使われている身近なものがたくさんあるので，そのほんの1部をColumnに紹介した．抽象的な式で表されがちな化学熱力学の原理は身近ないたるところで応用されている．ぜひ，身の回りにある自然や人のつくったものの中に潜む化学熱力学の原理を探してほしい．ありとあらゆるところに，化学熱力学の原理が息づいている．

Column　オムツ・化粧品と浸透圧

浸透圧というと，必ず半透膜という特殊な膜が出てくる例ばかりなので，そのようなものにしか働かないような気がしてくる．ここではもう少し異なる身近な例を考えてみよう．たとえばオムツとか化粧品などはどうであろうか．浸透圧の本質は，化学ポテンシャルの高いほうから低いほうへの分子の移動に他ならない．何か溶質が溶けている溶液の化学ポテンシャルは，溶質が溶けていない純粋な液体の化学ポテンシャルより必ず低いため，この2つが接すると，化学ポテンシャルの高いほうから低いほうへ，すなわち溶質が多く溶けているほうへ溶媒分子が移動する．この原理をうまく利用すると，よく吸水するオムツや，お肌を白く見せたり，紫外線を吸収してお肌を守ってくれる微粒子を，凝集しないようにした化粧用の分散液などをつくることができる．

よく吸水するオムツには，吸水性ポリマーが使われているが，その基本は，多量に共有結合されたイオン性の置換基である．イオン性の置換基なので，水中に入れると，イオンを解離し，局所的に溶質イオンの濃度が高まる．その結果，化学ポテンシャルが下がるので，溶質濃度の薄いところから溶媒分子を引き込む．また化粧品などの有効成分として分散している微粒子の表面も同様である．微粒子の表面をイオン性の置換基で化学修飾しておけば，水中ではイオンが解離して，拡散電気二重層と呼ばれる対イオンの衣を，微粒子の周りごく近傍（通常はナノメートルオーダー）にまとわせることができる．もし微粒子同士が接近して凝集しようとしたとしても，2つの微粒子が接近してお互いの拡散電気二重層が重なると粒子間の対イオン濃度が局所的に高まるので，周囲から溶媒分子が粒子間に流れ込み，2つの粒子はまた引き離されて凝集・沈殿を免れる．このように浸透圧の原理は，身近なところに広く応用されている．

11-5 非理想系への対応 — フガシティと活量 —

これまでは理想系の話ばかりであった．分子間力の働く現実の系では，分圧や濃度はどのように取り扱われるのだろうか？

化学平衡の章で混合気体について考察したときは，構成する各気体は理想気体とした．溶液については，溶質がごくわずかに溶けた希薄溶液についてのみ扱った．これらの共通の取り扱いとして，原子・分子・イオン間の相互作用を無視していた．しかし現実のアンモニアの合成反応や，次章で学ぶ電池などは，高圧での反応場であったり，さまざまなイオン種が相当量溶けた溶液であったり，系を構成する粒子間の引力・斥力相互作用を無視できないことが多い．このような系では，実際に系に存在している粒子の分圧や濃度に比べ，独立な粒子としてふるまっている実効的な分圧や濃度（モル分率）は多少なりとも異なっている．

高圧環境や多成分系を扱う工業的な目的では，このような実効的な分圧やモル分率をそれぞれ**フガシティ**（fugacity，記号 f）と**活量**（activity，記号 a）

として，それぞれ分圧や濃度と置き換えてより実際的な値として取り扱うことが多い．第11章11-2節で実測の蒸気圧の比から活量を求める方法を紹介したが，分圧とモル分率の部分を，それぞれ実効的な値であるフガシティと活量に置き換えるだけなので，難しく考えることはない．使える！Box11-2にこれらの置き換えを整理した．分圧やモル分率のかわりにフガシティや活量を与えられたら，それらの値に基づいて化学ポテンシャルを計算してほしい．

使える！Box 11-2

非理想系における実効的な分圧であるフガシティ，実効的なモル分率である活量への値の置き換え

	理想系	非理想系
気体	$\mu_i = \mu_i^\circ + RT\ln\dfrac{p_i}{p_i^\circ}$	$\mu_i = \mu_i^\circ + RT\ln f_i$
溶液	$\mu_i = \mu_i^* + RT\ln x_i$	$\mu_i = \mu_i^* + RT\ln a_i$

混合気体もしくは溶液中の成分 i について，理想系における分圧（p_i）とモル分率（x_i）の部分をそれぞれ実効値 f_i，a_i に置き換えただけであるので，実用上，特に難しく考えることはない．

Column　活量を用いた溶質の標準状態の取り方について

混合物の中でも溶液中の溶質の物質量（mol）の濃度については，その調製方法に便利なように，モル分率（無次元），体積濃度[mol L^{-1}]，質量濃度[mol kg^{-1}]等，さまざまな表記法がある．本章に入り，混合物特有の現象，すなわち溶質－溶媒間の相互作用や，溶質－溶質間の相互作用の存在により，現実的には，実際に調製したときの濃度ではなく，実効的な濃度（活量）を用いることの重要性を学んだ．ここで活量を用いた場合の標準状態を整理しておこう．

成分iに関する化学ポテンシャルの表式において，活量a_iを用いれば，いかなるときも

$$\mu_i - \mu_i^\circ = RT\ln\frac{p_i}{p_i^\circ} = RT\ln a_i$$

が成り立った．標準状態は，明記しておけばどこにとっても良いが，折角「活量」を導入したので，活量が1に，すなわち$RT\ln a_i$が0になるところを常に標準状態にとれば，そのときの化学ポテンシャルの値μ_iがμ_i°になる．したがって，標準状態を活量が1になるようにとれば，話はシンプルになる．ここで実際に溶液を調製する際，溶質の濃度（モル分率χ_i，体積濃度$[c_i]$，質量濃度m_i）と，実効的な濃度である活量（無次元）を繋ぐ上で便利な，**活量係数**γ（無次元）を導入する．第9章のColumnでも示した通り，化学ポテンシャルを求める式中の対数の真数部分は無次元化されたことに注意して，それぞれ

$a_i = \gamma\,\chi_i$　（モル分率，χ_iはラウールの法則が成り立つ範囲で蒸気圧比になる）

$a_i = \gamma\dfrac{[c_i]}{c^\circ}$　（体積濃度，c°はしばしば1 mol L^{-1}にとる）

$a_i = \gamma\dfrac{m_i}{m^\circ}$　（質量濃度，m°はしばしば1 mol kg^{-1}にとる）

とすれば，これまでの議論がそのまま使える．ここで溶液が理想的にふるまえば，$\gamma = 1$となる．化学ポテンシャルの計算の際，対数の真数部分の分母は，普段，気相の場合は1 bar，溶液の場合は1 mol L^{-1}，1 mol kg^{-1}などを基準としてとることが多く，「1」で割られている．したがって活量a_iを通じて化学ポテンシャルを計算する際も，数値としては見えないが，対数の真数部分が常に基準との「比」になっており，無次元化されていることに改めて注意しよう．第9章で学んだとおり，化学ポテンシャルを通じてエネルギー論から導入された圧平衡定数，また濃度平衡定数についても，反応系と生成系における各成分の分圧p_i [bar]や濃度c_i [mol L^{-1}]の比ではなく，反応系と生成系における各成分の活量a_i（無次元）の比になるので，やはり無次元になる．活量は実用上大変便利な概念で，活量係数γの補正が入ることがあるが，高圧下でも高濃度下でも使えるため，実際的な系の計算において，しばしば用いられる．

第11章　章末問題

11-1 ベンゼンとトルエンの理想溶液（ラウールの法則が成り立つ）について，問いに答えよ．なお，88 ℃および100 ℃における純粋なベンゼンとトルエンの蒸気圧（P_b^*，P_t^*）は以下のとおりである．

	88 ℃	100 ℃
ベンゼン	964.1 mmHg	1350 mmHg
トルエン	381.1 mmHg	556.7 mmHg

(1) この溶液の全蒸気圧（$P = p_{ベンゼン} + p_{トルエン}$）と，溶液中のベンゼンのモル分率（$x_b^{(l)}$）の関係式を求めよ．$p_{ベンゼン}$をp_b，$p_{トルエン}$をp_tとする．また，その関係式の88 ℃の場合を求めよ．

ヒント　まずは，理想溶液において，溶液と平衡にある成分Aの蒸気圧p_Aと溶液中のモル分率x_Aの関係を示す法則を用いて，p_bとp_tを記述する．mmHg（水銀柱ミリメートル）は圧力の単位で10^5 Pa ≈ 750 mmHg.

(2) 88 ℃において溶液中のベンゼンのモル分率（$x_b^{(l)}$）が0.65のとき，蒸気中のベンゼンとトルエンのそれぞれの分圧を求めよ．

(3) 100 ℃，760 mmHg（全圧）における，溶液中，蒸気中のトルエンのモル分率（$x_t^{(l)}$および$x_t^{(g)}$）を求めよ．

11-2 ダイバーが水深200 mまで，水圧と等しい圧力の4モル%O_2－96モル%Heの気体を詰めた潜水服に身を包んで潜っている．人体はすべて水であると仮定してよい．Heのヘンリー定数は1.5×10^{10} Pa，重力加速度は$9.81 \mathrm{ms^{-2}}$である．

(1) ヘンリーの法則にしたがったとき，200 mの深さでこのダイバーの身体の組織の中で平衡に達しているHeのモル分率を求めよ．

(2) もし，外圧が大気圧まで下がったとしたら，1 $\mathrm{cm^3}$の組織当たり何molのHeが出ていくか．

11-3 70 gの砂糖（342 $\mathrm{g\,mol^{-1}}$）を水1000 gに溶かしたときの沸点と凝固点を求めよ．このとき，融解と蒸発のエンタルピー変化をそれぞれ6008 $\mathrm{J\,mol^{-1}}$と41090 $\mathrm{J\,mol^{-1}}$，気体定数を8.31 $\mathrm{JK^{-1}\,mol^{-1}}$とする．

11

11-4 ラウールの法則が成り立つとして問いに答えなさい.

(1) ある溶質Aを溶かした水溶液の25 ℃における蒸気圧が23.210 mmHgであった. 溶質のモル分率と水溶液の浸透圧をatm単位で求めよ(溶質Aは不揮発性なので蒸気は水のみ・希薄水溶液と考えてよい).
純水(25 ℃)の蒸気圧：23.756 mmHg
純水(25 ℃)の密度：0.9971 g cm^{-3}
1 atm = 1.013 × 10^5 Pa

ヒント　ラウールの法則からモル分率を求める. 次に浸透圧の式に着目する.
希薄水溶液では,

$$x_A = \frac{n_A}{n_A + n_{H_2O}} \approx \frac{n_A}{n_{H_2O}}$$

$$n_{H_2O} = \frac{\rho_{H_2O}}{M_{H_2O}} V$$

である. ここで, ρ_{H_2O}とM_{H_2O}は水の密度と分子量, Vは水の体積である.

(2) 25 ℃において砂糖2.0 gを100 gの水に溶かした. 水の蒸気圧はどれだけ下がるか. mmHg単位で求めよ.
砂糖のモル質量：342 g mol^{-1}

第11章　章末問題解答

11-1 (1) 溶液と平衡状態にある蒸気中のベンゼンとトルエンの蒸気圧をP_bおよびP_t, 溶液中のモル分率を$x_b^{(l)}$および$x_t^{(l)}$とする. ラウールの法則より

$$P_b = x_b^{(l)} P_b^*$$

$$P_t = x_t^{(l)} P_t^* = (1 - x_b^{(l)}) P_t^*$$

ここで, P_b^*およびP_t^*は純粋なベンゼンおよびトルエンの蒸気圧である.

全圧は

$$\underline{P = P_b + P_t = (P_b^* - P_t^*) x_b^{(l)} + P_t^*}$$

88 ℃では, $\underline{P = 583.0 x_b^{(l)} + 381.1 \text{ mmHg}}$である.

(2) $P_b = \underline{626.7 \text{ mmHg}}$
$P_t = \underline{133.4 \text{ mmHg}}$

(3) $P = P_b + P_t = (P_b^* - P_t^*)x_b^{(l)} + P_t^*$ より $x_b^{(l)} = 0.256$

したがって，$x_t^{(l)} = (1 - x_b^{(l)}) = 0.744$

ラウールの法則より $P_t = 0.744P_t^*$ だから

$$x_t^{(g)} = P_t/P = (0.744P_t^*)/760 = \underline{0.545}$$

11-2 (1) 水深200 mでの圧力は

$$P_{200\,\mathrm{m}} = 200\ \mathrm{m} \times 10^3\ \mathrm{kgm^{-3}} \times 9.81\ \mathrm{ms^{-2}} + 1.013 \times 10^5\ \mathrm{Pa}$$
$$\cong 2.06 \times 10^6\ \mathrm{Pa}$$

である．水上での圧力は

$$P_{0\,\mathrm{m}} = 1.013 \times 10^5\ \mathrm{Pa}$$

である．

$P_{\mathrm{He}} = x_{\mathrm{He}}K_{\mathrm{He}}$ より

$$x_{\mathrm{He,\,200m}} = \frac{P_{200\mathrm{m}}}{K_{\mathrm{He}}} = \frac{2.06 \times 10^6\ \mathrm{Pa} \times 0.96}{1.5 \times 10^{10}\ \mathrm{Pa}} = \underline{1.32 \times 10^{-4}}$$

(2)
$$x_{\mathrm{He,\,0m}} = \frac{P_{0\mathrm{m}}}{K_{\mathrm{He}}} = \frac{1.013 \times 10^5\ \mathrm{Pa} \times 0.96}{1.5 \times 10^{10}\ \mathrm{Pa}} = 6.48 \times 10^{-6}$$

1 $\mathrm{cm^3}$ の水は1/18 molである．外圧が大気圧まで下がったとしたら，1 $\mathrm{cm^3}$ の組織当たり出て行くHeは

$$(1.32 \times 10^{-4} - 6.48 \times 10^{-6}) \times \frac{1}{18}\mathrm{mol} = \underline{6.97 \times 10^{-6}\ \mathrm{mol}}$$

1気圧，25℃ならこの量は0.17 $\mathrm{cm^3}$ にあたる．からだの組織に溶けていた気体が圧力の急激な低下に伴い気化して気泡を発生すると血管を閉塞する．これが潜水病の原因である．

11-3 砂糖のモル分率を x_S とする．

$$\Delta T_f = \frac{RT_0^2}{\Delta H_f^\circ} \times x_S$$

$$x_S = \frac{70/342}{1000/18 + 70/342} \approx 3.67 \times 10^{-3}$$

$$\Delta T_f = \frac{8.314 \times 273^2}{6008} \times 3.67 \times 10^{-3} \approx 0.38\ \mathrm{K}$$

よって，凝固点は $\underline{-0.38\ ℃}$ となる．

沸点上昇についても，同様に，

$$\Delta T_b = \frac{RT_0^2}{\Delta H_b^\circ} \times x_S = \frac{8.314 \times 373^2}{41090} \times 3.67 \times 10^{-3} \approx 0.10\ \mathrm{K}$$

よって，沸点は $\underline{100.10\ ℃}$ となる．

11-4 (1) ラウールの法則より，$P_{H_2O} = x_{H_2O}P^*_{H_2O} = (1 - x_A)P^*_{H_2O}$

ここで，$x_{H_2O} + x_A = 1$である．

したがって，$x_A = 1 - \dfrac{P_{H_2O}}{P^*_{H_2O}} = 1 - \dfrac{23.210}{23.756} = 0.02298$

浸透圧は$\Pi = \dfrac{n_A}{V}RT$……①

希薄水溶液では，

$$x_A = \frac{n_A}{n_A + n_{H_2O}} \approx \frac{n_A}{n_{H_2O}} = \frac{M_{H_2O}}{\rho_{H_2O}}\frac{n_A}{V}$$

ここで，ρ_{H_2O}とM_{H_2O}は水の密度と分子量である．

したがって，$\dfrac{n_A}{V} = \dfrac{\rho_{H_2O}}{M_{H_2O}}x_A$となり，式①より，

$$\Pi = \frac{\rho_{H_2O}}{M_{H_2O}}x_ART = \frac{0.9971 \times 10^6}{18.0} \times 0.02298 \times 8.314 \times 298 = 3.15 \times 10^6\ \text{Pa}$$

$$= \underline{31.1\ \text{atm}}$$

(10^6をかけてg/cm^3をg/m^3に変換)

(2) ラウールの法則($P_{H_2O} = x_{H_2O}P^*_{H_2O}$)を使う．

純水の蒸気圧は$P^*_{H_2O} = 23.756$ mmHgである．

溶液中の水のモル分率は

$$x_{H_2O} = n_{H_2O}/(n_{H_2O} + n_{砂糖}) = 0.99895$$

である．したがって，ラウールの法則より，$P_{H_2O} = x_{H_2O}P^*_{H_2O} = 23.731$ mmHg

水の蒸気圧は<u>0.025 mmHg</u>下がる．

(補足)圧力の単位はPa(パスカル)が基本であるが，実用上はatm，mmHgもしばしば用いられる．

第12章

電池に見る化学熱力学と電気化学の基礎

いよいよ化学熱力学入門編の最終章を迎えた．最終章では化学エネルギーから電気エネルギーへの変換を扱う．電気仕事は非膨張仕事の代表格であり，我々の日常生活に最も身近かつ便利なエネルギー形態である．化学エネルギーから電気エネルギーへの変換の過程では，分子のまったく乱雑な運動によるエネルギーの移動形態―熱―を経ないので，カルノーサイクルで導かれた効率の限界を超えて，きわめて高い効率のエネルギー変換が実現する．

この章では，代表的な非膨張仕事である電気仕事を化学熱力学の観点から学ぶ．電気化学は入門書でも本書1冊程度の分量を要するので，本章では今一度，熱と仕事の意味，示強性や示量性変数の意味などを振り返りつつ，化学エネルギーから電気エネルギーへの変換装置―「電池」―を理解する上で最も基礎となるネルンストの式を中心に学ぶ．その意味で，近い将来電気化学を学ぶ予定の学生が，電気化学の入門書へ進むための橋渡しの章であるともいえる．

12-1 化学エネルギーから電気仕事への変換へ

ピストンによる熱エネルギーから膨張仕事への変換から，電池による化学エネルギーから非膨張仕事への変換へ

熱力学は，高温のものから低温のものへ自発的に流れるエネルギー，すなわち熱というエネルギー形態を，逆らう力に抗しながらある目的の方向へ物体を動かす膨張仕事へいかに効率的に変換するか，という課題を考えるところから発展してきた．このとき熱は，分子の乱雑な運動としてエネルギーを伝達する方法であり，膨張仕事は平均としてはある向きをもった分子の運動によってエネルギーを伝える方法である．膨張仕事のほうが分子の平均的な運動の向きが揃っているという観点から，運動の向きがまったく乱雑な熱よりも質が高い．実際，カルノーサイクルで考察した通り，トータルのエネルギー量は保存されていたが，高い温度から低い温度へ熱として移動するエネルギー量の1部分しか膨張仕事として変換できなかった．これは乱雑な向きの分子の運動が自発的にある向きに揃うことは，きわめて多数の粒子の集団では確率的に起こり得ないことを意味しており，カルノーサイクルの考察からエントロピーの概念と熱力学第二法則が導かれた．

では分子の乱雑な運動に基づくエネルギーの伝達形態—「熱」—を経ない，より効率的なエネルギー変換はできないものであろうか？　また膨張仕事を使って重いものを動かす機械的な仕事も重要であるが，現代において身近な電化製品は電気エネルギーで駆動することがほとんどであるばかりか，自動車も電気で駆動する時代になりつつある．したがって化学的なエネルギーを最終的に電気仕事として取り出せればたいへん便利である．

表12-1を眺めてほしい．示強性変数である電位と，ペアとなる示量性変数である電荷が，電気仕事を取り出すときに要となるパラメータである．もし何らかの方法で電位差をつくり出すことができ，それらを電子を通すような物質で橋渡ししてあげれば，電位の高いところから低いところへ電荷が流れるので，これを利用すれば，さまざまな仕事をさせられそうである．このような電位差を化学的につくり出し，熱というエネルギー形態を経ないで，

表12-1 示強性変数と示量性変数のペア

	示強性	示量性	駆動力	基準
力学的	P	V	圧力差	1bar
熱的	T	S	温度差	絶対零度
化学的	μ	n	化学ポテンシャル差	分圧1bar 活量1
電気的*1	E	q	電位差	SHE
位置的*2	gh	m	高低差	海抜

*1 物理の分野では電位はよくΦ（ファイ）を用いても表される．SHE は標準水素電極における値．

*2 g は重力加速度で，地球上の場所によって値が異なるので，場所による補正係数とみなせる．一般に赤道に近いほど値が小さくなる．ロケットの発射基地などでは，重力に逆らってものを持ち上げる仕事をしなくてはならないので，その国の南方に設置されることが多い．

直接電気仕事へ変換する装置，それが電池である．次節でさっそく電池の基本的な仕組みを学んでいこう．

12-2 電池の起電力はどのようにして発生するのか？

電子を主役に考えて，示量性変数，示強性変数の観点から眺めると電池の仕組みは見通しがよくなる．

電子が流れる駆動力となる電位差は化学的にどのように生み出せばいいのだろうか？　化学物質には，電子を押し出す傾向が強い（酸化されやすい）ものと，逆に受け取る傾向が強い（還元されやすい）ものがある．電子を外界とやり取りする傾向の異なるこのような2つの物質を，電子が移動できる電線などを通じて橋渡しすると，酸化されるものから，還元されるものに向かって電子が移動する．この傾向は接したもの同士の相対的な関係で決まり，同じ物質でも，自身より酸化されやすい物質と接続された場合は還元体としてふるまい，逆に自身より還元されやすい物質と接続されたら，酸化的にふるまう．このような電子の授受の相対的な傾向を定量的に評価できる指標として，酸化還元電位がある．このとき，示強性変数の観点からは，電子の押し出す能力の差ができるだけ大きい物質のペアを選べば，両者の電位差が大きくなり，同じ電荷量の移動でもより大きな仕事が取り出せる．

このような化学的な性質の差を利用して電気的な仕事を取り出す装置を**化学電池**（electrochemical cell）という．化学電池は，電子を押し出す側と受け取る側から構成され，それぞれは，化学反応から電子を取り出す，化学電池は一般に**電極**（electrode）と，化学反応を起こす物質からなる**電解質**（electrolyte）からなり，電極と電解質のペアを半電池という．しかし，酸化・還元はペアとなる相手によって変わる相対的な能力であるので，何らかの絶対基準があると，相対的な電子の押し出しやすさの相対値が一目瞭然となる．このとき海抜が地図における高低差の基準であるように，電位差の基準には**標準水素電極**（standard hydrogen electrode, SHE）が用いられる．これは白金電極を水素イオンの活量が1の水溶液に浸し，活量が1の水素気体[※13]を電極に接したときに発生する電位を，すべての温度において0 Vとみなす[※14]．SHEにつないだときに，SHEに対して発生する電位差を計測することで，半電池の生み出す相対的な電位を知ることができる．このとき，電子は負電荷をもつため，負の電位（－）からより正の電位（＋）へ移動する向きが自発的である．高低差で考えると，電子にとってより負電位の大きいほうがより高所であることを意味する．したがって見える！Box 12-1の表内のSHEに対する電位は，負に大きいものから順に並べてある．

この表にしたがって眺めると，電極材料を2つ選んで導電材料でつなぐことで電池を構成したとき，表のより上にあるもの，すなわち電子を押し出す傾向が強い（酸化反応が起きる）ほうの電極が**負極**（anode），逆に表のより下にある，すなわち電子を受け取る傾向が強い（還元反応が起きる）ほうの電極が**正極**（cathode）となる．電池を構成するために選んだ正極・負極の物

※13　IUPACによる気体の標準圧力は1 barである．

※14　25℃にとることが多い．

見える！Box 12-1

標準電極電位に対する電荷(電子)移動量と起電力の関係

卑電位……酸化されやすい ↔ 還元されやすい……貴電位

電極反応			E° vs. SHE
$Li^+ + e^-$	⇄	Li	−3.045
$K^+ + e^-$	⇄	K	−2.925
$Na^+ + e^-$	⇄	Na	−2.714
$Mg^{2+} + 2e^-$	⇄	Mg	−2.356
$Al^{3+} + 3e^-$	⇄	Al	−1.676
$Zn^{2+} + 2e^-$	⇄	Zn	−0.763
$Fe^{2+} + 2e^-$	⇄	Fe	−0.44
$Co^{2+} + 2e^-$	⇄	Co	−0.277
$Ni^{2+} + 2e^-$	⇄	Ni	−0.257
$Pb^{2+} + 2e^-$	⇄	Pb	−0.126
$2H^+ + 2e^-$	⇄	H_2	0.000
$Cu^{2+} + 2e^-$	⇄	Cu	+0.337
$Hg_2^{2+} + 2e^-$	⇄	2Hg	+0.796
$Ag^+ + e^-$	⇄	Ag	+0.799
$Pt^{2+} + 2e^-$	⇄	Pt	+1.188
$Au^+ + e^-$	⇄	Au	+1.83

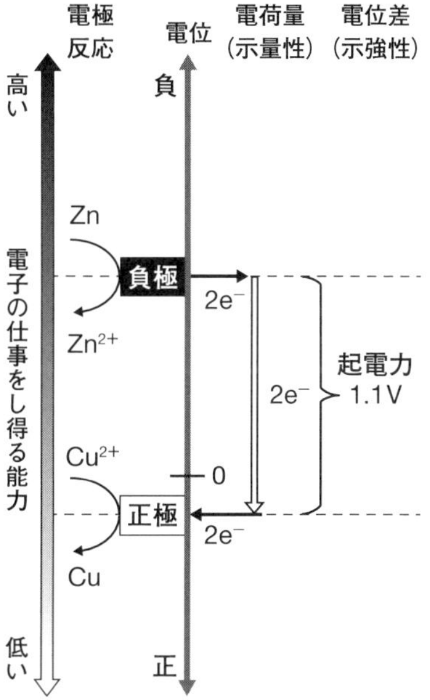

高い　電子の仕事をし得る能力　低い

電極反応　電位　電荷量(示量性)　電位差(示強性)

負　Zn　負極　Zn^{2+}　$2e^-$　$2e^-$　起電力 1.1V　Cu^{2+}　0　正極　Cu　$2e^-$　正

代表的な標準電極電位 E° [V] の値の比較〔25 ℃，pH＝0 の水溶液中，標準水素電極(SHE)を基準とした値(理科年表 2024 から抜粋)〕．図 12-1 にダニエル電池の例を示す．

質について，それぞれSHEとつないで測定した標準電極電位をそれぞれE_c°，E_a°とすると，電池を構成したときの実際の標準電極電位，すなわち**起電力**(electromotive force)はこれらの差として，

$$E^\circ = E_c^\circ - E_a^\circ \qquad 12\text{-}(1)$$ ※15

※15　正極と負極の電位差を表すので本来は $\Delta E^\circ = E_c^\circ - E_a^\circ$ と書くべきところかもしれないが，ほぼすべての電気化学の成書ではこれを E° とのみ表しており，他の成書へ移行したときに混乱を避けるため，表記は当該分野の慣例に従うものとする．

と表される．見える！Box 12–1を参考に負極を$ZnSO_4$に浸した亜鉛，正極を$CuSO_4$に浸した銅とした**ダニエル電池**（**Daniell cell**，図12–1参照）を例にとり起電力を求めると，

- 負極（Anode）での酸化反応……………………$Zn(s) \longrightarrow Zn^{2+}(aq) + 2e^-$
- 正極（Cathode）での還元反応……………… $Cu^{2+}(aq) + 2e^- \longrightarrow Cu(s)$
- 全反応………………………………………$Zn(s) + Cu^{2+}(aq) \rightarrow Zn^{2+}(aq) + Cu(s)$
- 電池の表記（電池図）……$Zn(s) \mid ZnSO_4(aq) \mid\mid CuSO_4(aq) \mid Cu(s)$
- 標準電極電位（無電流電池電位）……$E^\circ = E_c^\circ - E_a^\circ = 0.3419 - (-0.7618)$

$$= 1.1037 \text{ V}$$

となる．実際の電池では，反応の進行等に伴い両水溶液のイオン濃度が変わることで，両水溶液間に電位差（**液間電位**）が発生する．このとき両水溶液を**塩橋**（**salt bridge**）でつなぐと，塩橋内部の電解質が移動することで，両水溶液間の液間電位を打ち消し合うよう働く．塩橋は一般に濃いKCl水溶液等

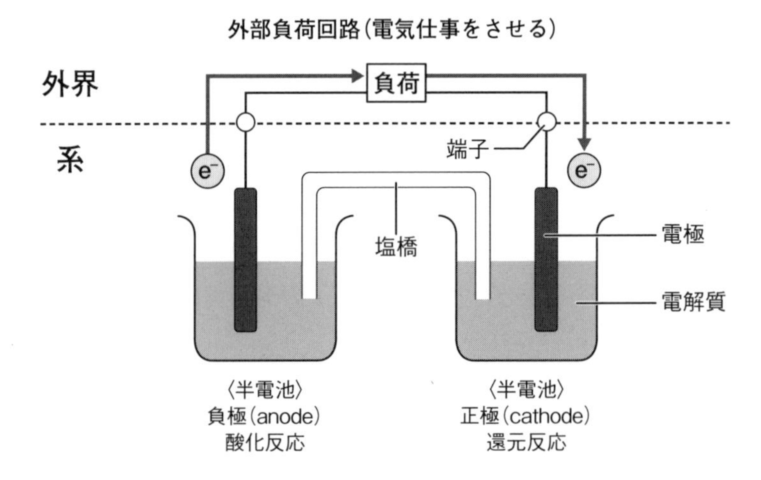

図12–1 電池の模式図

2つの半電池をつないで電池を構成する．ダニエル電池を例にとると，負極の材料はZn，電解質は$ZnSO_4$水溶液，正極の材料はCu，電解質は$CuSO_4$水溶液となる．

からなり，両者の半電池の電解質成分が塩橋を通じてお互いに混ざらないよう寒天やゼラチンなどで固めてつくられている．電池図中央の｜｜は塩橋等でつながれて，両方の電解質溶液間の電位が打ち消されていることを表す．

12-3 ネルンストの式と電池反応の平衡定数

溶液の化学反応の理解には化学ポテンシャルの概念を用いると見通しがよくなる．

ここで最も一般的な定温定圧下での反応を考える．示量性変数の値と示強性変数（ポテンシャル）の高低差の値との積が，取り出せる仕事量であった．一方，化学反応で系から外界へ開放される非膨張仕事（$-W_{非膨張}$）とギブズエネルギーの変化量ΔGの関係は，第6章の6-(27)式で求めた通り，以下のように表せた．

$$-W_{非膨張} \leq -\Delta G \qquad 12\text{-}(2)$$

なおWは外界から系への仕事として定義されているので，仕事の向きが逆になっているのでマイナスが付いていることに注意しよう．また等号は化学反応が可逆的に進行したときに成り立った．電位差があるところを，電子がより負電位の高いところから低いところ（しばしば正の値をもつ電位）にひとたび流れてしまうと，それは不可逆過程となってしまうので，現実的には取り出し得る電気仕事（$-W_{非膨張}$）は，計算で求められる$-\Delta G$よりは小さくなってしまう．しかし構成した電池の理論上の最大電気仕事を与える$-\Delta G$を求めることには，実用上たいへん意味がある．

いよいよ電池の起電力と化学熱力学を結びつける段階に到達した．負極の反応を反応系，正極の反応を生成系に見立てて，第9章9-2節で取り扱った方法と同様に考えてみる．まず9-(12)式より以下の式が成り立つ．

$$\Delta G = G_{正極} - G_{負極} \qquad 12\text{-}(3)$$

ここでたとえばダニエル電池を引き合いに出すと

$$Zn(s) + Cu^{2+}(aq) \longrightarrow Zn^{2+}(aq) + Cu(s) \qquad 12\text{–}(4)$$

であり，これを一般化してa，b，c，dを反応式の量論係数（無次元）として

$$aA + bB \longrightarrow cC + dD \qquad 12\text{–}(5)$$

と表す．12–(5) 式がn mol分進行したとすると（すなわち$n \times$ a molのAが反応したとすると），それぞれの成分の溶液中の部分モルギブズエネルギー，すなわち化学ポテンシャルを用いて

$$\Delta G = G_{正極} - G_{負極} = n \times \{c\mu_{C} + d\mu_{D} - (a\mu_{A} + b\mu_{B})\} \qquad 12\text{–}(6)$$

となることがわかる．ダニエル電池の場合は，a = b = c = d = 1（無次元）であり，Aは$Zn(s)$，Bは$Cu^{2+}(aq)$，Cは$Zn^{2+}(aq)$，Dは$Cu(s)$にそれぞれ相当する．各成分の化学ポテンシャルは，気体の場合はその成分の分圧，溶液の場合は溶液中のその成分の濃度（モル分率）によるので，各成分の分圧や濃度が異なれば，それだけで自由エネルギー変化に差が出ることがわかる．本節の**Column**で取り扱うが，同じ物質でも濃度が異なる組み合わせを用いれば，濃淡電池を構成できるのはこのことによる．すべて気体として求めた9–(16) 式は構成する成分の分圧で書かれているので，これを溶液にも対応できるよう活量で置き換える．第9章9–2節で平衡定数を求めたのと同様，n = 1 molとして計算すると

$$\Delta G = \Delta G^{\circ} + RT \ln \frac{a_{C}^{c} a_{D}^{d}}{a_{A}^{a} a_{B}^{b}} \qquad 12\text{–}(7)$$

となる．気体のときに分圧だった部分が活量に変わっている点に注意しよう．固体の場合は，不均一系での化学平衡の際，固体成分の蒸気圧を1 barで代表させたのと同様，固体成分の活量を1として扱って問題ない．ここで電池反応の反応商をQと置くと

$$Q = \frac{a_{\mathrm{C}}^{\,c} a_{\mathrm{D}}^{\,d}}{a_{\mathrm{A}}^{\,a} a_{\mathrm{B}}^{\,b}} \qquad 12\text{–}(8)$$

となり，12−(7) 式は以下のように簡潔に表される．

$$\Delta G = \Delta G^{\circ} + RT\ln Q \qquad 12\text{–}(9)$$

このとき，起電力とギブズエネルギー変化はどのように結び付けられるだろうか？　浸透圧を考えた際，化学ポテンシャルのより高い純水から，化学ポテンシャルのより低い水溶液側へ溶媒分子が移動するとき，溶液側に圧力をかけて半透膜を透過する溶媒分子の量をちょうど釣り合わせたことを思い出してほしい．同様に，電池反応を可逆的に進行させるには，2つの半電池で電池を構成することで自発的に発生した電位差と，まったく等しい電位差を逆向きに与える外部負荷回路をつなぐことで，正極と負極の間で電位の釣り合いの条件を達成し，電流を0とする．**図12-1**では負荷の位置がこれに相当する．実際には外部負荷回路の電圧を徐々に変えていき，電池の電位差と均衡し電流が0になったときの電圧値を読み取ればよい．このときの電圧値を**無電流電池電位（zero-current cell potential）**といい，記号Eで表す．この値が起電力そのものである．

定温定圧下における化学反応で取り出せる理論上最大の非膨張仕事量はギブズエネルギーの変化量であった．電気化学的反応が可逆的に進行したとき，電極同士をつないだ導電性の回路を流れる電子の物質量をz molとすると，可逆的に電気化学反応が進行した場合，電気仕事とギブズエネルギー変化量（ΔG）との間に，以下の関係式が成り立つ．

$$zF \times E = -\Delta G \qquad 12\text{–}(10)$$

ここでFは電子1 mol当たりの電荷量であり，**ファラデー定数（Faraday constant）**と呼ばれる．その値はアボガドロ数N_{A}に電気素量eをかけたもの，すなわち$F = N_{\mathrm{A}} \times \mathrm{e} = 9.6485 \times 10^{4}$ C/molとなる．またzについては，上記のダニエル電池ではz = 2 molとなる．なお自発的な反応が進行したとき$\Delta G < 0$であるから，12−(10) 式より，正の起電力Eが取り出せることに注意しよう．標準状態では12−(10) 式は次のように表される．

$$zF \times E^\circ = -\Delta G^\circ \qquad 12\text{–}(11)$$

このとき，ΔG°は標準ギブズエネルギー変化である．E°は電池反応に関与するすべての物質の活量が1のときに相当する電位差であり，**標準電極電位**（standard electrode potential），もしくは**標準起電力**（standard electromotive force）といわれる．この反応が起こったときに化学組成が変わってしまうと，各成分のモルギブズエネルギー（すなわち化学ポテンシャル）の値も変化してしまうので，1 mol分反応しても，反応系と生成系の組成が変わらないほど，十分な電解質量のある大きな系を考えていることに注意しよう．12–(10)式，12–(11)式を12–(9)式に代入して整理すると

$$E = E^\circ - \frac{RT}{zF}\ln Q \qquad 12\text{–}(12)$$

となる．ここで導かれた12–(12)式は，熱力学第三法則を確立したネルンストによって導かれたので，**ネルンストの式**（Nernst equation）と呼ばれる．ここで12–(11)式より

$$E^\circ = -\frac{\Delta G^\circ}{zF} \qquad 12\text{–}(13)$$

であるから，電池反応を構成する各成分の標準生成ギブズエネルギーがわかればΔG°が求まるので，標準電極電位E°は実測しなくても計算で求めることができる．さまざまな物質の標準生成ギブズエネルギー$\Delta G^\circ_{\mathrm{f}}$（kJ/mol）は便覧などにまとめられている．

さて，電極反応が進行していくと，実際には電池を構成する物質の組成比が徐々に変わり，最終的には負極と正極の電位差（起電力）がなくなる．このとき電池は仕事をしなくなり，平衡に達する．すなわち12–(12)式中で$E=0$となり，かつ平衡に達したときの反応商は平衡定数Kであるから，12–(12)式より以下の式が導かれる．

$$\ln K = \frac{zFE^\circ}{RT} \qquad 12\text{–}(14)$$

この式は，標準電極電位（標準起電力）E°，すなわち電極反応にかかわるすべての物質の活量が1のときの無電流電池電位を計測すれば，電池反応の平衡定数Kを決定できることを意味している．しかし，すべての物質の活量を1にして正確な測定をすることは現実的には難しい．そこで実際には，すでに別の反応で求められている各成分の標準生成ギブズエネルギーの値を使って，標準起電力や電池反応の平衡定数を計算で求めることが多い．使える！Box 12-1にこの計算の流れをまとめたので参考にしてほしい．この方法に頼れば，反応式としてはあり得るが，現実の電極上では試されたことのない酸化還元反応についても，もし起こるとすればどの程度の起電力を取り出すことができそうかを事前に予測できる．その意味で12-(12)式だけでなく12-(13)式，12-(14)式も，化学熱力学と電気化学を相互につなぐたいへん重要な基本式であるといえる．

物質による酸化還元電位の違いや，同じ物質でも分圧や濃度（活量）の違いといった化学的条件の違いを利用して電位差を発生させることは，生命を含む自然界の至るところで見出され，物理・化学・生物・地学・工学……さまざまな分野で基礎科学や応用技術の原理となっている．

使える！Box 12-1

電池反応の標準電極電位E°と平衡定数Kの実際の求め方

ΔG°　電池反応を構成する各成分の標準生成ギブズエネルギーより計算で求める

↓

E°　$E^\circ = -\dfrac{\Delta G^\circ}{zF}$ ……12-(13) 式より計算

↓

K　$\ln K = \dfrac{zFE^\circ}{RT}$ ……12-(14) 式より計算

12

Column　将来の電池や化学センサーへの応用の具体例

化学電池は，自発的に起こる化学反応によって電気エネルギーを得るガルバニ電池(galvanic cell)と，外部から人為的に電気エネルギーを投入することで，非自発的な反応を起こさせる電解槽(electrolytic cell)からなる．両者とも工業的に欠かせない装置である．ここでは化学エネルギーから電気エネルギーへの変換という観点から，ガルバニ電池についていくつか紹介しておこう．すでに実用化されている各種電池についてはどれも関連の成書やHPに詳しいので，紙面の都合上ここではたびたび例として出てきた燃料電池や，生物の力を借りたバイオ燃料電池，化学センサーや生命活動の原理とかかわる濃淡電池の3つを簡単に紹介する．

❖燃料電池

たびたび本書における実例で取り上げた電池であり，宇宙船などの特殊用途はもちろん，家庭用の燃料電池も，2005年に日本の総理大臣公邸において世界で初めて導入され，自動車などへの実用化も進んでいる．一般的に水素を燃やす(酸化する)ことで電気エネルギーを得る．

負極……… $2H_2 \longrightarrow 4H^+ + 4e^-$ ，$E^\circ = 0.000$ V vs SHE
正極……… $O_2 + 4H^+ + 4e^- \longrightarrow 2H_2O$，$E^\circ = 1.229$ V vs SHE
全反応…… $2H_2 + O_2 \longrightarrow 2H_2O$

作動温度は燃料電池の種類によって異なるが，最も商用化に近いリン酸型燃料電池では200 ℃前後である．実用的に取り出せる電圧は一層で0.7～0.9 V程度であるので，積層して用いられる．

❖バイオ燃料電池

燃やせるのは水素だけではない．有機物も燃やす(酸化する)ことで，電気エネルギーを取り出し得る．微生物は酵素を用いて有機物を酸化することで，生命活動に必要なエネルギーを得ている．たとえば人間でも解糖系ではグルコース(糖)を燃やすことにより，高エネルギーの化合物であるATPをつくり出し，生命活動に必要なエネルギーを得ている．糖類以外でも半導体産業で洗浄に使用した後の廃メタノールなどのアルコール類，バイオマス系の有機物(食品工場で出た残渣や，下水処理施設で出た有機汚泥など)を微生物酵素の力を借りて燃やすことで天然のメタンガスを得て，これを改質して水素を得ることで，上記と同様の電気エネルギーを得ることができる．このとき改質器内での代表的な反応は以下の通りである．

$$CH_4 + H_2O \longrightarrow 3H_2 + CO \quad \text{さらに} \quad CO + H_2O \longrightarrow H_2 + CO_2$$

❖濃淡電池

同じ物質でも，分圧や濃度(活量)が異なれば化学ポテンシャルに差が出るので，両者の間に電位差を生み出すことができる．このとき片方の分圧や活量がわかっていれば，もう一方の分圧や活量が未知のものと電池を構成して，発生した電位差を計測すれば未知の方の分圧や活量を求めることができる．これが酸素センサーや，水素イオン濃度センサー(pHメーター)の原理である．実は生体も，上述のATPを用いてK^+をポンプのように細胞内へ汲み取るタンパク質が細胞膜で駆動しており，細胞膜の内と外でK^+の濃度を20～30倍程度変えている(内側のほうが高い)．この濃度差を利用して細胞膜内外で70 mV程度の電位差を常に発生させて，細胞内外間の物質輸送や神経細胞における信号の伝達などに役立てている．具体的に12-(12)式(ネルンストの式)で見積もってみると，同じ物質なので$E^\circ = 0$，1価電荷なので$z = 1$，温度を25 ℃(298 K)としてK^+の濃度差(20倍)で発生する電位は，

$$E = E^\circ - \frac{RT}{zF}\ln Q = -25.7\ \text{mV} \times \ln\frac{1}{20} = 77\ \text{mV}$$

とたいへんよい値が求められる．なおこの値は細胞の内側を基準にとった値であるので，細胞の外から内側を見ると，電位が−77 mV低くなっているといえる．このようにさまざまな電池の基本構造や動作原理を調べてみると，いずれもそこに化学熱力学の基本原理と人間の創意工夫が見事に結実されており，それは生命現象の理解にも役に立つことがわかる．

第12章　章末問題

12-1 代表的な水素を燃料とする燃料電池中で見られる，以下の反応（全反応で表記してある）について

$$H_2\,(g) + \frac{1}{2}O_2\,(g) \longrightarrow H_2O\,(l)$$

(1) 標準ギブズエネルギー変化ΔG°を求めよ.

(2) (1)の値から理論上生み出せる最大の標準電極電位E°を求めよ．このとき，液体の水の標準生成ギブズエネルギー$\Delta G_f^\circ = -237.13\ \mathrm{kJ\ mol^{-1}}$，ファラデー定数$F = 9.6485 \times 10^4\ \mathrm{C\ mol^{-1}}$を用いよ.

12-2 1859年に発明されて，現在も自動車用のバッテリーなどで広く使われている充放電可能な鉛蓄電池の全反応が以下のように表されるとき，以下の問いに答えよ.

$$Pb + PbO_2 + 2H_2SO_4 \longrightarrow 2PbSO_4 + 2H_2O$$

(1) 負極での半電池反応を書き下せ.

(2) 正極での半電池反応を書き下せ.

(3) 負極，正極の標準電極電位（vs SHE）はそれぞれ-0.351 Vと1.698 Vであった．このときの電池全体としての起電力はいくらになるか？

(4) (3)で求めた値から，上述した鉛蓄電池の反応が進行したときの標準ギブズエネルギー変化ΔG°を求めよ．必要ならファラデー定数$F = 9.6485 \times 10^4\ \mathrm{C\ mol^{-1}}$を用いよ.

(5) (4)で求めた値から，上記の反応の自発性，非自発性を論じよ.

第12章　章末問題解答

12-1 (1) 水素や酸素は標準生成ギブズエネルギーの定義から0 kJ mol^{-1}になるので

$$\Delta G^\circ = \Delta G^\circ_f\,(H_2O) - \left\{\Delta G^\circ_f\,(H_2) + \frac{1}{2}\Delta G^\circ_f\,(O_2)\right\} = \underline{-237.13\ \mathrm{kJ}}$$

(2) 本反応の負極における還元反応は$H_2 \longrightarrow 2H^+ + 2e^-$

となるので，与えられた反応式では2 molの電子が移動する.

したがって本文中の12−(13)式より

$$E^\circ = -\frac{\Delta G^\circ}{zF} = -\frac{-237.13 \times 10^3}{2 \times 9.6485 \times 10^4} = 1.2288 \cong \underline{1.229\ \mathrm{V}}$$

12-2 (1) $Pb + SO_4^{2-} \longrightarrow PbSO_4 + 2e^-$

(2) $PbO_2 + SO_4^{2-} + 4H^+ + 2e^- \longrightarrow PbSO_4 + 2H_2O$

(3) $E^\circ = 1.698 - (-0.351) = \underline{2.049\ \mathrm{V}}$

(4) (1)，(2)より$z = 2$であることに注意して，12−(10)式より

$$\Delta G^\circ = -zF \times E^\circ = -2 \times 9.6458 \times 10^4 \times 2.049 = \underline{-395.3\ \mathrm{kJ\ mol^{-1}}}$$

(5) 負の値が得られたので，考えている反応は自発的に起こり得る．すなわち問題文中の反応が進行したとき，電池として最大395.3 kJの電気仕事を取り出し得る（逆に，問題12-1と同様，各成分の標準生成ギブズエネルギーの値を用いて，問題文中の全反応式からΔG°を求めて，反応の自発性と電池の起電力を予測することもできる）．

【備考】

・(1)，(2)の反応により，電池反応が進行すると，負極・正極ともに電極表面が硫酸鉛で覆われ始める．また全反応を

$$Pb + PbO_2 + 2H^+ + 2HSO_4^- \longrightarrow 2PbSO_4 + 2H_2O$$

と表すときは，負極・正極の反応に関しては以下の表記が全反応表記に則している．

負極：$Pb + HSO_4^- \longrightarrow PbSO_4 + H^+ + 2e^-$

正極：$PbO_2 + HSO_4^- + 3H^+ + 2e^- \longrightarrow PbSO_4 + 2H_2O$

いずれにしても$z = 2$となる．

・(3)の結果より1個の鉛蓄電池では約2 Vの電圧が発生することがわかる．自動車用にはこれを6個直列につなぎ，12 Vの電圧を得て使用される．

本書の終わりに —さらなる深い理解のために

社会に出て仕事をもち，何らかの機会に大学時代の講義の思い出話に花が咲くと，私が大学で化学熱力学を教えている，という話に及んだとき，誰もが熱力学で出たあのエントロピーとかエンタルピーとか何のことだか当時はさっぱりわからなかったという言葉をよく聞く．

今や皆さんは，エントロピーとエンタルピーがまったく別物であることは当然で，かつそれを自由エネルギーや化学ポテンシャルの概念に結び付けて，さまざまな化学現象を定量的に扱う下地ができたのではないだろうか？

化学に限らず，物理，生物，地学，工学，いたるところに出てくる自由エネルギーや化学ポテンシャルの概念の基礎を身につけられれば，各分野における専門書を理解するのにたいへん役に立つ．

エネルギーや仕事に関する基礎的な理解は，科学・技術分野においてきわめて重要であり，本書で扱ったようなエネルギーの特性や形態変換に関する基礎が身についていれば，化学熱力学の知識を前提とする各専門分野における学術の理解を大いに助けることであろう．その意味では本書は，万物の駆動や変換を司るエネルギーとその変換に関する入門書であり，エネルギーや仕事が関わる各専門分野への準備書ともいえるかもしれない．

ここから先は，各人の興味によりいろいろな学問分野に入門することになると思う．最後に，さらに一歩先へ進むときに役立つ参考書を紹介したい．

おすすめの参考書

筆者の経験はたいへん限られたものであり，また読者の専門分野や感性もそれぞれと思う．世の中にはここに紹介したもの以外にもたいへん優れた書が多いと思うので，ぜひ自分の目と足で探して，よい本と出会い，より専門性に磨きをかけてほしい．

分野の垣根を超えて，エネルギーやエントロピーの深い意味を学びたい方のために……

さまざまな分野と熱力学の橋渡しを読みやすく書かれた良書

- **『冷蔵庫と宇宙―エントロピーから見た科学の地平』**
  マーティン・ゴールドスタイン，インゲ・F・ゴールドスタイン 共著（東京電機大学出版局）

熱力学第零法則から第三法則までをわかりやすく解説

- **『万物を駆動する四つの法則―科学の基本，熱力学を究める』**
  ピーター・W・アトキンス 著（早川書房）

熱力学第二法則をより詳しく解説

- **『エントロピーと秩序―熱力学第二法則への招待』**
  ピーター・W・アトキンス 著（日経サイエンス）

化学熱力学が発展してきた歴史的経緯をわかりやすく解説

- **『エントロピーから化学ポテンシャルまで』**
  渡辺啓 著（裳華房）

物理化学一般

分野を問わず，物理化学一般をしっかり学びたい方のために……

多数の啓蒙書を手掛けるアトキンスならではのわかりやすい解説とカラーの図版

- **『アトキンス　物理化学〈上〉〈下〉』**
  ピーター・W・アトキンス，Julio de Paula 共著（東京化学同人）

ミクロな分子論の視点から入り，マクロな熱力学に抜けていく流れがわかりやすい

- **『物理化学―分子論的アプローチ〈上〉〈下〉』**
  D.A.マッカーリ，J.D. サイモン 共著（東京化学同人）

通常上下巻にわたる多岐な内容を最短距離で 1 冊に凝集，筆者が同書の第 10 章の溶液化学の部分を執筆している

- **『ベーシックマスター　物理化学』**
  築山光一，近藤寛，一國伸之 共編（オーム社）

化学熱力学・熱力学

本書も化学熱力学の入門書であるが，本分野に興味・関心をもたれた方に，別の入門書・専門書を紹介したい．

一番の目的であるギブズの自由エネルギーの概念を早い章で扱う個性的な章編成

- **『入門化学熱力学―現象から理論へ』**
  山口喬 著（培風館）

工学部的な具体事例や Q&A を通じて抽象的な熱力学を理解させようとする

- **『入門 熱力学―実例で理解する』**
  小宮山宏 著（培風館）

原理の部分や数式の展開等が過不足なく書かれている

- **『化学熱力学』**
  原田義也 著（裳華房）

非平衡熱力学の新しい展開まで内包する専門書として……

- **『現代熱力学—熱機関から散逸構造へ』**
  イリヤ・プリコジン，ディリプ・コンデプディ 共著（朝倉書店）

電池や電気化学工業分野へ進みたい方に……

- **『電池がわかる 電気化学入門』**
  渡辺正，片山靖 共著（オーム社）

- **『電子移動の化学—電気化学入門』**
  渡辺正，中林誠一郎 共著（朝倉書店）

薬学系，コロイド・界面化学分野へ進みたい方に……

界面活性剤の吸着や自己集合，微粒子のふるまいに必要な化学熱力学をわかりやすく説明

- **『物性物理化学—製剤学へのアプローチ』**
  大島広行，半田哲郎 共編（南江堂）

- **『分子間力と表面力』（第３版）**
  J.N.イスラエルアチヴィリ 著（朝倉書店）

索　引

あ行

か行

さ行

た行

な行

は行

ま行

ら行

〈著者略歴〉
由井宏治（ゆい　ひろはる）
1995年　東京大学工学部応用化学科　卒業
1999年　東京大学大学院工学系研究科応用化学専攻博士課程　中退
1999年　東京大学大学院新領域創成科学研究科物質系専攻　助手
2001年　科学技術振興機構　研究員
2003年　博士（工学）
2005年　東京理科大学理学部第一部化学科　講師
2008年　東京理科大学理学部第一部化学科　准教授
2013年　東京理科大学理学部第一部化学科　教授
現在に至る

見える！使える！化学熱力学入門（第2版）

2013年 8 月25日　　第1版第1刷発行
2024年11月25日　　第2版第1刷発行

著　者　由井宏治
発行者　村上和夫
発行所　株式会社 オーム社
郵便番号　101-8460
東京都千代田区神田錦町3-1
電話　03(3233)0641(代表)
URL https://www.ohmsha.co.jp/

組版　ビーコムプラス　　印刷・製本　三美印刷
ISBN978-4-274-23280-0　Printed in Japan